HTML5+CSS3+ JavaScript+jQuery Mobile

移动网站与App开发 视频教学版

Web前端
技术丛书

王英英 编著

清华大学出版社
北京

内 容 简 介

本书通过众多实例和综合案例的学习与演练，使读者可以尽快掌握所学的 Web 开发技术，提高移动网站与 App 开发的实战能力。同时本书提供了实例源代码、课件和教学视频，方便读者快速上手并能进行二次开发。

本书共 20 章，以应用实例和综合实战案例的形式逐一详解 HTML 5 网页设计的文档结构、文本、图像、超链接、表格、表单、音频和视频、数据存储 Web Storage、CSS 快速入门、CSS 基础语法、网页的定位与布局、JavaScript 快速入门、JavaScript 对象编程、JavaScript 操纵 CSS、地理定位、离线 Web 应用、熟悉 jQuery Mobile、jQuery Mobile UI 组件、jQuery Mobile 事件、数据存储技术和读取技术、使用 jQuery Mobile 插件、开发求职招聘 App、开发手机游戏和开发购物网站 App 等方法和技巧。

本书内容丰富，理论结合实践，对从事网站美工工作的读者而言，是一本手边必不可少的工具书；对从事移动网站与 App 开发的读者来说，也是一本难得的参考手册。本书也适合作为高等院校计算机相关专业师生的教学参考书。

图书在版编目（CIP）数据

HTML5+CSS3+JavaScript+jQuery Mobile 移动网站与 App 开发：视频教学版/王英英编著.
—北京：清华大学出版社，2021.6
　　（Web 前端技术丛书）
　　ISBN 978-7-302-58094-2

　　Ⅰ. ①H… Ⅱ. ①王… Ⅲ. ①超文本标记语言－程序设计②网页制作工具③JAVA 语言－程序设计 Ⅳ.①TP312.8②TP393.092.2

中国版本图书馆 CIP 数据核字（2021）第 084044 号

责任编辑：夏毓彦
封面设计：王　翔
责任校对：闫秀华
责任印制：丛怀宇

出版发行：清华大学出版社
　　　　网　　址：http://www.tup.com.cn，http://www.wqbook.com
　　　　地　　址：北京清华大学学研大厦 A 座　　　　　　　邮　编：100084
　　　　社 总 机：010-62770175　　　　　　　　　　　　邮　购：010-62786544
　　　　投稿与读者服务：010-62776969，c-service@tup.tsinghua.edu.cn
　　　　质量反馈：010-62772015，zhiliang@tup.tsinghua.edu.cn
印 装 者：三河市君旺印务有限公司
经　　销：全国新华书店
开　　本：190mm×260mm　　　　印　张：25.5　　　　字　数：653 千字
版　　次：2021 年 6 月第 1 版　　　　　　　　　　　印　次：2021 年 6 月第 1 次印刷
定　　价：98.00 元

产品编号：090639-01

前　言

原生应用程序 App 的开发费用比较高，同时花费的时间比较长。jQuery Mobile 函数库的出现很好地解决了这一问题，通过 HTML 5、CSS 3、JavaScript 和 jQuery Mobile 搭配使用，开发出的移动网站和普通 App 没有区别，受到广大用户的欢迎。

本书内容

第 1~5 章分别介绍 HTML 5 快速入门、HTML 5 网页中的文本和图像、使用 HTML 5 创建表格和表单、HTML 5 中的音频和视频、数据存储 Web Storage。

第 6~8 章分别介绍 CSS 快速入门、CSS 基础语法、网页的定位与布局。

第 9~11 章分别介绍 JavaScript 快速入门、JavaScript 对象编程、JavaScript 操纵 CSS。

第 12 章介绍地理定位、离线 Web 应用和 Web 存储，包括获取地理位置、HTML 5 离线 Web 应用和 Web 存储等。

第 13~15 章介绍 jQuery Mobile 入门知识、jQuery Mobile UI 组件以及 jQuery Mobile 事件。

第 16 章介绍数据存储和读取技术，主要包括 Web SQL Database 概述、使用 Web SQL Database 操作数据、企业员工管理系统等。

第 17 章介绍 jQuery Mobile 插件的使用，主要包括 Camera 插件、Swipebox 插件、mmenu 插件、DateBox 插件、Mobiscroll 插件等。

第 18~20 章分别介绍求职招聘 App、游戏 App 与购物网站 App 三个项目实训。

本书特色

知识全面：知识由浅入深，涵盖所有 HTML 5、CSS 3、JavaScript 和 jQuery Mobile 的知识点，便于读者循序渐进地掌握移动网站和 App 开发技术。

图文并茂：注重操作，图文并茂，在介绍案例的过程中，每一个操作均有对应的插图。这种图文结合的方式使读者在学习的过程中能够直观、清晰地看到操作的过程以及效果，便于更快地理解和掌握。

易学易用：颠覆传统"看"书的观念，变成一本能"操作"的图书。

案例丰富：把知识点融入系统的案例实训中，并且结合经典案例进行讲解和拓展，进而使读者达到"知其然，并知其所以然"的目标。

贴心周到：本书对读者在学习过程中可能会遇到的疑难问题以"提示"和"技巧"的形式进行说明，以免读者在学习的过程中走弯路。

资源支持：本书提供配套的源代码、课件与教学视频，可让读者在实际应用中掌握网页布局的每一项技能，使本书真正体现"自学无忧"，成为一本物超所值的好书。

源码、课件与教学视频下载

本书配套资源可使用微信扫描下面的二维码下载，也可通过下载页面把链接发送到自己的邮箱中下载。如果有任何疑问，请联系 booksaga@163.com，邮件主题为"H5C3JSjM 开发"。

读者对象

本书是一本完整介绍 HTML 5+CSS 3+JavaScript+jQuery Mobile 移动网站和 App 开发的教程，内容丰富、条理清晰、实用性强，适合以下读者学习使用：

- 没有任何移动网站和 App 开发基础的初学者。
- 有一定的 HTML 5 和 CSS 3 基础，想精通移动网站和 App 开发的人员。
- 高等院校和培训机构的老师和学生。

鸣谢

本书由王英英主编，参与编写的还有张工厂、刘增杰、胡同夫、刘玉萍、刘玉红。本书虽然倾注了编者的努力，但由于水平有限、时间仓促，书中难免有疏漏之处，欢迎批评指正。如果遇到问题或有好的建议，敬请与我们联系，我们将全力提供帮助。

编　者
2021 年 1 月

目　　录

第 1 章

---- ❧ ----

HTML 5快速入门

目前网络已经成为人们生活、工作中不可缺少的一部分，网页设计也成为学习计算机的重要内容之一。制作网页可采用各种编辑软件，但是无论采用哪一种网页编辑软件，最后都是将所设计的网页转化为HTML。HTML是网页的基础语言，本章将介绍HTML的基本概念、编写方法以及浏览HTML文件的方法，使读者初步了解HTML，从而为后面的学习打下基础。

1.1　HTML 5概述

因特网上的信息是以网页的形式展示给用户的，因此网页是网络信息传递的载体。网页文件可以使用一种标记语言来书写，这种语言称为HTML（Hyper Text Markup Language，超文本标记语言）。

HTML是一种标记语言，而不是一种编程语言，主要用于描述超文本中内容的显示方式。标记语言从诞生到今天经历了十几载，发展过程中也有很多曲折，经历的版本及发布日期如表1-1所示。

表1-1　HTML经历的版本

版　　本	发布日期	说　　明
超文本标记语言（第1版）	1993年6月	作为互联网工程工作小组（IETF）工作草案发布（并非标准）
HTML 2.0	1995年11月	作为RFC 1866发布，在RFC 2854于2000年6月发布之后被宣布已经过时
HTML 3.2	1996年1月14日	W3C（万维网联盟）推荐标准
HTML 4.0	1997年12月18日	W3C推荐标准
HTML 4.01	1999年12月24日	微小改进，W3C推荐标准
ISO HTML	2000年5月15日	基于严格的HTML 4.01语法，是国际标准化组织和国际电工委员会的标准
XHTML 1.0	2000年1月26日	W3C推荐标准，后来经过修订于2002年8月1日重新发布

（续表）

版　　本	发布日期	说　　明
XHTML 1.1	2001年5月31日	较1.0有微小改进
XHTML 2.0草案	没有发布	2009年，W3C停止了XHTML 2.0工作组的工作
HTML 5	2014年10月	W3C推荐标准

HTML是一种标记语言，标记语言经过浏览器的解释和编译，虽然本身不能显示在浏览器中，但在浏览器中可以正确显示HTML标记的内容。HTML语言从1.0至5.0经历了巨大的变化，从单一的文本显示功能到图文并茂的多媒体显示功能，许多特性经过多年的完善，使得HTML成为一种非常完善的标记语言。尤其是HTML 5，对多媒体的支持功能更强，它新增的功能说明如下：

- 新增语义化标记，使文档结构明确。
- 新的文档对象模型（DOM）。
- 实现2D绘图的Canvas对象。
- 可控媒体播放。
- 离线存储。
- 文档编辑。
- 拖放。
- 跨文档消息。
- 浏览历史管理。
- MIME类型和协议注册。

对于这些新功能，支持HTML 5的浏览器在处理HTML代码错误的时候更加灵活，而那些不支持HTML 5的浏览器将忽略HTML 5代码。

HTML 5不是一种编程语言，而是一种描述性的标记语言，用于描述超文本中的内容和结构。HTML基本的语法是<标记符></标记符>。标记符通常都是成对使用的，有一个开头标记和一个结束标记。结束标记只是在开头标记的前面加一个斜杠"/"。当浏览器收到HTML文件后，就会解释里面的标记符，然后把标记符相对应的功能表达出来。

例如，在HTML中用<p></p>标记符来定义一个段落，用
标记符来定义一个换行符。当浏览器遇到<p></p>标记符时，会把该标记中的内容自动形成一个段落。当遇到
标记符时，会自动换行，并且该标记符后的内容会从一个新行开始。这里的
标记符是单标记，没有结束标记，标记后的"/"符号可以省略，为了规范代码，一般建议加上。

1.2　HTML 5的文档结构

HTML 5文档基本的结构包括文档类型说明、文档开始标记、元信息、主体标记和页面注释标记。

1.2.1 文档类型说明

HTML 5设计准则中最重要的一条是化繁为简,Web页面的文档类型说明(Doctype)被极大地简化了。

在HTML 4或早期的版本中,创建HTML文档时,文档头部的类型说明代码如下:

```
<!DOCTYPE html PUBLIC "-//W3C//DTD XHTML 1.0 Transitional//EN"
"http://www.w3.org/TR/xhtml1/DTD/xhtml1-transitional.dtd">
```

上面为XHTML文档类型说明,读者可以看到这段代码既麻烦又难记,HTML 5对文档类型进行了简化,简单到15个字符就可以了,代码如下:

```
<!DOCTYPE html>
```

 Doctype申明需要出现在HTML文件的第一行。

1.2.2 HTML标记

HTML标记代表文档的开始,由于HTML语言语法的松散特性,该标记可以省略,但是为了使之符合Web标准和文档的完整性,用户要养成良好的编写习惯,建议不要省略该标记。

HTML标记以<html>开头,以</html>结尾,文档的所有内容书写在开头和结尾的中间部分。语法格式如下:

```
<html>
...
</html>
```

1.2.3 头标记head

头标记head用于说明文档头部相关信息,一般包括标题信息、元信息、CSS样式和脚本代码等。HTML的头部信息以<head>开始,以</head>结束,语法格式如下:

```
<head>
...
</head>
```

 <head>元素的作用范围是整篇文档,定义在HTML文档头部的内容往往不会在网页上直接显示。

1. 标题标记title

HTML页面的标题一般用来说明页面的用途,它显示在浏览器的标题栏中。在HTML文档中,标题信息设置在<head>与</head>之间。标题标记以<title>开始,以</title>结束,语法格式如下:

```
<title>
...
</title>
```

在标记中间的"…"就是标题的内容，它可以帮助用户更好地识别页面。预览网页时，设置的标题在浏览器的左上方标题栏中显示，如图1-1所示。页面的标题只有一个，位于HTML文档的头部，即<head>和</head>之间。

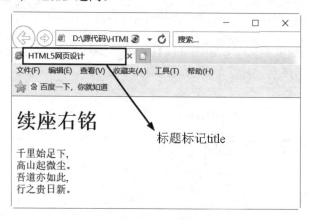

图1-1　标题栏在浏览器中的显示效果

2. 元信息标记meta

<meta>标记可提供有关页面的元信息（meta-information），比如针对搜索引擎和更新频度的描述和关键词。

<meta>标记位于文档的头部，不包含任何内容。<meta>标记的属性定义了与文档相关联的名称/值，<meta>标记提供的属性及取值如表1-2所示。

表1-2　<meta>标记提供的属性及取值

属　　性	值	描　　述
charset	character encoding	定义文档的字符编码
content	some_text	定义与http-equiv或name属性相关的元信息
http-equiv	content-type expires refresh set-cookie	把content属性关联到 HTTP 头部
name	author description keywords generator revised others	把content属性关联到一个名称

（1）字符集charset属性

在HTML 5中，有一个新的charset属性，它使字符集的定义更加容易。例如，以下代码告诉浏览器，网页使用"ISO-8859-1"字符集显示：

```
<meta charset="ISO-8859-1">
```

（2）搜索引擎的关键字

在早期，meta keywords关键字对搜索引擎的排名算法起到一定的作用，也是开发人员进行网页优化的基础。关键字在浏览时是看不到的，使用格式如下：

```
<meta name="keywords" content="关键字,keywords" />
```

说明：

- 不同的关键字之间，应用半角逗号隔开（英文输入状态下），不要使用"空格"或"|"间隔。
- 是keywords，不是keyword。
- 关键字标签中的内容应该是一个个短语，而不是一段话。

例如，定义针对搜索引擎的关键词，代码如下：

```
<meta name="keywords" content="HTML, CSS, XML, XHTML, JavaScript" />
```

关键字标记keywords曾经是搜索引擎排名中很重要的因素，但现在已经被很多搜索引擎完全忽略。如果我们加上这个标记，对网页的综合表现没有坏处，不过，如果使用不恰当的话，对网页非但没有好处，而且还有欺诈的嫌疑。在使用关键字标记keywords时，要注意以下几点：

- 关键字标记中的内容要与网页核心内容相关，确信使用的关键词出现在网页文本中。
- 使用用户易于通过搜索引擎检索的关键字，过于生僻的词汇不太适合做meta标记中的关键字。
- 不要重复使用关键字，否则可能会被搜索引擎惩罚。
- 一个网页的关键字标记里最多包含3~5个重要的关键字，不要超过5个。
- 每个网页的关键字应该不一样。

 由于设计者或SEO优化者以前对meta keywords关键字的滥用，导致目前它在搜索引擎排名中的作用很小。

（3）页面描述

meta description（描述元标记）是一种HTML元标记，用来简略描述网页的主要内容，通常被搜索引擎用于搜索结果页上展示给最终用户看的一段文字片段。页面描述在网页中是不显示出来的，页面描述的使用格式如下：

```
<meta name="description" content="网页的介绍" />
```

例如，定义对页面的描述，代码如下：

```
<meta name="description" content="免费的 web 技术教程。" />
```

（4）页面定时跳转

使用<meta>标记可以使网页在经过一定时间后自动刷新，这可以通过将http-equiv属性值设置为refresh来实现。content属性值可以设置为更新时间。

在浏览网页时经常会看到一些欢迎信息的页面，在经过一段时间后，这些页面会自动转到其他页面，这就是网页的跳转。页面定时刷新跳转的语法格式如下：

```
<meta http-equiv="refresh" content="秒;[url=网址]" />
```

说明：上面的"[url=网址]"部分是可选项，如果有这部分，页面就会定时刷新并跳转，如果省略该部分，页面就只定时刷新，不进行跳转。

例如，实现每5秒刷新一次页面，将以下代码放入head标记部分即可：

```
<meta http-equiv="refresh" content="5" />
```

1.2.4 网页的主体标记body

网页所要显示的内容都放在网页的主体标记内，这是HTML文件的重点，后面章节所要介绍的HTML标记都将放在这个标记内。然而它并不仅仅是一个形式上的标记，它本身也可以控制网页的背景颜色或背景图像，这会在后面进行介绍。主体标记以<body>开始，以</body>结束，语法格式如下：

```
<body>
...
</body>
```

注意，在构建HTML结构时，标记不允许交错出现，否则会造成错误。

例如，在下列代码中，<body>开始标记出现在<head>标记内。

```
01   <html>
02   <head>
03   <title>标记测试</title>
04   <body>
05   </head>
06   </body>
07   </html>
```

代码中第04行的<body>开始标记和第5行的</head>结束标记出现了交叉，这是错误的。HTML中的所有标记都是不允许交错出现的。

1.2.5 页面注释标记<!-- -->

注释是在HTML代码中插入的描述性文本，用来解释该代码或提示其他信息。注释只出现在代码中，浏览器对注释代码不进行解释，并且在浏览器的页面中不显示。在HTML源代码中适当地插入注释语句是一种非常好的习惯，对于设计者日后的代码修改、维护工作很有好处。另外，如果将代码交给其他设计者，其他人也能很快读懂前者所撰写的内容。

语法格式如下：

```
<!--注释的内容-->
```

注释语句元素由前后两半部分组成，前半部分由一个左尖括号、一个半角感叹号和两个连字符组成，后半部分由两个连字符和一个右尖括号组成。

```
<html>
<head>
<title>标记测试</title>
</head>
<body>
<!-- 这里是标题-->
<h1>HTML5从入门到精通</h1>
</body>
</html>
```

页面注释不但可以对HTML中的一行或多行代码进行解释说明，而且可能注释掉这些代码。如果希望某些HTML代码不在浏览器中显示，可以将这部分内容放在<!--和-->之间。例如，修改上述代码，如下所示：

```
<html>
<head>
<title>标记测试</title>
</head>
<body>
<!--
<h1>HTML5从入门到精通</h1>
-->
</body>
</html>
```

修改后的代码将<h1>标记作为注释内容处理，在浏览器中将不会显示这部分内容。

1.3　HTML 5文件的编写方法

有两种方式来产生HTML文件：一种是自己写HTML文件，事实上这并不是很困难，也不需要特别的技巧；另一种是使用HTML编辑器，它可以辅助使用者来做编写的工作。

1.3.1　使用记事本手工编写HTML文件

前面介绍到HTML 5是一种标记语言，标记语言代码是以文本形式存在的，因此所有的记事本工具都可以作为它的开发环境。HTML文件的扩展名为.html或.htm，将HTML源代码输入记事本并保存之后，可以在浏览器中打开文档以查看其效果。

使用记事本编写HTML文件，具体操作步骤如下：

01 单击Windows桌面上的【开始】按钮，选择【所有程序】→【附件】→【记事本】命令，打开一个记事本，在记事本中输入HTML代码，如图1-2所示。

02 编辑完HTML文件后，选择【文件】→【保存】命令或按Ctrl+S组合键，在弹出的【另存为】对话框中，选择【保存类型】为【所有文件】，然后将文件扩展名设为.html或.htm，如图1-3所示。

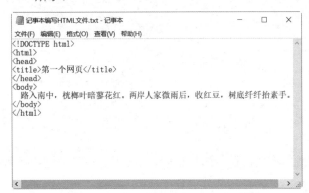

图1-2　编辑HTML代码　　　　　　　　　　图1-3　【另存为】对话框

03 单击【保存】按钮，保存文件。打开网页文档，在IE浏览器中预览效果，如图1-4所示。

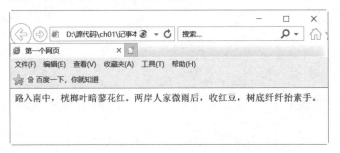

图1-4　网页的浏览效果

1.3.2　使用WebStorm编写HTML文件

常言道："工欲善其事，必先利其器"。虽然使用记事本可以编写HTML文件，但是编写效率太低，对于语法错误及格式都没有提示，因此可以使用专门编写HTML网页的工具来弥补这种缺陷。WebStorm是一款前端页面开发工具，该工具的主要优势是有智能提示、智能补齐代码、代码格式化显示、联想查询和代码调试等。对于初学者而言，WebStorm不仅功能强大，而且非常容易上手操作，被广大前端开发者誉为Web前端开发神器。

打开浏览器，输入网址https://www.jetbrains.com/webstorm/ download/，进入WebStorm官网下载页面，单击Download按钮即可下载WebStorm，如图1-5所示。

下载完成后，即可进行安装，具体安装过程比较简单，这里就不再讲解了。

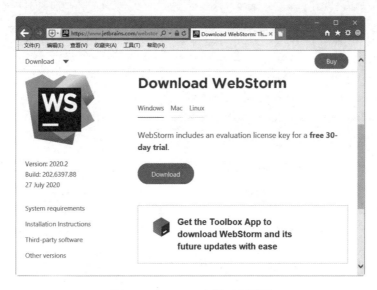

图1-5　WebStorm官网下载页面

1.4　HTML 5语法的新变化

为了兼容各个不统一的页面代码，HTML 5的设计在语法方面做了一些变化，本节将详细讲解。

1.4.1　标签不再区分大小写

标签不再区分大小写是HTML 5语法变化的重要体现，例如以下例子的代码：

```
<!DOCTYPE html>
<html>
<head>
<title>不再区别大小写标签</title>
</head>
<BODY>
人到情多情转薄，而今真个不多情。
</body>
</html>
```

在IE 11.0浏览器中预览，效果如图1-6所示。

虽然"<BODY>人到情多情转薄，而今真个不多情。</body>"中的开始标记和结束标记不匹配，但是这完全符合HTML 5的规范。用户可以通过W3C提供的在线验证页面来测试上面的网页，验证网址为http://validator.w3.org/。

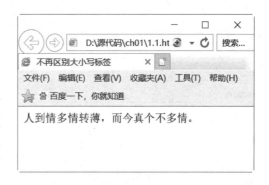

图1-6　网页预览效果

9

1.4.2　允许属性值不使用引号

在HTML 5中，属性值不放在引号中也是正确的。例如以下代码片段：

```
<input checked="a" type="checkbox"/>
<input readonly type="text"/>
<input disabled="a" type="text"/>
```

上述代码片段与下面的代码片段效果是一样的：

```
<input checked=a type=checkbox/>
<input readonly type=text/>
<input disabled=a type=text/>
```

尽管HTML 5允许属性值可以不使用引号，但是仍然建议读者加上引号。因为如果某个属性的属性值中包含空格等容易引起混淆的属性值，就可能会引起浏览器的误解。例如以下代码：

```
<img src=ss ch01/1.1.jpg />
```

此时浏览器就会误以为src属性的值是ss，这样就无法解析路径中的1.1.jpg图片。如果想正确解析图片的位置，只有添加上引号。

1.4.3　允许部分属性值的属性省略

在HTML 5中，部分标志性属性的属性值可以省略。例如以下代码是完全符合HTML 5规则的：

```
<input checked type="checkbox"/>
<input readonly type="text"/>
```

其中checked="checked"省略为checked，而readonly="readonly"省略为readonly。

在HTML 5中，可以省略属性值的属性如表1-3所示。

表1-3　可以省略属性值的属性

属　　性	省略属性值
checked	省略属性值后，等价于checked="checked"
readonly	省略属性值后，等价于readonly="readonly"
defer	省略属性值后，等价于defer="defer"
ismap	省略属性值后，等价于ismap="ismap"
nohref	省略属性值后，等价于nohref="nohref"
noshade	省略属性值后，等价于noshade="noshade"
nowrap	省略属性值后，等价于nowrap="nowrap"
selected	省略属性值后，等价于selected="selected"

（续表）

属　　性	省略属性值
disabled	省略属性值后，等价于disabled="disabled"
multiple	省略属性值后，等价于multiple="multiple"
noresize	省略属性值后，等价于noresize="noresize"

1.5　新手疑惑解答

问题1：如何理解HTML 5中的单标记和双标记书写方法？

HTML 5中的标记分为单标记和双标记。所谓单标记，是指没有结束标记的标记，双标记是指既有开始标记，又有结束标记。

对于不允许写结束标记的单标记元素，只可以使用"<元素/>"的形式进行书写。例如"
…</br>"的书写方式是错误的，正确的书写方式为
。当然，在HTML 5之前的版本中，
这种书写方法可以被沿用。HTML 5中不允许写结束标记的元素有：area、base、br、col、command、embed、hr、img、input、keygen、link、meta、param、source、track、wbr。

对于部分双标记可以省略结束标记。HTML 5中允许省略结束标记的元素有：li、dt、dd、p、rt、rp、optgroup、option、colgroup、thead、tbody、tfoot、tr、td、th。

HTML 5中有些元素还可以完全被省略标记，即使这些标记被省略了，该元素还是以隐式的方式存在的。HTML 5中允许省略全部标记的元素有：html、head、body、colgroup、tbody。

问题2：为何使用记事本编辑HTML文件无法在浏览器中预览,而是直接在记事本中打开？

很多初学者在保存文件时没有将HTML文件的扩展名.html或.htm作为文件的后缀，导致文件还是以.txt为扩展名，因此无法在浏览器中查看。如果读者是通过右击创建记事本文件，在给文件重命名时，一定要以.html或.htm作为文件的后缀。特别要注意的是，当Windows系统的扩展名是隐藏时，更容易出现这样的错误。读者可以在【文件夹选项】对话框中设置是否显示扩展名。

问题3：在网页中，语言的编码方式有哪些？

在HTML 5网页中，<meta>标记的charset属性用于设置网页的内码语系，也就是字符集的类型，国内常用的是GB码，国内经常要显示汉字，通常设置为GB2312（简体中文）和UTF-8两种。英文是ISO-8859-1字符集。此外，还有其他的字符集，这里不再介绍。

第 2 章

HTML 5网页中的文本和图像

文字是网页中基本的元素之一。设计网页时，如果没有合理地规划段落文字，就会影响网页内容的易读性。HTML文件中最重要的应用之一就是超链接。超链接是一个网站的灵魂，Web上的网页是互相链接的，单击这个超链接的文本或图形就可以链接到其他页面。另外，适当地添加图片会使网页更加生动有趣。本章将重点讲解如何在网页中使用文字、文字结构标记、超链接和图像。

2.1 添 加 文 本

网页中的文本可以分为两大类：一类是普通文本，另一类是特殊字符文本。

1. 普通文本

所谓普通文本，是指汉字或者在键盘上可以输出的字符。如果有现成的文本，可以使用复制的方法把其他窗口中需要的文本复制过来。

2. 特殊字符文本

目前，很多行业的信息都出现在网络上，每个行业都有自己的行业特性，如数学、物理和化学都有特殊的符号。如何在网页上显示这些特殊字符是本节将要讲解的内容。

在HTML中，特殊字符以"&"开头，以"；"结尾，中间为相关字符编码。例如，大括号和小括号被用于声明标记，因此如果在HTML代码中出现"<"和">"符号，就不能直接输入，需要当作特殊字符处理。在HTML中，用"&lt；"代表符号"<"，用"&gt；"代表符号">"。例如，输入公式a>b，在HTML中需要这样表示：a>b。

HTML中还有大量这样的字符，例如空格、版权等，常用特殊字符如表2-1所示。

表2-1　常用特殊字符

显　　示	说　　明	HTML编码
	半角空格，宽度是一个中文宽度的一半	
	全角空格，宽度是一个中文宽度	
	不换行空格，宽度受字体的影响	

（续表）

显　　示	说　　明	HTML编码
<	小于	&lt;
>	大于	&gt;
&	&符号	&amp;
"	双引号	&quot;
©	版权	&copy;
®	已注册商标	&reg;
™	商标（美国）	&#8482;
×	乘号	&times;
÷	除号	&divide;

在编辑化学公式或物理公式时，使用特殊字符的频度非常高。如果每次输入都去查询或者要记忆这些特殊符号的编码，工作量是相当大的，在此为读者提供了以下技巧：

（1）例如输入a>b这样的表达式，可以直接输入。对于部分键盘上没有的字符，可以借助"中文输入法"的软键盘。在中文输入法的软键盘上右击，弹出特殊类别项（见图2-1），选择所需的类型，如选择"数学符号"，弹出数学相关符号（见图2-2），单击"÷"按钮即可输入。

图2-1　特殊符号分类　　　　　　　　　　　　　图2-2　数学符号

（2）文字与文字之间的空格如果超过一个，那么从第2个空格开始，都会被忽略掉。快捷地输入空格的方法为：将输入法切换成"中文输入法"，并置于"全角"（Shift+空格）状态，直接按键盘上的空格键即可。

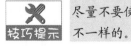 尽量不要使用多个" "来表示多个空格，因为多数浏览器对空格的距离的实现是不一样的。

在文档中经常会出现重要文本（加粗显示）、倾斜文本、上标和下标文本等。

1．重要文本

重要文本通常以粗体显示、强调方式显示或加强调方式显示。HTML中的<b>标记、<em>标记和<strong>标记分别用来实现这三种显示方式。

【例2.1】（实例文件：ch02\2.1.html）

```
<!DOCTYPE html>
<html>
<head>
<title>无标题文档</title>
</head>
<body>
<!--<b>标记、<em>标记和<strong>标记-->
<p><b>我是粗体文字</b> </p>
<p><em>我是强调文字</em> </p>
<p><strong>我是加强调文字</strong></p>
</body>
</html>
```

在IE 11.0中预览效果，如图2-3所示，实现了文本的三种显示方式。

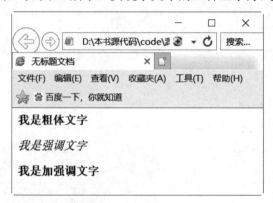

图2-3　重要文本预览效果

2．倾斜文本

HTML中的<i>标记实现了文本的倾斜显示，放在<i></i>之间的文本将以斜体显示。

【例2.2】（实例文件：ch02\2.2.html）

```
<!DOCTYPE html>
<html>
<head>
<title>无标题文档</title>
</head>
<body>
<i>我将会以斜体字显示</i>
</body>
</html>
```

在IE 11.0中预览效果，如图2-4所示，其中文字以斜体显示。

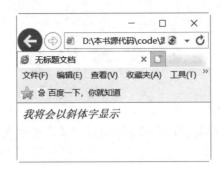

图2-4 倾斜文本预览效果

 HTML中的重要文本和倾斜文本标记已经过时，是需要读者忘记的标记，这些标记都应该使用CSS样式来实现。随着后面学习的深入，读者会逐渐发现，即使HTML和CSS实现相同的效果，但是CSS所能实现的控制远远比HTML要细致、精确得多。

3．上标和下标文本

在HTML中用<sup>标记实现上标文字，用<sub>标记实现下标文字。<sup>和<sub>都是双标记，放在开始标记和结束标记之间的文本分别以上标或下标形式出现。

【例2.3】（实例文件：ch02\2.3.html）

```
<!DOCTYPE html>
<html>
<head>
<title>无标题文档</title>
</head>
<body>
 <!--上标显示-->
 <p>c=a<sup>2</sup>+b<sup>2</sup></p>
<!--下标显示-->
 <p>H<sub>2</sub>+O→H<sub>2</sub>O</p>
</body>
</html>
```

在IE 11.0中预览效果，如图2-5所示，分别实现了上标和下标文本显示。

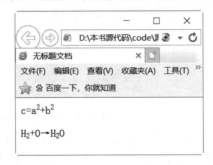

图2-5 上标和下标预览效果

15

2.2 文 本 排 版

在网页中，如果要把文字都合理地显示出来，就离不开段落标记的使用。对网页中的文字段落进行排版，并不像文本编辑软件Word那样可以定义许多模式来安排文字的位置。在网页中要让某一段文字放在特定的地方，需要是通过HTML标记来完成。

2.2.1 换行标记\<br/\>与段落标记\<p\>

浏览器在显示网页时，完全按照HTML标记来解释HTML代码，忽略多余的空格和换行。在HTML文件中，无论输入多少空格（按空格键），都将被视为一个空格，换行（按Enter键）也是无效的。在HTML中，换行使用\<br/\>标记，换段使用\<p\>标记。

1．换行标记\<br/\>

换行标记\<br/\>是一个单标记，它没有结束标记，是英文单词break的缩写，作用是将文字在一个段内强制换行。一个\<br/\>标记代表一个换行，连续的多个标记可以实现多次换行。使用换行标记时，在需要换行的位置添加\<br/\>标记即可。例如，下面的代码实现了对文本的强制换行。

【例2.4】（实例文件：ch02\2.4.html）

```
<!DOCTYPE html>
<html>
<head>
<title>文本段换行</title>
</head>
<body>
本节目标<br/>网页中的文字是如何设置的<br/>如何在
Dreamweaver中处理文字<br/>如何对文本进行格式化（CSS）
<br/>熟悉使用Dreamweaver进行样式表的创建与应用
</body>
</html>
```

虽然在HTML源代码中，主体部分的内容在排版上没有换行，但是增加\<br/\>标记后，在IE 11.0中预览效果如图2-6所示，实现了换行效果。

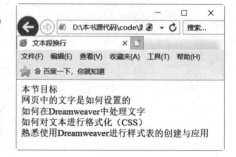

图2-6 换行标记的使用

2．段落标记\<p\>

段落标记是双标记，即\<p\>\</p\>，在\<p\>开始标记和\</p\>结束标记之间的内容形成一个段落。如果省略结束标记，从\<p\>标记开始，直到遇见下一个段落标记之前的文本都在一个段落内。段落标记中的p是英文单词paragraph（段落）的首字母，用来定义网页中的一段文本，文本在一个段落中会自动换行。

【例2.5】（实例文件：ch02\2.5.html）

```
<!DOCTYPE html>
<html>
<head>
<title>段落标记的使用</title>
</head>
<body>
 <p>HTML5、CSS3应用教程之 跟DIV说Bey!Bey!</p>
 <p>Web设计师可以使用HTML4和CSS2.1完成一些很酷的东西。我们可以在不使用陈旧的基于&lt;
table &gt;布局的基础上完成文档逻辑结构并创建内容丰富的网站。我们可以在不使用内联&lt; font
&gt;和&lt; br &gt;标记的基础上对网站添加漂亮而细腻的风格样式。事实上，目前的设计能力已经让
我们远离了那个可怕的浏览器战争时代、专有协议和那些充满滚动和闪烁的丑陋网页。
 <p>
 <p>
 虽然我们现在已经普遍使用了HTML4和CSS2.1，但是还可以做得更好！我们可以重组代码的结构并让
页面代码更富有语义化特性。我们可以缩减带给页面美丽外观样式的代码量并让它们有更高的可扩展性。现
在，HTML5和CSS3正跃跃欲试地等待大家，下面让我们来看看它们是否真的能让我们的设计提升到下一个
高度吧...
 </p>
 <p>
 曾经，设计师们经常会更频繁地使用基于&lt; table &gt;的没有任何语义的布局。不过最终还是
要感谢像Jeffrey Zeldman和Eric Meyer这样的思想革新者，聪明的设计师们慢慢使用相对更语义化的
&lt; div &gt;布局替代了&lt; table &gt;布局，并且开始调用外部样式表。但不幸的是，复杂的网
页设计需要大量不同的标记结构代码，我们将其叫作"&lt; div &gt; -soup" 综合症。
 </p>
</body>
</html>
```

在IE 11.0中预览效果，如图2-7所示，<P>标记将文本分成4个段落。

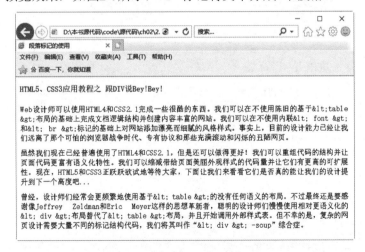

图2-7　段落标记的使用

2.2.2　标题标记<h1>～<h6>

在HTML文档中，文本的结构除了以行和段出现之外，还可以作为标题存在。通常一篇文档基本的结构是由若干不同级别的标题和正文组成的。

HTML文档中包含各种级别的标题，各种级别的标题由<h1>到<h6>元素来定义，<h1>至<h6>标题标记中的字母h是英文headline（标题行）的简称。其中<h1>代表1级标题，级别最高，文字也最大，其他标题元素依次递减，<h6>级别最低。

【例2.6】（实例文件：ch02\2.6.html）

```html
<!DOCTYPE html>
<html>
<head>
<title>文本段换行</title>
</head>
<body>
<h1>这里是1级标题</h1>
<h2>这里是2级标题</h2>
<h3>这里是3级标题</h3>
<h4>这里是4级标题</h4>
<h5>这里是5级标题</h5>
<h6>这里是6级标题</h6>
</body>
</html>
```

在IE 11.0中的预览效果如图2-8所示。

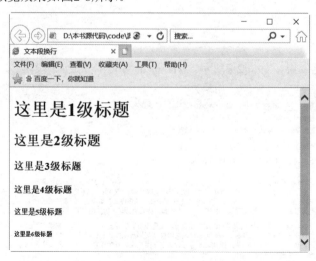

图2-8　标题标记的使用

标题的重要性是有区别的，其中<h1>标题的重要性最高，<h6>标题的重要性最低。

2.3 文字列表

文字列表可以有序地编排一些信息资源,使其结构化和条理化,并以列表的样式显示出来,以便浏览者能更加快捷地获得相应的信息。HTML中的文字列表如同文字编辑软件Word中的项目符号和自动编号一样。

2.3.1 建立无序列表<ul>

无序列表相当于Word中的项目符号,无序列表的项目排列没有顺序,只以符号作为分项标识。无序列表使用一对标记<ul></ul>,其中每一个列表项使用<li></li>,其结构如下:

```
<ul>
  <li>无序列表项</li>
  <li>无序列表项</li>
  <li>无序列表项</li>
  <li>无序列表项</li>
</ul>
```

在无序列表结构中,使用<ul></ul>标记表示这个无序列表的开始和结束,<li>则表示一个列表项的开始。在一个无序列表中可以包含多个列表项,并且<li>可以省略结束标记。下面的实例使用无序列表实现文本的排列显示。

【例2.7】（实例文件：ch02\2.7.html）

```
<!DOCTYPE html>
<html>
<head>
<title>嵌套无序列表的使用</title>
</head>

<body>
<h1>网站建设流程</h1>
<ul>
  <li>项目需求</li>
  <li> 系统分析
    <ul>
    <li>网站的定位</li>
    <li>内容收集</li>
    <li>栏目规划</li>
    <li>网站目录结构设计</li>
    <li>网站标志设计</li>
    <li> 网站风格设计</li>
    <li> 网站导航系统设计</li>
```

```
    </ul>
  </li>
  <li> 伪网页草图
  <ul>
  <li> 制作网页草图</li>
  <li>将草图转换为网页</li>
  </ul>
  </li>
  <li> 站点建设</li>
  <li>网页布局</li>
  <li> 网站测试</li>
  <li> 站点的发布与站点管理 </li>
</ul>
</body>
</html>
```

在IE 11.0中预览效果，如图2-9所示。读者会发现，在无序列表项中可以嵌套一个列表。例如，代码中的"系统分析"列表项和"伪网页草图"列表项中都有下级列表，因为在这对<li></li>标记间又增加了一对<ul></ul>标记。

图2-9　无序列表

2.3.2　建立有序列表<ol>

有序列表类似于Word中的自动编号功能，有序列表的使用方法和无序列表的使用方法基本相同，它使用标记<ol></ol>来标识，每一个列表项则使用<li></li>。每个项目都有前后顺序之分，通常用数字表示，其结构如下：

```
<ol>
  <li>第1项</li>
  <li>第2项</li>
```

```
    <li>第3项</li>
</ol>
```

下面的实例使用有序列表实现文本的排列显示。

【例2.8】（实例文件：ch02\2.8.html）

```
<!DOCTYPE html>
<html>
<head>
<title>有序列表的使用</title>
</head>
<body>
<h1>本讲目标</h1>
<ol>
    <li>网页的相关概念 </li>
    <li> 网页与HTML</li>
    <li> Web标准（结构、表现、行为）</li>
    <li> 网页设计与开发的过程   </li>
    <li>与设计相关的技术因素</li>
    <li> HTML简介 </li>
</ol>
</body>
</html>
```

在IE 11.0中预览效果，如图2-10所示。在页面上，读者可以看到新添加的有序列表。

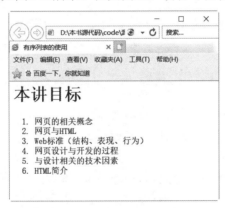

图2-10　有序列表的效果

2.4　网页中的图像<img>

俗话说"一图胜千言"，图片是网页中不可缺少的元素，巧妙地在网页中使用图片可以为网页增色不少。网页支持多种图片格式，并且可以对插入的图片设置宽度和高度。

21

2.4.1　网页中支持的图片格式

图像在网页中具有画龙点睛的作用，它能装饰网页，表达个人的情调和风格。但在网页上加入的图片不宜过多，否则浏览的速度就会受到影响；导致用户失去耐心而离开页面。网页中使用的图像可以是GIF、JPEG、BMP、TIFF、PNG等格式，其中使用广泛的主要是GIF和JPEG两种格式。

GIF格式是由Compuserve公司提出的与设备无关的图像存储标准，也是Web上使用最早、应用最广泛的图像格式。GIF通过减少组成图像每个像素的存储位数和LZH压缩存储技术来降低图像文件大小。GIF格式最多只能是256色的图像。GIF图像文件很小，下载速度快，低颜色数下GIF比JPEG装载得更快，可用许多具有同样大小的图像文件组成动画，在GIF图像中可指定透明区域，使图像具有非同一般的显示效果。

JPEG格式是目前Internet中最受欢迎的图像格式，JPEG可支持多达16MB的颜色，它能展现十分丰富生动的图像，还能压缩。但压缩方式是以损失图像质量为代价的，压缩比越高，图像质量损失就越大，图像文件也就越小。一般情况下，Windows支持的BMP格式图像的大小是JPEG格式的5~10倍，而GIF格式最多只能是256色，因此可以载入256色以上图像的JPEG格式成为Internet中最受欢迎的图像格式。

当网页中需要载入一个较大的GIF或JPEG图像文件时，装载速度会很慢。为了改善网页的视觉效果，可以在载入时设置为隔行扫描。隔行扫描在开始显示图像时看起来非常模糊，接着细节逐渐添加上去，直到图像完全显示出来。

总之，GIF是支持透明、动画的图片格式，但色彩只有256色。JPEG是一种不支持透明和动画的图片格式，但是色彩模式比较丰富，保留大约1670万种颜色。

 网页中现在也有很多PNG格式的图片。PNG图片具有不失真、兼有GIF和JPEG的色彩模式、网络传输速度快、支持透明图像制作的特点，近年来在网络中也很流行。

2.4.2　使用路径

HTML文档支持文字、图片、声音、视频等媒体格式，但是在这些格式中，除了文本是写在HTML中的，其他都是嵌入式的，HTML文档只记录了这些文件的路径。这些媒体信息能否正确显示，路径至关重要。

路径的作用是定位一个文件的位置。文件的路径可以有两种表述方法：以当前文档为参照物表示文件的位置，即相对路径；以根目录为参照物表示文件的位置，即绝对路径。

为了方便讲解绝对路径和相对路径，现有目录结构如图2-11所示。

1．绝对路径

例如，在E盘的webs目录下的images下有一个tp.jpg图像，那么它的路径就是E:\webs\imags\tp.jpg，像这种完整地描述文件位置的路径就是绝对路径。如果将图片文件tp.jpg插入网页index.html中，则绝对路径表示方式如下：

```
E:\webs\imags\tp.jpg
```

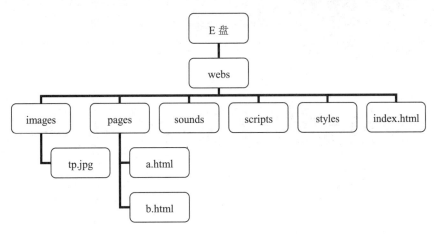

图2-11　目录结构

如果使用了绝对路径E:\webs\imags\tp.jpg进行图片链接,那么在本地计算机中将一切正常,因为在E:\webs\imags下的确存在tp.jpg这个图片。如果将文档上传到网站服务器上后,就不会正常了,因为服务器给你划分的存放空间可能在E盘其他目录中,也可能在D盘其他目录中。为了保证图片正常显示,必须从webs文件夹开始,放到服务器或其他计算机的E盘根目录下。

通过上述讲解读者会发现,当链接本站点内的资源时,使用绝对路径对位置的要求非常严格。因此,链接本站内的资源不建议采用绝对路径。如果链接其他站点的资源,就必须使用绝对路径。

2．相对路径

如何使用相对路径设置上述图片呢?所谓相对路径,顾名思义就是以当前位置为参考点,自己相对于目标的位置。例如,在index.html中链接tp.jpg就可以使用相对路。index.html和tp.jpg图片的路径根据上述目录结构图可以这样来定位:从index.html位置出发,它和images属于同级,路径是通的,因此可以定位到images,images的下级就是tp.jpg。使用相对路径表示图片如下:

```
images/tp.jpg
```

使用相对路径,不论将这些文件放到哪里,只要tp.jpg和index.html文件的相对关系没有变,就不会出错。

在相对路径中,".."表示上一级目录,"../.."表示上一级的上一级目录,以此类推。例如,将tp.jpg图片插入a.html文件中,使用相对路径表示如下:

```
../images/tp.jpg
```

 细心的读者会发现,路径分隔符使用了"\"和"/"两种,其中"\"表示本地分隔符,"/"表示网络分隔符。因为网站制作好肯定是在网络上运行的,因此要求使用"/"作为路径分隔符。

2.4.3　在网页中插入图像标记<img>

图像可以美化网页,插入图像使用单标记<img>。<img>标记的属性及描述如表2-2所示。

表2-2 <img>标记的属性及描述

属　　　性	值	描　　述
alt	text	定义有关图像未加载完成时的提示
title	text	定义鼠标放置在图像上的文本提示
src	URL	要显示的图像的URL
ismap	URL	把图像定义为服务器端的图像映射
usemap	URL	把图像定义为客户端的图像映射。请参阅<map>和<area>标记，了解其工作原理
vspace	pixels	定义图像顶部和底部的空白。不推荐使用，请使用CSS代替
width	pixels%	设置图像的宽度

1. 图像的源文件src

src属性用于指定图片源文件的路径，它是<img>标记必不可少的属性。语法格式如下：

```
<img src="图片路径">
```

图片的路径可以是绝对路径，也可以是相对路径。下面的实例是在网页中插入图片。

【例2.9】（实例文件：ch02\2.9.html）

```
<!DOCTYPE html>
<html>
<head>
<title>插入图片</title>
</head>
<body>
<img src="images/meishi.jpg">
</body>
</html>
```

在IE 11.0中预览效果，如图2-12所示。

图2-12　插入图片

2．设置图像的宽度width和高度height

在HTML文档中，还可以设置插入图片的显示大小，一般是按原始尺寸显示的，但也可以任意设置显示尺寸。设置图像尺寸分别使用属性width（宽度）和height（高度）。

【例2.10】（实例文件：ch02\2.10.html）

```
<!DOCTYPE html>
<html>
<head>
<title>插入图片</title>
</head>
<body>
<!-原始图像、设置宽度为200和设置宽度为200、高度为300-->
<img src="images/meishi.jpg">
<img src="images/meishi.jpg" width="200">
<img src="images/meishi.jpg" width="200" height="300">
</body>
</html
```

在IE 11.0中预览效果，如图2-13所示。

图2-13　设置图片的宽度和高度

由图2-14可以看到，图片的显示尺寸是由width（宽度）和height（高度）控制的。当只为图片设置一个尺寸属性时，另一个尺寸就以图片原始的长宽比例来显示。图片的尺寸单位可以选择百分比或数值。百分比是相对尺寸，数值是绝对尺寸。

因为网页中插入的图像都是位图，所以放大尺寸时，图像会出现马赛克，变得模糊。

在Windows中查看图片的尺寸，只需要找到图像文件，把鼠标指针移动到图像上，停留几秒后，就会出现一个提示框，说明图像文件的尺寸。尺寸后显示的数字代表图像的宽度和高度，如256×256。

3．设置图像的提示文字alt

在浏览网页时，图像提示文字的作用有两个：一是，如果图像下载完成，将鼠标指针放在该图像上，鼠标指针旁边会出现提示文字；二是，如果图像没有成功下载，在图像的位置上就会显示提示文字。

随着互联网技术的发展，网速已经不是制约因素，因此一般都能成功下载图像。现在，alt还有另一个作用，在百度、Google等大型搜索引擎中，搜索图片不如文字方便，如果给图片添加适当提示，就可以方便搜索引擎的检索。

下面的实例将为图片添加提示文字效果。

【例2.11】（实例文件：ch02\2.11.html）

```
<!DOCTYPE html>
<html>
<head>
<title>图片文字提示</title>
</head>
<body>
<!-添加提示文字效果-->
<img src="images/meishi.jpg" alt="未加载完成时显示的替代文字" title="鼠标放上去
显示的文字">
</body>
</html>
```

在IE 11.0中预览效果，如图2-14所示。用户将鼠标放在图片上，即可看到提示文字。

图2-14　图片提示文字

 在火狐浏览器中不支持该功能。

26

2.5 URL的概念

URL为Uniform Resource Locator的缩写，通常翻译为"统一资源定位器"，也就是人们所说的"网址"。URL用于指定Internet上的资源位置。

2.5.1 URL的格式

网络中的计算机是通过IP地址区分的，如果需要访问网络中某台计算机中的资源，首先要定位到这台计算机。IP地址由32位二进制代码（32个0/1）组成，数字之间没有意义，且不容易记忆。为了方便记忆，现在计算机一般采用域名的方式来寻址，即在网络上使用一组有意义的字符组成的地址代替IP地址来访问网络资源。

URL由4部分组成，即"协议""主机名""文件夹名""文件名"，如图2-15所示。

图2-15 URL的组成

互联网中有各种各样的应用，如Web服务、FTP服务等。每种服务应用都对应有协议，通常通过浏览器浏览网页的协议都是HTTP协议（超文本传输协议），因此通常网页的地址都以"http://"开头。

www.baidu.com为主机名，表示文件存在于哪台服务器，主机名可以通过IP地址或者域名来表示。

确定到主机后，还需要说明文件存在于这台服务器的哪个文件夹中，这里文件夹可以分为多个层级。

确定文件夹后，就要定位到文件，即要显示哪个文件，网页文件通常以".html"或".htm"为扩展名。

2.5.2 URL的类型

在讲解网页中使用的图像时，已经介绍了"路径"的概念。对于超链接来说，路径的概念同样存在。

超链接的URL可以分为两种类型：绝对URL和相对URL。

（1）绝对URL一般用于访问多台服务器上的资源。

（2）相对URL是指访问同一台服务器上相同文件夹或不同文件夹中的资源。如果访问相同文件夹中的文件，则只需要写文件名；如果访问不同文件夹中的资源，则URL需要以服务器的根目录为起点指明文件的相对关系，由文件夹名和文件名两部分构成。

下面的实例使用绝对URL和相对URL来实现超链接。

【例2.12】 （实例文件：ch02\2.12.html）

```html
<!DOCTYPE html>
<html>
<head>
<title>绝对URL和相对URL</title>
</head>
<body>
<!--使用绝对URL-->
单击<a href="http://www.webDesign.com/index.html">绝对URL</a>链接到webDesign
网站首页<br/>
<!--使用相对URL-->
单击<a href="02.html">相同文件夹的URL</a>链接到相同文件夹中的第2个页面<br/>
单击<a href="../pages/03.html">不同文件夹的URL</a>链接到不同文件夹中的第3个页面
</body>
</html>
```

在上述代码中，第1个链接使用的是绝对URL；第2个链接使用的是服务器相对URL，也就是链接到文档所在的服务器的根目录下的02.html；第3个链接使用的是文档相对URL，即原文档所在文件夹的父文件夹下的pages文件夹中的03.html文件。

在IE 11.0中预览网页效果，如图2-16所示。

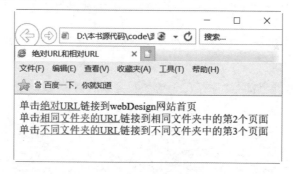

图2-16　绝对URL和相对URL

2.6　超链接标记<a>

超链接是指当单击一些文字、图片或其他网页元素时，浏览器会根据其指示载入一个新的页面或跳转到页面的其他位置。超链接除了可以链接文本外，还可以链接各种多媒体，如声音、图像、动画等，通过它们可享受丰富多采的多媒体世界。

建立超链接所使用的HTML标记为<a></a>。超链接重要的有两个要素：超链接指向的目标地址和设置为超链接的网页元素。基本的超链接结构如下：

```html
<a href=URL>网页元素</a>
```

2.6.1 设置文本和图片的超链接

设置超链接的网页元素通常使用文本和图片。文本超链接和图片超链接通过<a></a>标记实现，将文本或图片放在<a>开始标记和</a>结束标记之间即可建立超链接。下面的实例将实现文本和图片的超链接。

【例2.13】（实例文件：ch02\2.13.html）

```
<!DOCTYPE html>
<html>
<head>
<title>文本和图片超链接</title>
</head>
<body>
<a href="a.html"><img src="images/0371.gif"></a>
<a href="b.html">公司简介</a>
</body>
</html>
```

在IE 11.0中预览网页效果，如图2-17所示。单击图片或文本即可实现链接跳转的效果。

图2-17 文本和图片链接效果

默认情况下，为文本添加超链接，文本会自动增加下画线，并且文本颜色变为蓝色，单击过的超链接，文本会变成暗红色。图片增加超链接以后，浏览器会自动给图片添加一个粗边框。图片和文本超链接的下画线需要借助CSS样式来完成，这里不进行介绍，详见CSS部分。

2.6.2 超链接指向的目标类型

通过上面的讲解，读者会发现超链接的目标对象都是.html类型的文件。超链接不但可以链接到各种类型的文件（如图片文件、声音文件、视频文件、Word文件等），还可以链接到其他网站、FTP服务器、电子邮件等。

1．链接到各种类型的文件

超链接<a>标记的href属性指向链接的目标，目标可以是各种类型的文件。如果是浏览器

29

能够识别的类型，就会直接在浏览器中显示；如果是浏览器不能识别的类型，在IE浏览器中会弹出文件下载对话框，如图2-18所示。

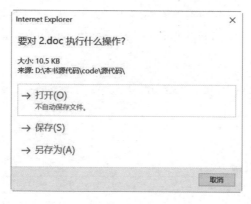

图2-18　IE中的文件下载对话框

【例2.14】（实例文件：ch02\2.14.html）

```html
<!DOCTYPE html>
<html>
<head>
<title>链接各种类型文件</title>
</head>
<body>
<p><a href="a.html">链接html文件</a></p>
<p><a href="coffe.jpg">链接图片</a></p>
<p><a href="2.doc">链接word文档</a></p>
</body>
</html>
```

在IE 11.0中预览网页效果，如图2-19所示。实现链接到HTML文件、图片和Word文档。

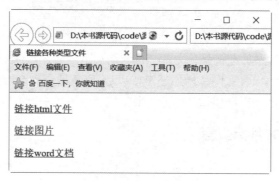

图2-19　各种类型的链接

2．链接到其他网站或FTP服务器

在网页中，友情链接也是推广网站的一种方式。下列代码实现了链接到其他网站或FTP服务器的功能。

```
<a href="http://www.baidu.com">链接百度</a>
<a href="ftp://172.16.1.254">链接到FTP服务器</a>
```

 这里FTP服务器用的是IP地址。为了保证代码的正确运行，请读者填写有效的FTP服务器地址。

3．设置电子邮件链接

在某些网页中，当访问者单击某个链接以后，会自动打开电子邮件客户端软件（如Outlook或Foxmail等）向某个特定的E-Mail地址发送邮件，这个链接就是电子邮件链接。电子邮件链接的格式如下：

```
<a href="mailto:电子邮件地址" >网页元素</a>
```

【例2.15】（实例文件：ch02\2.15.html）

```
<!DOCTYPE html>
<html>
<head>
<title>电子邮件链接</title>
</head>
<body>
<img src="images/logo.gif" width="119" height="49">　[免费注册][登录]
<a href="mailto:kfdzsj@126.com">站长信箱</a>
</body>
</html>
```

在IE 11.0中预览网页效果，如图2-20所示，实现了电子邮件链接。

当读者单击"站长信箱"链接时，会自动弹出电子邮件客户端窗口以编写电子邮件，如图2-21所示。

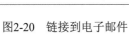

图2-20　链接到电子邮件

图2-21　电子邮件客户端窗口

2.6.3　设置以新窗口显示超链接页面

默认情况下，当单击超链接时，目标页面会在当前窗口中显示并替换掉当前页面的内容。

如果要实现在单击某个超链接后在新的浏览器窗口中显示目标页面，就需要使用<a>标记的target属性。target属性的取值有4个，即_blank、_self、_top、_parent。由于HTML 5不再支持框，因此_top和_parent这两个取值不常用。本小节仅为读者讲解_blank和_self值。其中，_blank表示在新窗口中显示超链接页面，_self表示在当前窗口中显示超链接页面。当省略target属性时，默认取值为_self。

【例2.16】（实例文件：ch02\2.16.html）

```
<!DOCTYPE html>
<html>
<head>
<title>以新窗口方式打开</title>
</head>
<body>
<a href="a.html target="_blank">新窗口</a>
</body>
</html>
```

在IE 11.0中预览网页效果，如图2-22所示。

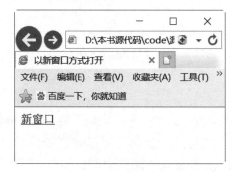

图2-22　新窗口页面

2.7　创建热点区域

在浏览网页时读者会发现，当单击一幅图片的不同区域时会显示不同的链接内容，这就是图片的热点区域。所谓图片的热点区域，就是将一个图片划分成若干个链接区域。访问者单击不同的区域会链接到不同的目标页面。

在HTML中，可以为图片创建3种类型的热点区域：矩形、圆形和多边形。创建热点区域使用标记<map>和<area>，语法格式如下：

```
<img src="图片地址" usemap="#名称">
<map id="#名称">
    <area shape="rect" coords="10,10,100,100" href="#">
    <area shape="circle" coords="120,120,50" href="#">
```

```
        <area shape="poly" coords="78,13,81,14,53,32,86,38" href="#">
</map>
```

在上面的语法格式中，需要读者注意以下几点：

（1）要想建立图片热点区域，必须先插入图片。注意，图片必须增加usemap属性，说明该图像是热区映射图像，属性值必须以"#"开头，如#pic。那么上面一行代码可以修改为：<img src="图片地址" usemap="#pic">。

（2）<map>标记只有一个属性id，其作用是为区域命名，属性值必须与<img>标记的usemap属性值相同，修改上述代码为：<map id="#pic">。

（3）<area>标记主要是定义热点区域的形状及超链接，它有3个相应的属性：

- shape属性，用于设置热点区域的形状，其取值有3个，分别是rect（矩形）、circle（圆形）和poly（多边形）。

- coords属性，用于设置热点区域的坐标。

  - 如果shape属性取值为rect，那么coords的设置值分别为矩形的左上角x、y坐标点和右下角x、y坐标点，单位为像素。
  - 如果shape属性取值为circle，那么coords的设置值分别为圆形圆心x、y坐标点和半径值，单位为像素。
  - 如果shape属性取值为poly，那么coords的设置值分别为多边形在各个点的x、y坐标，单位为像素。

- href属性是为区域设置超链接的目标，设置值为"#"时，表示为空链接。

2.8　综合实例——图文并茂的房屋装饰装修网页

本章讲解了网页组成元素中常用的文本和图片。本综合实例的目的是创建一个由文本和图片构成的房屋装饰效果网页（见图2-23），具体操作步骤如下：

01 新建HTML文档，代码如下：

```
<!DOCTYPE html>
<html>
<head>
<title>房屋装饰装修效果图</title>
</head>
<body>
</body>
</html>
```

02 在body部分增加如下HTML代码，保存页面：

```
<p> <img src="images/xiyatu.jpg" width="300" height="200"/><br/>
西雅图原生态公寓室内设计</p>
<hr>    <!--此标签将显示为一条水平线。-->
<p> <img src="images/stadshem.jpg" width="300" height="200"/><br/>
Stadshem小户型公寓设计（带阁楼）</p>
<hr>
<p> <img src="images/qingxinhuoli.jpg" width="300" height="200"/><br/>
清新活力家居</p>
<hr>
<p> <img src="images/renwen.jpg" width="300" height="200"/><br/>
人文简约悠然家居</p>
<hr>
```

图2-23　房屋装饰效果网页

 <hr>标记的作用是定义内容中的主题变化，并显示为一条水平线，在HTML 5中，它没有任何属性。

2.9　新手疑惑解答

问题1：换行标记和段落标记有什么区别？

换行标记是单标记，不能写结束标记。段落标记是双标记，可以省略结束标记，也可以不省略。默认情况下，段落之间的距离和段落内部的行间距是不同的，段落间距比较大，行间距比较小。HTML是无法调整段落间距和行间距的，如果需要调整它们，就必须使用CSS。在Dreamweaver CC的设计视图下，按回车（Enter）键可以快速换段，按Shift+回车（Enter）键可以快速换行。

问题2： 在浏览器中，图片无法显示是什么原因？

图片在网页中属于嵌入对象，并不是图片保存在网页中，网页只是保存了指向图片的路径。浏览器在解释HTML文件时，会按指定的路径去寻找图片，如果在指定的位置不存在图片，就无法正常显示。为了保证图片的正常显示，制作网页时需要注意以下几点：

（1）图片格式一定是网页支持的。

（2）图片的路径一定要正确，并且图片文件扩展名不能省略。

（3）HTML文件的位置发生改变时，图片一定要跟随着改变，即图片位置和HTML文件的位置始终保持相对一致。

问题3： 链接增多后，网站如何设置目录结构以方便维护？

当一个网站的网页数量增加到一定程度以后，网站的管理与维护将变得非常烦琐，因此掌握一些网站管理与维护的技术是非常实用的，可以节省很多时间。建立适合的网站文件存储结构可以方便网站的管理与维护。通常使用的3种网站文件组织结构方案及文件管理遵循的原则如下：

（1）按照文件的类型进行分类管理。将不同类型的文件放在不同的文件夹中，这种存储方法适合中小型的网站，这种方法是通过文件的类型对文件进行管理。

（2）按照主题对文件进行分类。网站的页面按照不同的主题进行分类储存。同一主题的所有文件存放在一个文件夹中，然后进一步细分文件的类型。这种方案适用于页面与文件数量众多、信息量大的静态网站。

（3）对文件类型进一步细分存储管理。这种方案是第一种存储方案的深化，将页面进一步细分后进行分类存储管理。这种方案适用于文件类型复杂、包含各种文件的多媒体动态网站。

第 3 章

用HTML 5创建表格和表单

在网页设计中，表格和表单的作用比较重要。其中表格往往用于清晰地显示数据，而表单负责采集浏览者的相关数据。例如，网页中的商品标价表、用户注册表、调查表和留言表等。在HTML 5中，表单拥有多个新的表单输入类型。这些新特性提供了更好的输入控制和验证。本章将讲解表格如何显示数据、表单基本元素的使用方法和表单高级元素的使用方法，最后通过一个综合案例进一步讲解表格和表单的综合实用技巧。

3.1　表格基本结构及操作

HTML制作表格的原理是使用相关标记定义完成，如表格对象<table>、行对象<tr>、单元格对象<td>，其中单元格的合并在表格操作中应用广泛。

3.1.1　表格基本结构

使用表格显示数据可以更直观和清晰。在HTML文档中，表格主要用于显示数据，虽然可以使用表格布局，但是不建议使用，它有很多弊端。表格一般由行、列和单元格组成，如图3-1所示。

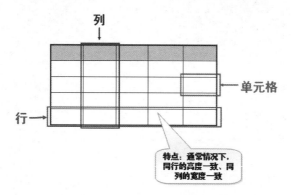

图3-1　表格的组成

<table>标记用于标识一个表格对象的开始，</table>标记用于标识一个表格对象的结束。一个表格中，只允许出现一对<table>标记。

<tr>标记用于标识表格一行的开始，</tr>标记用于标识表格一行的结束。表格内有多少对<tr></tr>标记，就表示表格中有多少行。

<td>标记用于标识表格某行中一个单元格的开始，</td>标记用于标识表格某行中一个单元格的结束。<td></td>标记书写在<tr></tr>标记内，一对<tr></tr>标记内有多少对<td></td>标记，就表示该行有多少个单元格。

基本的表格必须包含一对<table></table>标记、一对或几对<tr></tr>标记以及一对或几对<td></td>标记。一对<table></table>标记定义一个表格，一对<tr></tr>标记定义一行，一对<td></td>标记定义一个单元格。

例如定义一个4行3列的表格。

【例3.1】（实例文件：ch03\3.1.html）

```
<!DOCTYPE html>
<html>
<head>
<title>表格基本结构</title>
</head>
<body>
<table>
  <tr>
  <td>A1</td>
  <td>B1</td>
  <td>C1</td>
  </tr>
  <tr>
  <td>A2</td>
  <td>B2</td>
  <td>C2</td>
  </tr>
  <tr>
  <td>A3</td>
  <td>B3</td>
  <td>C3</td>
  </tr>
  <tr>
  <td>A4</td>
  <td>B4</td>
  <td>C4</td>
  </tr>
</table>
</body>
</html>
```

在IE 11.0中预览网页效果，如图3-2所示。从预览图中读者会发现，表格没有边框，行高及列宽也无法控制。

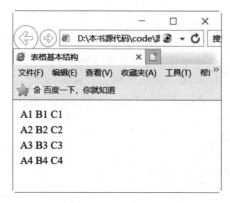

图3-2　表格基本结构

3.1.2　合并单元格

在实际应用中，并非所有表格都是规范的几行几列，有时需要将某些单元格进行合并，以符合某种内容上的需要。在HTML中合并的方向有两种，一种是上下合并，另一种是左右合并，这两种合并方式只需要使用<td>标记的两个属性即可。

1．用colspan属性合并左右单元格

左右单元格的合并需要使用<td>标记的colspan属性完成，格式如下：

```
<td colspan="数值">单元格内容</td>
```

其中，colspan属性的取值为数值型整数数据，代表几个单元格进行左右合并。

例如，在上面的表格的基础上，将A1和B1单元格合并成一个单元格。为第一行的第一个<td>标记增加colspan="2"属性，并且将B1单元格的<td>标记删除。

【例3.2】（实例文件：ch03\3.2.html）

```
<!DOCTYPE html>
<html>
<head>
<title>单元格左右合并</title>
</head>
<body>
<table border="1">                        <!--设置表格边框的粗细-->
  <tr>
  <td colspan="2">A1 B1</td>               <!--合并第一行的列1和列2单元格-->
  <td>C1</td>
  </tr>
  <tr>
  <td>A2</td>
```

```
<td>B2</td>
<td>C2</td>
</tr>
<tr>
<td>A3</td>
<td>B3</td>
<td>C3</td>
</tr>
<tr>
<td>A4</td>
<td>B4</td>
<td>C4</td>
</tr>
</table>
</body>
</html>
```

在IE 11.0中预览网页效果，如图3-3所示。

图3-3　单元格左右合并

从预览图中可以看到，A1和B1单元格合并成一个单元格，C1还在原来的位置上。

 合并单元格以后，相应的单元格标记就应该减少。例如，A1和B1合并后，B1单元格的 <td></td>标记就应该丢掉，否则单元格就会多出一个，并且后面的单元格依次向右位移。

2. 用rowspan属性合并上下单元格

上下单元格的合并需要为<td>标记增加rowspan属性，格式如下：

```
<td rowspan="数值">单元格内容</td>
```

其中，rowspan属性的取值为数值型整数数据，代表几个单元格进行上下合并。

例如，在上面的表格的基础上，将A1和A2单元格合并成一个单元格。为第一行的第一个 <td>标记增加rowspan="2"属性，并且将A2单元格的<td>标记删除。

【例3.3】（实例文件：ch03\3.3.html）

```
<!DOCTYPE html>
<html>
<head>
<meta charset="utf-8" />
<title>单元格左右合并</title>
</head>
<body>
<table border="1">                    <!--设置表格边框的粗细-->
  <tr>
  <td rowspan="2">A1A2</td>           <!--合并第1行和第2行的列1和列2单元格-->
  <td>B1</td>
  <td>C1</td>
  </tr>
  <tr>
  <td>B2</td>
  <td>C2</td>
  </tr>
  <tr>
  <td>A3</td>
  <td>B3</td>
  <td>C3</td>
  </tr>
  <tr>
  <td>A4</td>
  <td>B4</td>
  <td>C4</td>
  </tr>
</table>
</body>
</html>
```

在IE 11.0中预览网页效果，如图3-4所示。从预览图中可以看到，A1和A2单元格合并成一个单元格。

通过上面对左右单元格合并和上下单元格合并的操作，读者会发现合并单元格的实质就是"丢掉"某些单元格。对于左右合并，就是以左侧为准，将右侧要合并的单元格"丢掉"；对于上下合并，就是以上方为准，将下方要合并的单元格"丢掉"。那么，如果一个单元格既要向右合并，又要向下合并，该如何实现呢？请看下面例子。

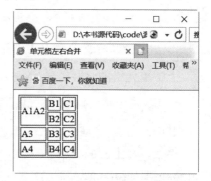

图3-4　单元格上下合并

【例3.4】（实例文件：ch03\3.4.html）

```
<!DOCTYPE html>
<html>
<head>
<title>单元格左右合并</title>
</head>
<body>
<table border="1">                                    <!--设置表格边框的粗细-->
  <tr>
    <td colspan="2" rowspan="2">A1B1<br>A2B2</td>    <!--既要向右合并，又要向下合
并-->
    <td>C1</td>
  </tr>
  <tr>
    <td>C2</td>
  </tr>
  <tr>
    <td>A3</td>
    <td>B3</td>
    <td>C3</td>
  </tr>
  <tr>
    <td>A4</td>
    <td>B4</td>
    <td>C4</td>
  </tr>
</table>
</body>
</html>
```

在IE 11.0中预览网页效果，如图3-5所示。

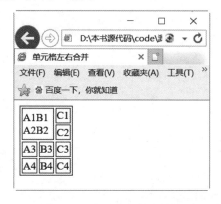

图3-5　两个方向合并单元格

从上面的代码可以看到，A1单元格向右合并B1单元格，向下合并A2单元格，并且A2单元格向右合并B2单元格。

3.2　完整的表格标记

前面讲解了表格中常用、基本的三个标记<table>、<tr>和<td>，使用它们可以构建简单的表格。为了让表格结构更清楚，以及配合后面学习的CSS样式，更方便地制作各种样式的表格，表格中还会出现表头、主体、脚注等。

按照表格结构，可以把表格的行分组，称为"行组"。不同的行组具有不同的意义。行组分为3类——"表头""主体"和"脚注"。三者相应的HTML标记依次为<thead>、<tbody>和<tfoot>。

标记<caption>表示表格的标题，在一行中除了<td>标记表示一个单元格以外，还可以使用<th>定义表格内的表头单元格。

【例3.5】（实例文件：ch03\3.5.html）

```html
<!DOCTYPE html>
<html>
<head>
<title>完整表格标记</title>
<style>
tfoot{
    background-color:#FF3;
}
</style>
</head>
<body>
<table border="1">                              <!--设置表格边框的粗细-->
  <caption>学生成绩单</caption>
  <thead>
  <tr>
    <th>姓名</th><th>性别</th><th>成绩</th>
  </tr>
  </thead>
   <tfoot>
  <tr>
    <td>平均分</td><td colspan="2">540</td>
  </tr>
  </tfoot>
  <tbody>
  <tr>
```

```
    <td>张三</td><td>男</td><td>560</td>
  </tr>
  <tr>
    <td>李四</td><td>男</td><td>520</td>
  </tr>
 </tbody>
</table>
</body>
</html>
```

从上面的代码可以发现，使用<caption>标记定义了表格标题，<thead>、<tbody>和<tfoot>标记对表格进行了分组。在<thead>部分使用<th>标记代替<td>标记定义单元格，<th>标记定义的单元格默认加粗。网页预览效果如图3-6所示。

图3-6 完整的表格结构

 <caption>标记必须紧随<table>标记之后。

3.3 表 单 概 述

表单主要用于收集网页上浏览者的相关信息，其标记为<form></form>。表单的基本语法格式如下：

```
<form action="url" method="get|post" enctype="mime"></form>
```

其中，action指定处理提交表单的格式，它可以是一个URL地址或一个电子邮件地址；method指明提交表单的HTTP方法。enctype指明用来把表单提交给服务器时的互联网媒体形式。

表单是一个能够包含表单元素的区域，通过添加不同的表单元素，将显示不同的效果。

【例3.6】（实例文件：ch03\3.6.html）

```
<!DOCTYPE html>
<html>
```

```
<body>
<form>
下面是输入用户登录信息<br />
用户名称
<input type="text" name="user"><br />
用户密码
<input type="password" name="password"><br />
<input type="submit" value="登录">
</form>
</body>
</html>
```

在IE 11.0中预览效果，如图3-7所示，可以看到用户登录信息页面。

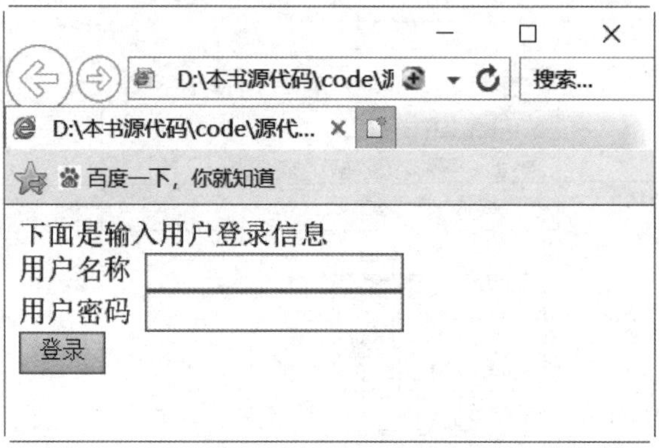

图3-7　用户登录信息页面

3.4　表单基本元素的使用

表单元素是能够让用户在表单中输入信息的元素，常见的有文本框、密码框、下拉菜单、单选框、复选框等。本节主要讲解表单基本元素的使用方法和技巧。

3.4.1　单行文本输入框text

文本框是一种让访问者自行输入内容的表单对象，通常用来填写单个字或者简短的回答，如用户姓名和地址。代码格式如下：

```
<input type="text" name="..." size="..." maxlength="..." value="...">
```

其中，type="text"定义单行文本输入框，name属性定义文本框的名称，要保证数据的准确采集，必须定义一个独一无二的名称；size属性定义文本框的宽度，单位是单个字符宽度；maxlength属性定义最多输入的字符数；value属性定义文本框的初始值。

【例3.7】（实例文件：ch03\3.7.html）

```
<!DOCTYPE html>
<html>
<head><title>输入用户的姓名</title></head>
<body>
<form>
请输入您的姓名：
<input type="text" name="yourname" size="20" maxlength="15"><br />
请输入您的地址：
<input type="text" name="youradr" size="20" maxlength="15">
</form>
</body>
</html>
```

在IE 11.0中预览效果，如图3-8所示，可以看到两个单行文本输入框。

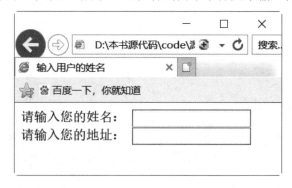

图3-8 单行文本输入框

3.4.2 多行文本框标记<textarea>

多行文本框标记<textarea>主要用于输入较长的文本信息，代码格式如下：

```
<textarea name="..." cols="..." rows="..." wrap="..."></textarea >
```

其中，name属性定义多行文本框的名称，要保证数据的准确采集，必须定义一个独一无二的名称；cols属性定义多行文本框的宽度，单位是单个字符宽度；rows属性定义多行文本框的高度，单位是单个字符高度；wrap属性定义输入内容大于文本域时显示的方式。

【例3.8】（实例文件：ch03\3.8.html）

```
<!DOCTYPE html>
<html>
<head><title>多行文本输入</title></head>
<body>
<form>
```

```
请输入您最新的工作情况<br />
<textarea name="yourworks" cols="50" rows="5"></textarea>
<br />
<input type="submit" value="提交">
</form>
</body>
</html>
```

在IE 11.0中预览效果，如图3-9所示，可以看到多行文本框。

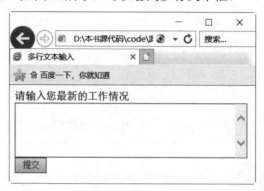

图3-9　多行文本框

3.4.3　密码域password

密码输入框是一种特殊的文本域，主要用于输入一些保密信息。当网页浏览者输入文本时，显示的是黑点或者其他符号，这样就增加了输入文本的安全性，代码格式如下：

```
<input type="password" name="..." size="..." maxlength="...">
```

其中，type="password"定义密码框；name属性定义密码框的名称，要保证唯一性；size属性定义密码框的宽度，单位是单个字符宽度；maxlength属性定义最多输入的字符数。

【例3.9】（实例文件：ch03\3.9.html）

```
<!DOCTYPE html>
<html>
<head><title>输入用户姓名和密码 </title></head>
<body>
<form >
用户姓名：
<input type="text" name="yourname">
<br />
登录密码：
<input type="password" name="yourpw"><br />
</form>
</body>
</html>
```

在IE 11.0中预览效果，如图3-10所示，输入用户名和密码时可以看到密码以黑点的形式显示。

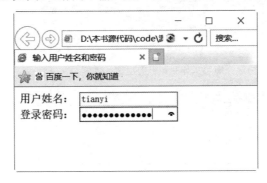

图3-10 密码输入框

3.4.4 单选按钮radio

单选按钮主要是让网页浏览者在一组选项中只能选择其一，代码格式如下：

```
<input type="radio" name="..." value = "...">
```

其中，type="radio"定义单选按钮；name属性定义单选按钮的名称，单选按钮都是以组为单位使用的，在同一组中的单选项都必须用同一个名称；value属性定义单选按钮的值，在同一组中它们的域值必须是不同的。

【例3.10】（实例文件：ch03\3.10.html）

```
<!DOCTYPE html>
<html>
<head><title>选择感兴趣的图书</title></head>
<body>
<form >
请选择您感兴趣的图书类型：
<br />
<input type="radio" name="book" value="Book1">网站编程<br />
<input type="radio" name="book" value="Book2">办公软件<br />
<input type="radio" name="book" value="Book3">设计软件<br />
<input type="radio" name="book" value="Book4">网络管理<br />
<input type="radio" name="book" value="Book5">黑客攻防<br />
</form>
</body>
</html>
```

在IE 11.0中预览效果，如图3-11所示，可以看到5个单选按钮，用户只能同时选中一个单选按钮。

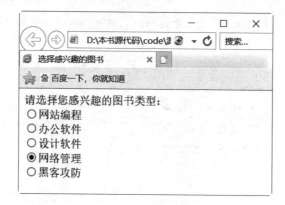

图3-11　单选按钮

3.4.5　复选框checkbox

复选框主要是让网页浏览者在一组选项中可以同时选择多个选项。每个复选框都是一个独立的元素，都必须有一个唯一的名称，代码格式如下：

```
<input type="checkbox" name="..." value ="...">
```

其中，type="checkbox"定义复选框；name属性定义复选框的名称，在同一组中的复选框都必须用同一个名称；value属性定义复选框的值。

【例3.11】（实例文件：ch03\3.11.html）

```
<!DOCTYPE html>
<html>
<head><title>选择感兴趣的图书</title></head>
<body>
<form >
请选择您感兴趣的图书类型：<br />
<input type="checkbox" name="book" value="Book1">网站编程<br />
<input type="checkbox" name="book" value="Book2">办公软件<br />
<input type="checkbox" name="book" value="Book3">设计软件<br />
<input type="checkbox" name="book" value="Book4">网络管理<br />
<input type="checkbox" name="book" value="Book5" checked>黑客攻防<br />
</form>
</body>
</html>
```

 checked属性主要用来设置默认选中项。

在IE 11.0中预览效果，如图3-12所示，可以看到5个复选框，其中【黑客攻防】复选框被默认选中。

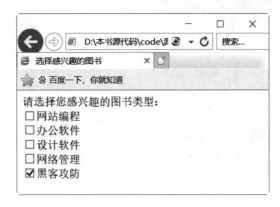

图3-12 复选框的效果

3.4.6 选择列表标记<select>

下拉选择框主要用于在有限的空间中设置多个选项，既可以用于单选，又可以用于多选，代码格式如下：

```
<select name="..." size="..." multiple>
<option value="..." selected>
...
</option>
 ...
</select>
```

其中，name属性定义选择列表的名称；size属性定义选择列表的行数；multiple属性表示可以多选，如果不设置该属性，就只能单选；value属性定义选择项的值；selected属性表示默认已经选择本选项。

【例3.12】（实例文件：ch03\3.12.html）

```
<!DOCTYPE html>
<html>
<head><title>选择感兴趣的图书</title></head>
<body>
<form>
请选择您感兴趣的图书类型：<br />
<select name="fruit" size="3" multiple>
<option value="Book1">网站编程
<option value="Book2">办公软件
<option value="Book3">设计软件
<option value="Book4">网络管理
<option value="Book5">黑客攻防
</select>
</form>
```

```
</body>
</html>
```

在IE 11.0中预览效果，如图3-13所示，可以看到选择列表，其中列表框内显示为3行选项，用户可以按住Ctrl键选择多个选项。

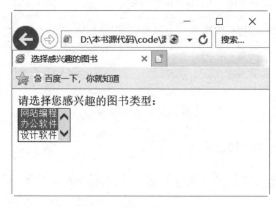

图3-13　选择列表的效果

3.4.7　普通按钮button

普通按钮用来控制其他定义了脚本的处理工作，代码格式如下：

```
<input type="button" name="..." value="..." onclick="...">
```

其中，type="button"定义普通按钮；name属性定义普通按钮的名称；value属性定义按钮的显示文字；onclick属性表示单击行为，也可以通过指定脚本函数来定义按钮的行为。

【例3.13】（实例文件：ch03\3.13.html）

```
<!DOCTYPE html>
<html>
<body>
<form>
```

单击下面的按钮，把文本框1的内容复制到文本框2中：

```
<br/>
文本框1: <input type="text" id="field1" value="学习HTML5的技巧">
<br/>
文本框2: <input type="text" id="field2">
<br/>
<input type="button" name="..." value="单击我"
onclick="document.getElementById('field2').value=document.getElementById('field1').value">
</form>
</body>
</html>
```

在IE 11.0中预览效果，如图3-14所示，单击【单击我】按钮，即可实现将文本框1中的内容复制到文本框2中。

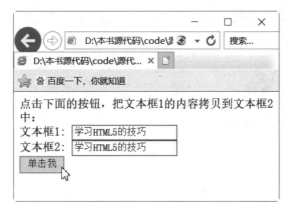

图3-14 单击按钮后的复制效果

3.4.8 提交按钮submit

提交按钮用来将输入的信息提交到服务器，代码格式如下：

```
<input type="submit" name="..." value="...">
```

其中，type="submit"定义提交按钮；name属性定义提交按钮的名称；value属性定义按钮的显示文字。通过提交按钮可以将表单中的信息提交给表单中action所指向的文件。

【例3.14】（实例文件：ch03\3.14.html）

```
<!DOCTYPE html>
<html>
<head><title>输入用户名信息</title></head>
<body>
<form  action="http://www.yinhangit.com/yonghu.asp" method="get">
请输入您的姓名：
<input type="text" name="yourname">
<br />
请输入您的住址：
<input type="text" name="youradr">
<br />
请输入您的单位：
<input type="text" name="yourcom">
<br />
请输入您的联系方式：
<input type="text" name="yourcom">
<br />
<input type="submit" value="提交">
</form>
```

```
</body>
</html>
```

在IE 11.0中预览效果，如图3-15所示，输入内容后单击【提交】按钮，即可将表单中的数据提交到指定的服务器中。

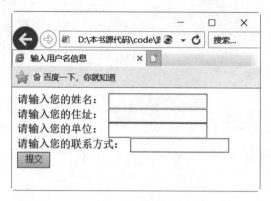

图3-15　提交按钮

3.4.9　重置按钮reset

重置按钮用来清空表单中输入的信息，代码格式如下：

```
<input type="reset" name="..." value="...">
```

其中，type="reset"定义重置按钮；name属性定义重置按钮的名称；value属性定义按钮的显示文字。

【例3.15】（实例文件：ch03\3.15.html）

```
<!DOCTYPE html>
<html>
<body>
<form>
请输入用户名称：
<input type="text">
<br/>
请输入用户密码：
<input type="password">
<br />
<input type="submit" value="登录">
<input type="reset" value="重置">
</form>
</body>
</html>
```

在IE 11.0中预览效果，如图3-16所示，输入内容后单击【重置】按钮，即可将表单中的数据清空。

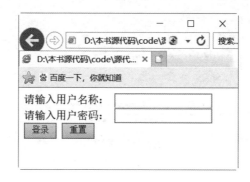

图3-16 重置按钮

3.5 表单高级元素的使用

除了上述基本属性外，HTML 5中还有一些高级属性，包括url、eamil、time、range、search等。对于部分高级属性，IE 11.0浏览器暂时还不支持，下面将用Opera 11.60浏览器查看效果。

3.5.1 url属性

url属性用于说明网站网址，显示为在一个文本框中输入URL地址。在提交表单时会自动验证url的值，代码格式如下：

```
<input type="url" name="userurl"/>
```

另外，用户可以使用普通属性设置url输入框，例如可以使用max属性设置其最大值，使用min属性设置其最小值，使用step属性设置合法的数字间隔，使用value属性规定其默认值。对于其他的高级属性，同样的设置不再重复讲解。

【例3.16】（实例文件：ch03\3.16.html）

```
<!DOCTYPE html>
<html>
<body>
<form>
<br/>
请输入网址：
<input type="url" name="userurl"/>
</form>
</body>
</html>
```

在IE 11.0中预览效果，如图3-17所示，用户可以在文本框中输入相应的网址。如果输入的URL格式不准确，按Enter键就会弹出提示信息。

图3-17　url属性的效果

3.5.2　eamil属性

与url属性类似，email属性用于让浏览者输入E-Mail地址。在提交表单时会自动验证 email域的值，代码格式如下：

```
<input type="email" name="user_email"/>
```

【例3.17】（实例文件：ch03\3.17.html）

```
<!DOCTYPE html>
<html>
<body>
<form>
<br/>
请输入您的邮箱地址:
<input type="email" name="user_email"/>
<br />
<input type="submit" value="提交">
</form>
</body>
</html>
```

在IE 11.0中预览效果，如图3-18所示，用户可以在文本框中输入相应的邮箱地址。如果用户输入的邮箱地址不合法，单击【提交】按钮后就会弹出如图3-18所示的提示信息。

图3-18　eamil属性的效果

3.5.3 日期和时间

HTML 5新增了一些日期和时间输入类型，包括date、datetime、datetime-local、month、week和time，它们的具体含义如表3-1所示。

表3-1 日期和时间输入类型

属 性	含 义
date	选取日、月、年
month	选取月、年
week	选取周和年
time	选取时间
datetime	选取时间、日、月、年
datetime-local	选取时间、日、月、年（本地时间）

上述属性的代码格式类似，例如以date属性为例，代码格式如下：

```
<input type="date" name="user_date" />
```

【例3.18】（实例文件：ch03\3.18.html）

```
<!DOCTYPE html>
<html>
<body>
<form>
<br/>
请选择购买商品的日期：
<br />
<input type="date" name="user_date"/>
</form>
</body>
</html>
```

在世界之窗浏览器中预览效果，如图3-19所示，用户单击输入框中的下三角按钮，即可在弹出的窗口中选择需要的日期。

图3-19 date属性的效果

3.5.4 number属性

number 属性提供了一个输入数字的输入类型。用户可以直接输入数字或者通过单击微调框中的按钮选择数字，代码格式如下：

```
<input type="number" name="shuzi" />
```

【例3.19】（实例文件：ch03\3.19.html）

```
<!DOCTYPE html>
<html>
<body>
<form>
<br/>
此网站我曾经来
<input type="number" name="shuzi"/>次了哦！
</form>
</body>
</html>
```

在世界之窗浏览器中预览效果，如图3-20所示，用户可以直接输入数字，也可以单击微调按钮选择合适的数字。

图3-20　number属性的效果

 强烈建议用户使用min和max属性规定输入的最小值和最大值。

3.5.5　range属性

range属性可以显示一个滚动的控件。和number属性一样，用户可以使用max、min和step属性设置控件的范围，代码格式如下：

```
<input type="range" name="" min="" max="" />
```

其中min和max属性分别控制滚动控件的最小值和最大值。

【例3.20】（实例文件：ch03\3.20.html）

```
<!DOCTYPE html>
<html>
<body>
<form>
<br/>
英语成绩公布了！我的成绩名次为：
<input type="range" name="ran" min="1" max="10"/>
</form>
</body>
</html>
```

在IE 11.0中预览效果，如图3-21所示，用户可以拖曳滑块选择合适的数字。

 默认情况下，滑块位于滚珠的中间位置。如果用户指定的最大值小于最小值，就允许使用反向滚动轴，目前浏览器对这一属性还不能很好地支持。

图3-21 range属性的效果

3.5.6 required属性

required属性规定必须在提交之前填写输入域（不能为空）。required属性适用于以下类型的输入属性：text、search、url、email、password、date、pickers、number、checkbox和radio等。

【例3.21】（实例文件：ch03\3.21.html）

```
<!DOCTYPE html>
<html>
<body>
<form>
下面是输入用户登录信息
<br />
用户名称
<input type="text" name="user" required="required">
<br />
用户密码
<input type="password" name="password" required="required">
<br />
<input type="submit" value="登录">
</form>
</body>
</html>
```

在IE 11中预览效果，如图3-22所示，如果用户只输入密码就单击【登录】按钮，就会弹出如图3-22所示中的提示信息。

图3-22 required属性的效果

57

3.6　综合实例——创建用户反馈表单

本实例将结合使用一个表单内的各种元素来开发一个简单网站的用户意见反馈页面,具体操作步骤如下:

01 分析需求。反馈表单非常简单,通常包含3部分:在页面上方给出标题,标题下方是正文部分（表单元素）,最下方是表单元素提交按钮。在设计页面时,需要把"用户注册"标题设置成h1大小,正文使用<p>标记来限制表单元素。

02 构建HTML页面,实现表单内容。

```
<!DOCTYPE html>
<html>
<head>
<title>用户反馈页面</title>
</head>
<body>
<h1 align=center>用户反馈表单</h1>
<form method="post">
<p>姓    名:
<input type="text" class=txt size="12" maxlength="20" name="username"/>
</p><p>性    别:
<input type="radio" value="male"/>男
<input type="radio" value="female"/>女
</p><p>年    龄:
<input type="text" class=txt name="age"/>
</p>
<p>联系电话:
<input type="text" class=txt name="tel"/>
</p><p>电子邮件:
<input type="text" class=txt name="email"/>
</p><p>联系地址:
<input type="text" class=txt name="address"/>
</p>
<p>
请输入您对网站的建议<br />
<textarea name="yourworks" cols="50" rows="5"></textarea>
<br />
<input type="submit" name="submit" value="提交"/>
<input type="reset" name="reset" value="清除"/>
</p>
</form>
```

```
</body>
</html>
```

在IE 11.0中预览效果，如图3-23所示，此时即可完成用户反馈表单的创建。

图3-23 用户反馈页面

3.7 新手疑惑解答

问题1： 使用<thead>、<tbody>和<tfoot>标记对行进行分组的意义何在？

在HTML文档中增加<thead>、<tbody>和<tfoot>标记，虽然从外观上不能看出任何变化，但是它们却使文档的结构更加清晰。除此之外，使用<thead>、<tbody>和<tfoot>标记还有一个更重要的意义，方便使用CSS样式对表格的各个部分进行修饰，从而制作出更炫的表格。

问题2： 如何在表单中实现文件上传框？

在HTML 5语言中，使用file属性实现文件上传框。语法格式为：<input type="file" name="..." size="..." maxlength="...">。其中，type="file"定义为文件上传框；name属性为文件上传框的名称；size属性定义文件上传框的宽度，单位是单个字符宽度；maxlength属性定义最多输入的字符数。文件上传框的显示效果如图3-24所示。

图3-24 文件上传框

第 **4** 章

HTML 5中的音频和视频

目前，在网页上没有关于音频和视频的标准，多数音频和视频都是通过插件来播放的。为此，HTML 5新增了音频和视频的标记。本章将讲解音频和视频的基本概念、常用属性、解码器和浏览器的支持情况。

4.1　<audio>标记

网页上，大多数音频是通过插件来播放音频文件的，例如常见的播放插件为Flash，这就是用户在用浏览器播放音乐时，常常需要安装Flash插件的原因。但是并不是所有的浏览器都拥有同样的插件。

和HTML 4相比，HTML 5新增了<audio>标记，规定了一种包含音频的标准方法。

4.1.1　<audio>标记概述

<audio>标记主要用于定义播放声音文件或者音频流的标准，支持3种音频格式，分别为ogg、mp3和wav。

如果需要在HTML 5 网页中播放音频，输入的基本格式如下：

```
<audio src="song.mp3" controls="controls">
</audio>
```

 其中src属性规定要播放的音频的地址，controls属性提供添加播放、暂停和音量的控件。

另外，在<audio>与</audio>之间插入的内容用于在不支持 audio 元素的浏览器上做提示。

【例4.1】（实例文件：ch04\4.1.html）

```
<!DOCTYPE html>
<html>
<head>
<title>audio</title>
```

```
<head>
<body>
  <audio src="song.mp3" controls="controls">
您的浏览器不支持audio标记！
</audio>
</body>
</html>
```

如果用户的浏览器是IE 8.0或以前的版本，预览效果如图4-1所示，可见以前的IE浏览器还不支持<audio>标记。

在IE 11.0中预览效果，如图4-2所示，可以看到加载的音频控制条，听到加载的音频文件。

图4-1 不支持<audio>标记的效果　　　　图4-2 支持<audio>标记的效果

4.1.2 <audio>标记的属性

<audio>标记常见的属性和含义如表4-1所示。

表4-1 <audio>标记常见的属性

属　　性	值	描　　述
autoplay	autoplay（自动播放）	若出现该属性，则音频在就绪后马上播放
controls	controls（控制）	若出现该属性，则向用户显示控件，比如播放按钮
loop	loop（循环）	若出现该属性，则每当音频结束时重新开始播放
preload	preload（加载）	若出现该属性，则音频在页面加载时进行加载，并预备播放。若使用autoplay，则忽略该属性
src	url（地址）	要播放的音频的URL地址
autoplay	autoplay（自动播放）	若出现该属性，则音频在就绪后马上播放

另外，<audio>标记可以通过source属性添加多个音频文件，具体格式如下：

```
<audio controls="controls">
<source src="123.ogg" type="audio/ogg">
<source src="123.mp3" type="audio/mpeg">
</audio>
```

4.1.3　音频解码器

音频解码器定义了音频数据流编码和解码的算法。其中，编码器主要是对数据流进行编码操作，用于存储和传输。音频播放器主要是对音频文件进行解码，然后进行播放操作。目前，使用较多的音频解码器是Vorbis和ACC。

4.1.4　<audio>标记浏览器的支持情况

目前，不同的浏览器对<audio>标记的支持有所不同。表4-2列出应用广泛的浏览器对<audio>标记的支持情况。

表4-2　<audio>标记的浏览器支持情况

音频格式	浏 览 器				
	Firefox 3.5及更高版本	IE 9.0及更高版本	Opera 10.5及更高版本	Chrome 3.0及更高版本	Safari 3.0及更高版本
Ogg Vorbis	支持		支持	支持	
MP3		支持		支持	支持
WAV	支持		支持		支持

4.2　<video>标记

和音频文件播放方式一样，大多数视频文件在网页上也是通过插件来播放的，例如常见的播放插件为Flash。由于不是所有的浏览器都拥有同样的插件，因此需要一种统一的、包含视频文件的标准方法。为此，和HTML 4相比，HTML 5新增了<video>标记。

4.2.1　<video>标记概述

video标记主要用于定义播放视频文件或者视频流的标准，支持3种视频格式，分别为Ogg、WebM和MPEG4。

如果需要在HTML 5网页中播放视频，输入的基本格式如下：

```
<video src="123.mp4" controls="controls"></ video >
```

另外，在<video>与</video>之间插入的内容是供不支持video元素的浏览器显示的。

【例4.2】（实例文件：ch04\4.2.html）

```
<!DOCTYPE html>
<html>
<head>
<title>video</title>
<head>
```

```
<body>
<video src="123.mp4" controls="controls">
您的浏览器不支持video标记！
</video>
</body>
</html>
```

如果用户的浏览器是IE 11.0以前的版本，预览效果如图4-3所示，可见IE 11.0 以前的版本的浏览器不支持<video>标记。

在IE 11.0中的预览效果，如图4-4所示，可以看到加载的视频控制条界面。单击【播放】按钮，即可查看视频的内容。

图4-3　不支持<video>标记的效果

图4-4　支持<video>标记的效果

4.2.2　<video>标记的属性

<video>标记常见的属性和含义如表4-3所示。

表4-3　<video>标记常见的属性

属　　性	值	描　　述
autoplay	autoplay	若出现该属性，则视频在就绪后马上播放
controls	controls	若出现该属性，则向用户显示控件，比如播放按钮
loop	loop	若出现该属性，则每当视频结束时重新开始播放
preload	preload	若出现该属性，则视频在页面加载时进行加载，并预备播放。若使用"autoplay"，则忽略该属性
src	url	要播放的视频的URL
width	宽度值	设置视频播放器的宽度
height	高度值	设置视频播放器的高度
poster	url	当视频未响应或缓冲不足时，该属性值链接到一个图像。该图像将以一定的比例被显示出来

由表4-3可知，用户可以自定义视频文件显示的大小。例如，如果想让视频以320×240像素大小显示，可以加入winth和height属性。具体格式如下：

```
<video width="320" height="240" controls src="123.mp4" ></video>
```

另外，<video>标记可以通过source属性添加多个视频文件，具体格式如下：

```
<video controls="controls">
<source src="123.ogg" type="video/ogg">
<source src="123.mp4" type="video/mp4">
</video>
```

4.2.3　视频解码器

视频解码器定义了视频数据流编码和解码的算法。其中，编码器主要是对数据流进行编码操作，用于存储和传输。视频播放器主要是对视频文件进行解码，然后进行播放操作。

目前，在HTML 5中，使用比较多的视频解码文件是Theora、H.264和VP8。

4.2.4　<video>标记浏览器的支持情况

目前，不同的浏览器对<video>标记的支持有所不同。表4-4列出应用广泛的浏览器对<video>标记的支持情况。

表4-4　<video>标记的浏览器支持情况

视频格式	浏 览 器				
	Firefox 4.0及更高版本	IE 9.0及更高版本	Opera 10.6及更高版本	Chrome 6.0及更高版本	Safari 3.0及更高版本
Ogg	支持		支持	支持	
MPEG 4		支持		支持	支持
WebM	支持		支持	支持	

4.3　音频和视频中的方法

在HTML 5网页中，操作音频或视频文件的常用方法包括canPlayType()方法、load()方法、play()方法和pause()方法。

4.3.1　canPlayType()方法

canPlayType()方法用于检测浏览器是否能播放指定的音频或视频类型。canPlayType()方法的返回值如下：

（1）probably：浏览器全面支持指定的音频或视频类型。

（2）maybe：浏览器可能支持指定的音频或视频类型。

（3）""（空字符串）：浏览器不支持指定的音频或视频类型。

 目前，所有主流浏览器都支持canPlayType()方法。Internet Explorer 8 及其之前的版本不支持该方法。

【例4.3】（实例文件：ch04\4.3.html）

```
<!DOCTYPE html>
<html>
<head>
<title>canPlayType()方法</title>
</head>
<body>
<p>浏览器可以播放 MP4视频吗?<span>
<button onclick="supportType(event,'video/mp4','avc1.42E01E, mp4a.40.2')"
type="button">检查</button>
</span></p>
<p>浏览器可以播放 OGG 音频吗?<span>
<button onclick="supportType(event,'audio/ogg','theora, vorbis')"
type="button">检查</button>
</span></p>
<script>
function supportType(e,vidType,codType)
{
  myVid=document.createElement('video');
  isSupp=myVid.canPlayType(vidType+';codecs="'+codType+'"');
  if (isSupp=="")
  {
    isSupp="不支持";
  }
  e.target.parentNode.innerHTML="检查结果: " + isSupp;
}
</script>
</body>
</html>
```

在IE 11.0中预览效果，如图4-5所示。单击【检查】按钮，即可查看浏览器对音频和视频的支持情况，如图4-6所示。

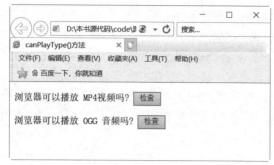

图4-5　预览效果

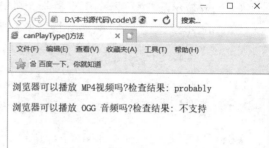

图4-6　查看浏览器对音频和视频的支持情况

4.3.2　load()方法

load()方法用于重新加载音频或视频文件。load()方法的语法格式如下：

```
audio|video.load()
```

【例4.4】（实例文件：ch04\4.4.html）

```
<!DOCTYPE html>
<html>
<head>
<title>load()方法</title>
</head>
<body>
<button onclick="changeSource()" type="button">更改加载视频</button>
<br />
<video id="video1" controls="controls" autoplay="autoplay">
  <source id="mp4_src" src="123.mp4" type="video/mp4">
  <source id="mp4_src" src="124.mp4" type="video/mp4">
  您的浏览器不支持 HTML5 video 标签。
</video>
<script>
function changeSource()
{
  document.getElementById("mp4_src").src="movie.mp4";
  document.getElementById("mp4_src").src="movie.mp4";
  document.getElementById("video1").load();
}
</script>
</body>
</html>
```

在IE 11.0中预览效果，如图4-7所示。单击【更改加载视频】按钮，即可重新加载视频文件，如图4-8所示。

图4-7　预览效果　　　　　　　　　图4-8　重新加载视频文件

4.3.3　play()方法和pause()方法

play()方法开始播放音频或视频文件。pause()方法用于暂停当前播放的音频或视频文件。

【例4.5】（实例文件：ch04\4.5.html）

```
<!DOCTYPE html>
<html>
<head>
<title> play()方法</title>
</head>
<body>
<button onclick="playVid()" type="button">播放视频</button>
<button onclick="pauseVid()" type="button">暂停视频</button>
<br />
<video id="video1">
  <source src="124.mp4" type="video/mp4">
  您的浏览器不支持 HTML 5 video标签。
</video>
<script>
var myVideo=document.getElementById("video1");
function playVid()
{
  myVideo.play();
}

function pauseVid()
{
  myVideo.pause();
```

```
        }
      </script>
    </body>
    </html>
```

在IE 11.0中预览效果，如图4-9所示。单击【播放视频】按钮，视频开始播放；单击【暂停视频】按钮，视频将会暂停播放。

图4-9   预览效果

4.4   音频和视频中的属性

在HTML 5网页中，关于音频和视频的属性非常多，本节将挑选几个常用的进行讲解。

4.4.1   autoplay属性

autoplay属性设置或返回音频或视频是否在加载后立即开始播放。
设置autoplay属性的语法格式如下：

```
audio|video.autoplay=true|false
```

返回autoplay属性的语法格式如下：

```
audio|video.autoplay
```

其中，autoplay属性的取值包括true和false。

（1）true：设置音频或视频在加载后立即开始播放。

（2）false：默认值。设置音频或视频在加载后不立即开始播放。

【例4.6】（实例文件：ch04\4.6.html）

```
<!DOCTYPE html>
<html>
<head>
<title> autoplay属性</title>
</head>
<body>
<button onclick="enableAutoplay()" type="button">启动自动播放</button>
<button onclick="disableAutoplay()" type="button">禁用自动播放</button>
<button onclick="checkAutoplay()" type="button">检查自动播放状态</button>
<br />
<video id="video1" controls="controls">
  <source src="mov_bbb.mp4" type="video/mp4">
  您的浏览器不支持 HTML5 video标签。
</video>
<script>
myVid=document.getElementById("video1");
function enableAutoplay()
{
  myVid.autoplay=true;
  myVid.load();
}
function disableAutoplay()
{
  myVid.autoplay=false;
  myVid.load();
}
function checkAutoplay()
{
  alert(myVid.autoplay);
}
</script>
</body>
</html>
```

在IE 11.0中预览效果，如图4-10所示。单击【启动自动播放】按钮，然后单击【检查自动播放状态】按钮，即可看到此时autoplay属性为true。

图4-10　预览效果

4.4.2　buffered属性

buffered属性返回TimeRanges对象。TimeRanges对象表示用户的音频或视频缓冲范围。缓冲范围指的是已缓冲音频或视频的时间范围。如果用户在音频或视频中跳跃播放，会得到多个缓冲范围。

返回buffered属性的语法格式如下：

```
audio|video.buffered
```

【例4.7】（实例文件：ch04\4.7.html）

```
<!DOCTYPE html>
<html>
<head>
<title> buffered 属性</title>
</head>
<body>
<button onclick="getFirstBuffRange()" type="button">获得视频的第一段缓冲范围
</button>
<br />
<video id="video1" controls="controls">
  <source src="mov_bbb.mp4" type="video/mp4">
  您的浏览器不支持 HTML 5 video标签。</video>
<script>
myVid=document.getElementById("video1");
function getFirstBuffRange()
{
  alert("开始: " + myVid.buffered.start(0) + "结束: " + myVid.buffered.end(0));
}
```

```
</script>
</body>
</html>
```

在IE 11.0中预览效果，如图4-11所示。视频播放一段后，单击【获得视频的第一段缓冲范围】按钮，即可看到此时视频的缓冲范围。

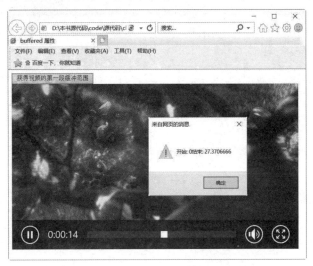

图4-11　预览效果

4.4.3　controls属性

controls属性设置或返回浏览器应当显示标准的音频或视频控件。标准的音频或视频控件包括播放、暂停、进度条、音量、全屏切换、字幕和轨道。

设置controls属性的语法格式如下：

```
audio|video.controls=true|false
```

返回controls属性的语法格式如下：

```
audio|video.controls
```

其中，controls属性的取值包括true和false。

（1）true：设置显示控件。

（2）false：默认值。设置不显示控件。

【例4.8】（实例文件：ch04\4.8.html）

```
<!DOCTYPE html>
<html>
<head>
<title>controls 属性</title>
</head>
<body>
```

71

```
<button onclick="enableControls()" type="button">启动控件</button>
<button onclick="disableControls()" type="button">禁用控件</button>
<button onclick="checkControls()" type="button">检查控件状态</button><br />
<video id="video1">
  <source src="124.mp4" type="video/mp4">
  您的浏览器不支持 HTML5 video 标签。</video>
<script>
myVid=document.getElementById("video1");
function enableControls()
{
  myVid.controls=true;
  myVid.load();
}
function disableControls()
{
  myVid.controls=false;
  myVid.load();
}
function checkControls()
{
  alert(myVid.controls);
}
</script>
</body>
</html>
```

在IE 11.0中预览效果，如图4-12所示。单击【启动控件】按钮，然后单击【检查控件状态】按钮，即可看到此时controls属性为true。

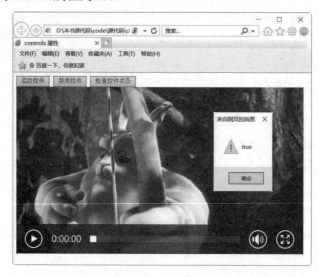

图4-12　预览效果

4.4.4　currentSrc属性

currentSrc属性返回当前音频或视频的URL。如果未设置音频或视频，就返回空字符串。
返回currentSrc属性的语法格式如下：

```
audio|video.currentSrc
```

【例4.9】（实例文件：ch04\4.9.html）

```
<!DOCTYPE html>
<html>
<head>
<title> currentSrc属性</title>
</head>
<body>
<button onclick="getVid()" type="button">获得当前视频的URL</button><br />
<video id="video1" controls="controls">
  <source src="124.mp4" type="video/mp4">
  您的浏览器不支持 HTML5 video 标签。</video>
<script>
myVid=document.getElementById("video1");
function getVid()
{
  alert(myVid.currentSrc);
}
</script>
</body>
</html>
```

在IE 11.0中预览效果，如图4-13所示。单击【获得当前视频的URL】按钮，即可看到当前
视频的URL路径。

图4-13　预览效果

73

4.5 新手疑惑解答

问题1： 在HTML 5网页中添加所支持格式的视频，不能在Firefox 8.0浏览器中正常播放，为什么？

目前，HTML 5的<video>标记对视频的支持，不仅有视频格式的限制，还有对解码器的限制。规定如下：

（1）如果视频是Ogg格式的文件，就需要带有Thedora视频编码和Vorbis音频编码的解码器。

（2）如果视频是MPEG4格式的文件，就需要带有H.264视频编码和AAC音频编码的解码器。

（3）如果视频是WebM格式的文件，就需要带有VP8视频编码和Vorbis音频编码的解码器。

问题2： 在HTML 5网页中添加MP4格式的视频文件，为什么在不同的浏览器中视频控件显示的外观不同？

在HTML 5中规定controls属性来进行视频文件的播放、暂停、停止和调节音量的操作。controls是一个布尔属性，所以可以赋予任何值。一旦添加了此属性，等于告诉浏览器需要显示播放控件并允许用户操作。因为每一个浏览器负责的内置视频控件的外观不同，所以在不同的浏览器中将显示不同的视频控件外观。

第 5 章

数据存储Web Storage

Web Storage是HTML 5引入的一个非常重要的功能，可以在客户端本地存储数据，类似于HTML 4的Cookie，但可以实现的功能比Cookie强大得多。Cookie大小被限制在4KB，而Web Storage官方建议为每个网站5MB。本章将详细介绍Web Storage的使用方法。

5.1　认识Web存储

在HTML 5标准之前，Web存储信息需要Cookie来完成，但是Cookie不适合大量数据的存储，因为它们由每个对服务器的请求来传递，这使得Cookie的速度很慢，而且效率也不高。为此，在HTML 5中，Web存储API为用户如何在计算机或设备上存储用户信息做了数据标准的定义。

5.1.1　本地存储和Cookies的区别

本地存储和Cookies扮演着类似的角色，但是它们有根本的区别。

（1）本地存储仅存储在用户的硬盘上，并等待用户读取，而Cookies是在服务器上读取。

（2）本地存储仅供客户端使用，如果需要服务器端根据存储数值做出反应，就应该使用Cookies。

（3）读取本地存储不会影响网络带宽，但是使用Cookies将会发送到服务器，这样会增加网络带宽，无形中增加了成本。

（4）从存储容量来看，本地存储可存储多达5MB的数据，而Cookies最多只能存储4KB的数据信息。

5.1.2　Web存储方法

在HTML 5标准中，提供了以下两种在客户端存储数据的新方法。

（1）sessionStorage：sessionStorage是基于session的数据存储，在关闭或者离开网站后，数据将会被删除，也被称为会话存储。

（2）localStorage：没有时间限制的数据存储，也被称为本地存储。

与会话存储不同，本地存储将在用户计算机上永久保持数据信息。关闭浏览器窗口后，如果再次打开该站点，将可以检索所有存储在本地上的数据。

在HTML 5中，数据不是由每个服务器请求传递的，而是只有在请求时使用数据，这样的话，存储大量数据时不会影响网站性能。对于不同的网站，数据存储于不同的区域，并且一个网站只能访问其自身的数据。

5.2 使用HTML 5 Web Storage API

使用HTML 5 Web Storage API技术可以很好地实现本地存储。

5.2.1 测试浏览器的支持情况

Web Storage在各大主流浏览器中都支持，但是为了使开发出来的网页兼容旧的浏览器，还是要检查一下是否可以使用这项技术，主要有两种方法。

1．检查Storage对象是否存在

通过检查Storage对象是否存在来检查浏览器是否支持Web Storage，代码如下：

```
if(typeof(Storage)!=="undefined"){
    //是的！支持 localStorage  sessionStorage 对象
    //一些代码
} else {
    //抱歉！不支持web存储
}
```

2．分别检查各自的对象

分别检查各自的对象，例如检查localStorage是否支持，代码如下：

```
if (typeof(localStorage) == 'undefined' ) {
  alert('Your browser does not support HTML5 localStorage. Try upgrading.');
} else {
  //是的！支持 localStorage  sessionStorage 对象
  //一些代码
}
```

或者

```
if('localStorage' in window && window['localStorage'] !== null){
  //是的！支持 localStorage  sessionStorage对象
  //一些代码
} else {
  alert('Your browser does not support HTML5 localStorage. Try upgrading.');
}
```

或者

```
if (!!localStorage) {
  //是的! 支持localStorage  sessionStorage对象
  //一些代码
} else {
  alert('您的浏览器不支持localStorage  sessionStorage对象!');
}
```

5.2.2 使用sessionStorage方法创建对象

sessionStorage方法针对一个session进行数据存储。用户关闭浏览器窗口后，数据会自动被删除。

创建一个sessionStorage方法的基本语法格式如下：

```
<script type="text/javascript">
sessionStorage.abc="  ";
</script>
```

1. 创建对象

【例5.1】（实例文件：ch05\5.1.html）

```
<!DOCTYPE html>
<html>
<body>
<script type="text/javascript">
sessionStorage.name="我歌月徘徊，我舞影凌乱。";
document.write(sessionStorage.name);
</script>
</body>
</html>
```

运行效果如图5-1所示，可以看到使用sessionStorage方法创建的对象内容显示在网页中。

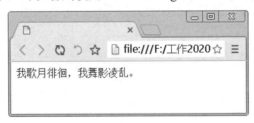

图5-1 使用sessionStorage方法创建对象

2. 制作网站访问记录计数器

下面继续使用sessionStorage方法来实现一个实例，这个实例是一个记录用户访问网站次数的计数器。

【例5.2】（实例文件：ch05\5.2.html）

```
<!DOCTYPE HTML>
<html>
<body>
<script type="text/javascript">
if (sessionStorage. count)
{
  sessionStorage.count=Number(sessionStorage.count) +1;
}
else
{
  sessionStorage. count=1;
}
document.write("您访问该网站的次数为: " + sessionStorage.count);
</script>
</body>
</html>
```

运行效果如图5-2所示。用户刷新一次页面，计数器的数值将加1。

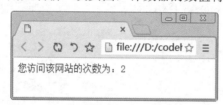

图5-2　使用sessionStorage方法创建计数器

5.2.3　使用localStorage方法创建对象

与seessionStorage方法不同，localStorage方法存储的数据没有时间限制。也就是说，网页浏览者关闭网页很长一段时间后，再次打开此网页时，数据依然可用。

创建一个localStorage方法的基本语法格式如下：

```
<script type="text/javascript">
localStorage.abc=" ";
</script>
```

1. 创建对象

【例5.3】（实例文件：ch05\5.3.html）

```
<!DOCTYPE html>
<html>
<body>
<script type="text/javascript">
localStorage.name="桂魄初生秋露微，轻罗已薄未更衣。";
```

```
document.write(localStorage.name);
</script>
</body>
</html>
```

运行效果如图5-3所示，可以看到使用localStorage方法创建的对象内容显示在网页中。

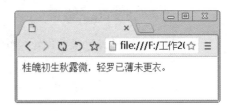

2．制作网站访问记录计数器

下面仍然使用localStorage方法来制作记录用户访问网站次数的计数器。用户可以清楚地看到localStorage方法和sessionStorage方法的区别。

图5-3 使用localStorage方法创建对象

【例5.4】（实例文件：ch05\5.4.html）

```
<!DOCTYPE html>
<html>
<body>
<script type="text/javascript">
if (localStorage.count)
{
  localStorage.count=Number(localStorage.count) +1;
}
else
{
  localStorage.count=1;
}
document.write("您访问该网站的次数为：" + localStorage.count");
</script>
</body>
</html>
```

运行效果如图5-4所示。用户刷新一次页面，计数器的数值将加1；用户关闭浏览器窗口，再次打开该网页，计数器会继续上一次计数，而不会重置为1。

图5-4 使用localStorage方法创建计数器

5.2.4 Web Storage API的其他操作

Web Storage API的localStorage和sessionStorage对象除了以上基本应用外，还有以下两个方面的应用。

1. 清空localStorage数据

localStorage的clear()函数用于清空同源的本地存储数据，比如localStorage.clear()，它将删除所有本地存储的localStorage数据。

而Web Storage的另一部分sessionStorage中的clear()函数只清空当前会话存储的数据。

2. 遍历localStorage数据

遍历localStorage数据可以查看localStrage对象保存的全部数据信息。在遍历过程中，需要访问localStorage对象的另外两个属性length与key。length表示localStorage对象中保存数据的总量，key表示保存数据时的键名项，该属性常与索引号（index）配合使用，表示第几个键名对应的数据记录。其中，索引号（index）以0值开始，如果取第3个键名对应的数据，那么index的值应该为2。

取出数据并显示数据内容的代码如下：

```
functino showInfo(){
  var array=new Array();
  for(var i=0;i
    //调用key方法获取localStorage中数据对应的键名
    //例如这里键名是从test1开始递增到testN的，那么localStorage.key(0)对应test1
    var getKey=localStorage.key(i);
    //通过键名获取值，这里的值包括内容和日期
    var getVal=localStorage.getItem(getKey);
    //array[0]就是内容，array[1]是日期
    array=getVal.split(",");
  }
}
```

获取并保存数据的代码如下：

```
var storage = window.localStorage;
for (var i=0, len = storage.length; i  <  len; i++){
  var key = storage.key(i);
  var value = storage.getItem(key);
  console.log(key + "=" + value);
}
```

5.2.5 使用JSON对象存取数据

在HTML 5中可以使用JSON对象来存取一组相关的对象。使用JSON对象可以收集一组用户输入信息，然后创建一个Object来囊括这些信息，之后用一个JSON字符串来表示这个Object，

然后把JSON字符串存放在localStorage中。当用户检索指定名称时，会自动用该名称去
localStorage取得对应的JSON字符串，将字符串解析到Object对象，然后依次提取对应的信息，
并构造HTML文本输入显示。

【例5.5】（实例文件：ch05\5.5.html）

下面列举一个简单的实例来介绍如何使用JSON对象存取数据。

新建一个网页文件5.5.html，具体代码如下：

```
<!DOCTYPE html>
<html>
<head>
<meta charset="UTF-8">
<title>使用JSON对象存取数据</title>
<script type="text/javascript" src="objectStorage.js"></script>
</head>
<body>
<h3>使用JSON对象存取数据</h3>
<h4>填写待存取信息到表格中</h4>
<table>
<tr><td>用户名:</td><td><input type="text" id="name"></td></tr>
<tr><td>E-mail:</td><td><input type="text" id="email"></td></tr>
<tr><td>联系电话:</td><td><input type="text" id="phone"></td></tr>
<tr><td></td><td><input type="button" value="保存" onclick="saveStorage();">
</td></tr>
</table>
<hr>
<h4> 检索已经存入localStorage的json对象，并且展示原始信息</h4>
<p>
<input type="text" id="find">
<input type="button" value="检索" onclick="findStorage('msg');">
</p>
<!-- 下面这块用于显示被检索到的信息文本 -->
<p id ="msg"></p>
</body>
</html>
```

上面的代码中用到了JavaScript脚本objectStorage.js，该文件包含两个函数，一个用于存数
据，另一个用于取数据，具体的代码如下：

```
function saveStorage(){
    //创建一个JS对象，用于存放当前从表单获得的数据
    var data = new Object;        //将对象的属性值名依次和用户输入的属性值关联起来
    data.user=document.getElementById("user").value;
    data.mail=document.getElementById("mail").value;
```

```
        data.tel=document.getElementById("tel").value;
        //创建一个JSON对象，让其对应HTML文件中创建的对象的字符串数据形式
        var str = JSON.stringify(data);
        //将JSON对象存放到localStorage上，key为用户输入的NAME，value为这个JSON字符串
        localStorage.setItem(data.user,str);
        console.log("数据已经保存！被保存的用户名为："+data.user);
    }
    //从localStorage中检索用户输入的名称对应的JSON字符串，然后把JSON字符串解析为一组信息，
并且打印到指定位置
    function findStorage(id){             //获得用户的输入，是用户希望检索的名字
        var requiredPersonName = document.getElementById("find").value;
        //以这个检索的名字来查找localStorage，得到了JSON字符串
        var str=localStorage.getItem(requiredPersonName);
        //解析这个JSON字符串得到Object对象
        var data= JSON.parse(str);
        //从Object对象中分离出相关属性值，然后构造要输出的HTML内容
        var result="用户名:"+data.user+'<br>';
        result+="E-mail:"+data.mail+'<br>';
        result+="联系电话:"+data.tel+'<br>';               //取得页面上要输出的容器
        var target = document.getElementById(id);         //用刚才创建的HTML内容来填充这
个容器
        target.innerHTML = result;
    }
```

运行网页文件5.5.html，在表单中依次输入相关内容，单击【保存】按钮，如图5-5所示。在【检索】文本框中输入已经保存的信息的用户名，单击【检索】按钮，会在页面下方自动显示保存的用户信息，如图5-6所示。

图5-5　输入表格内容

图5-6　检索数据信息

5.3 目前浏览器对Web存储的支持情况

不同的浏览器版本对Web存储技术的支持情况是不同的，表5-1是常见浏览器对Web存储的支持情况。

表5-1 常见浏览器对Web存储的支持情况

浏览器名称	支持Web存储技术的版本
Internet Explorer	Internet Explorer 8及更高版本
Firefox	Firefox 3.6及更高版本
Opera	Opera 10.0及更高版本
Safari	Safari 4及更高版本
Chrome	Chrome 5及更高版本
Android	Android 2.1及更高版本

5.4 综合实例——设计一个页面计数器

本实例将使用Web Storage中的sessionStorage和localStorage两种方法存储和读取页面的数据，并记录页面被打开的次数。

【例5.6】（实例文件：ch05\5.6.html）

```
<!DOCTYPE html>
<html>
<head>
<title>Web Storage</title>
</head>
<body>
<div class="mr-cont">
<h1 align="center">页面计数器</h1>
<p class="msg" id="msg_1"> </p>
<p class="form_item">
  <label for="">输入需要保存的信息：</label>
  <input type="text" name="text-1" value="" id="text-1"/>
</p>
<p class="form_item">
  <input type="button" name="btn-1" value="session保存" id="btn-1"/>
  <input type="button" name="btn-2" value="session读取" id="btn-2"/>
</p>
```

```
    <p class="form_item">
      <input type="button" name="btn-3" value="local保存" id="btn-3"/>
      <input type="button" name="btn-4" value="local读取" id="btn-4"/>
    </p>
    <p class="count_wrap"> session计数：<span class="count" id='session_count'>
</span>  
      local计数：<span class="count" id='local_count'></span></p>
    </div>
    <script>
    function getE(ele){    //自定义一个getE()函数
                return document.getElementById(ele);    //返回并调用document对象
的getElementById方法输出变量
              }
            var text_1 = getE('text-1'),    //声明变量并为其赋值
              mag = getE('msg_1'),
              btn_1 = getE('btn-1'),
              btn_2 = getE('btn-2'),
              btn_3 = getE('btn-3'),
              btn_4 = getE('btn-4');
          btn_1.onclick = saveSessionStorage;
          btn_2.onclick = loadSessionStorage;
          btn_3.onclick = saveLocalStorage;
          btn_4.onclick = loadLocalStorage;

          function saveSessionStorage(){
              sessionStorage.setItem('msg',text_1.value + ' session');
          }
          function loadSessionStorage(){
              mag.innerHTML = sessionStorage.getItem('msg');
          }
          function saveLocalStorage(){
              localStorage.setItem('msg',text_1.value + ' local');
          }
          function loadLocalStorage(){
              mag.innerHTML = localStorage.getItem('msg');
          }
          //记录页面次数
          var local_count = localStorage.getItem('a_count')?localStorage.
getItem('a_count'):0;
          getE('local_count').innerHTML = local_count;
          localStorage.setItem('a_count',+local_count+1);

          var session_count = sessionStorage.getItem
('a_count')?sessionStorage.getItem('a_count'):0;
```

```
                getE('session_count').innerHTML = session_count;
                sessionStorage.setItem('a_count',+session_count+1);
</script>
</body>
</html>
```

运行程序，输入要保存的数据后，单击"session保存"按钮，然后反复刷新几次页面后，单击"session读取"按钮，页面就会显示用户输入的内容和刷新页面的次数，结果如图5-7所示。

再次输入要保存的数据后，单击"local保存"按钮，然后反复刷新几次页面后，单击"local读取"按钮，页面就会显示用户输入的内容和刷新页面的次数，结果如图5-8所示。

图5-7　使用sessionStorage存储和读取数据　　　图5-8　使用localStorage存储和读取数据

5.5　新手疑惑解答

问题1：不同的浏览器可以读取同一个Web中存储的数据吗？

在Web中存储时，不同的浏览器将存储在不同的Web存储库中。例如，如果用户使用的是IE浏览器，那么在Web存储工作时，将把所有数据都存储在IE的Web存储库中，如果用户再次使用火狐浏览器访问该站点，将不能读取IE浏览器存储的数据，可见每个浏览器的存储是分开并独立工作的。

问题2：离线存储站点时是否需要浏览者同意？

和地理定位类似，在网站中使用manifest文件时，浏览器会提供一个权限提示，提示用户是否将离线设为可用，但不是每一个浏览器都支持这样的操作。

第6章

CSS快速入门

一个美观、大方、简约的页面以及高访问量的网站是网页设计者的追求。然而，仅通过HTML 5来实现是非常困难的，HTML语言仅仅定义了网页结构，对于文本样式没有过多涉及。这就需要一种技术对页面布局、字体、颜色、背景和其他图文效果的实现提供更加精确的控制，这种技术就是CSS。

6.1 CSS 介 绍

使用CSS最大的优势是，在后期的维护中，如果一些外观样式需要修改，只需要修改相应的代码即可。

6.1.1 CSS功能

随着Internet不断发展，对页面效果的诉求越来越强烈，只依赖HTML这种结构化标记来实现样式，已经不能满足网页设计者的需要，其表现有以下几个方面：

（1）维护困难。为了修改某个特殊标记格式，需要花费很多时间，尤其对整个网站而言，后期修改和维护成本较高。

（2）标记不足。HTML本身标记并不是很多，而且很多标记都是为网页内容服务的，关于内容样式的标记（如文字间距、段落缩进）很难在HTML中找到。

（3）网页过于臃肿，由于没有统一对各种风格样式进行控制，HTML页面往往体积过大，占用很多宝贵的宽度。

（4）定位困难。在整体布局页面时，HTML对于各个模块的位置调整显得捉襟见肘，过多的<table>标记将会导致页面复杂和后期维护困难。

在这种情况下，就需要寻找一种可以将结构化标记与丰富的页面表现相结合的技术。而CSS样式技术恰恰迎合了这种需要。

CSS称为层叠样式表，也称为CSS样式表或样式表，其文件扩展名为.css。CSS是用于增强或控制网页样式，并允许将样式信息与网页内容分离的一种标记性语言。

引用样式表的目的是将"网页结构代码"和"网页样式风格代码"分离开,从而使网页设计者可以对网页布局进行更多的控制。利用样式表可以将整个站点上所有网页都指向某个CSS文件,设计者只需要修改CSS文件中的某一行,整个网页上对应的样式都会随之发生改变。

6.1.2 CSS发展历史

万维网联盟(W3C)在1996年制定并发布了一个网页排版样式标准(层叠样式表),用来对HTML有限的表现功能进行补充。

随着CSS的广泛应用,CSS技术越来越成熟。CSS现在有三个不同层次的标准:CSS 1、CSS 2和CSS 3。

CSS 1是CSS的第一层次标准,它正式发布于1996年12月17日,后来于1999年1月11日进行了修改。该标准提供简单的样式表机制,使网页设计者可以通过附属样式对HTML文档的表现进行描述。

CSS 2于1998年5月12日被正式作为标准发布。CSS 2标准是基于CSS 1设计的,其包含CSS 1所有的功能,并扩充和改进了很多更加强大的属性。CSS 2支持多媒体样式表,使得设计者可以根据不同的输出设备给文档制定不同的表现形式。

在2001年5月23日,W3C完成了CSS 3的工作草案。该草案制订了CSS 3的发展路线图,详细列出了所有模块,并计划在未来进行逐步规范。

CSS 1主要定义了网页的基本属性,如字体、颜色、空白边等。CSS 2在此基础上添加了一些高级功能(如浮动和定位),以及一些高级的选择器(如子选择器、相邻选择器和通用选择器等)。CSS 3开始遵循模块化开发,标准被分为若干个相互独立的模块,这将有助于理清模块化规范之间的关系,减小完整文件的体积。

6.1.3 浏览器与CSS

CSS 3制定完成之后具有很多新功能(新样式),但这些新样式在浏览器中不能获得完全支持。这个问题主要在于各个浏览器对CSS 3很多细节处理上存在差异,例如某个标记属性,一种浏览器支持,而另一种浏览器不支持,或者两种浏览器都支持,但其显示效果不一样。

主流浏览器为了自己的产品利益和推广定义了很多私有属性,用于加强页面显示样式和效果,导致现在每个浏览器都存在大量的私有属性。虽然使用私有属性可以快速构建效果,但是对网页设计者是一个大麻烦。设计一个页面就需要考虑在不同浏览器上的显示效果,一不注意就会导致同一个页面在不同浏览器上的显示效果不一致。甚至有的浏览器不同版本之间也具有不同的属性。

如果所有浏览器都支持CSS 3样式,那么网页设计者只需使用一种统一标记,即可在不同浏览器上实现一致的显示效果。

当CSS 3被所有浏览器接受和支持以后,整个网页设计将会变得非常容易。CSS 3标准使得布局更加合理,样式更加美观,整个Web页面显示将会焕然一新。虽然现在CSS 3还没有完全普及,各个浏览器对CSS 3的支持还处于发展阶段,但CSS 3具有很高的发展潜力,在样式修饰方面是其他技术无法替代的。这种情况下,掌握CSS 3技术才能保证技术不落伍。

6.2　编辑和浏览CSS

CSS文件是文本格式文件，因此在编辑CSS时有多种选择，可以使用一些简单的文本编辑工具（如记事本、Word），也可以选择专业的CSS编辑工具（如Dreamweaver）。记事本编辑工具适用于初学者，不适合进行大项目编辑，但专业工具软件通常占据的空间较大，打开不太方便。

6.2.1　CSS基础语法

在前面介绍过，CSS样式表由若干条样式规则组成，这些样式规则可以应用到不同的元素或文档中来定义它们的显示效果。每一条样式规则由三部分构成：选择符（selector）、属性（property）和属性值（value），基本格式如下：

```
selector{property: value}
```

（1）selector可以采用多种形式，可以是文档中的HTML标记（例如<body>、<table>、<p>等），也可以是XML文档中的标记。

（2）property是选择符指定的标记所包含的属性。

（3）value指定了属性的值。若定义选择符的多个属性，则属性和属性值为一组，组与组之间用";"隔开，基本格式如下：

```
selector{property1: value1; property2: value2;...... }
```

下面给出一条样式规则，代码如下：

```
p{color:red}
```

该样式规则的构成为：p为段落提供样式，color指定文字颜色属性，red为属性值。此样式规则表示标记<p>指定的段落文字为红色。

如果要为段落设置多种样式，可以使用以下语句：

```
p{font-family:"隶书"; color:red; font-size:40px; font-weight:bold}
```

6.2.2　使用WebStorm创建CSS文件

随着Web技术的发展，越来越多的开发人员开始使用功能更多、界面更友好的专业CSS编辑器WebStorm，该编辑器有语法着色，带输入提示，甚至有自动创建CSS的功能。

使用WebStorm创建CSS文件的操作步骤如下：

01　在WebStorm主界面中，选择【File】→【New】→【Stylesheet】命令，如图6-1所示。

02　打开【New Stylesheet】对话框，输入文件名称为"mytest.css"，选择文件类型为"CSS File"，如图6-2所示。

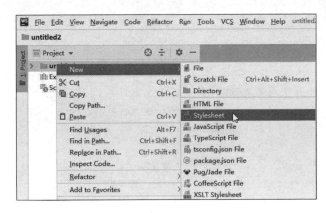

图6-1 创建一个CSS文件

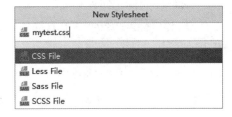

图6-2 输入文件的名称

03 按Enter键即可查看新建的CSS文件，接着就可以输入CSS文件的内容，如图6-3所示。编辑完成后，按Ctrl+S键即可保存CSS文件。

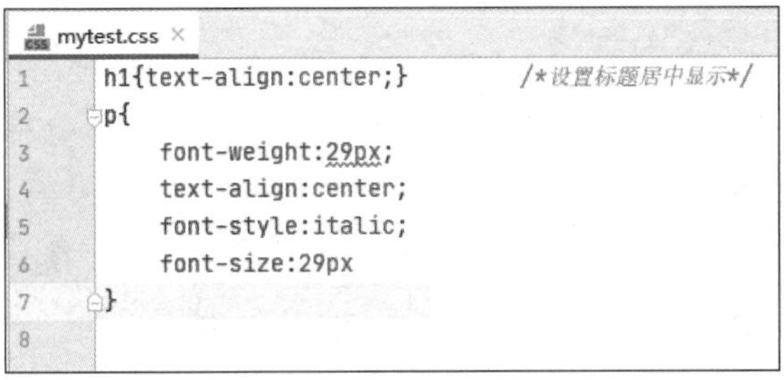

```
mytest.css ×
1    h1{text-align:center;}        /*设置标题居中显示*/
2    p{
3        font-weight:29px;
4        text-align:center;
5        font-style:italic;
6        font-size:29px
7    }
8
```

图6-3 输入CSS的内容

如果需要使用mytest.css，在HTML文件中直接链接即可，记得链接语句必须放在页面的<head>标签区，代码如下：

```
<link rel="stylesheet" type="text/css" href="mytest.css" />
```

（1）rel：指定链接到样式表，其值为stylesheet。

（2）type：表示样式表类型为CSS样式表。

（3）href：指定CSS样式表所在的位置，此处表示当前路径下名称为mytest.css的文件。

这里使用的是相对路径。如果HTML文档与CSS样式表没有在同一路径下，就需要指定样式表的绝对路径或引用位置。

在HTML文件中链接CSS文件有比较大的优势，它可以将CSS代码和HTML代码完全分离，并且同一个CSS文件能被不同的HTML所链接使用。

6.3 在HTML中使用CSS的方法

CSS样式表能很好地控制页面显示，分离网页内容和样式代码，它控制HTML 5页面效果的方式通常包括行内样式、内嵌样式、链接样式和导入样式。

6.3.1 行内样式

行内样式是所有样式中比较简单、直观的方法，它直接把CSS代码添加到HTML文件中，是作为HTML的标记属性存在的。通过这种方法可以很简单地对某个元素单独定义样式。

使用行内样式方法直接在HTML标记中使用style属性，该属性的内容就是CSS的属性和值，例如：

```
<p style="color:red">段落样式</p>
```

【例6.1】（实例文件：ch06\6.1.html）

```
<!DOCTYPE html>
<html>
<head>
<title>行内样式</title>
</head>
<body>
<p style="color:red;font-size:20px;text-decoration:underline;text-align:
center">此段落使用行内样式修饰</p>
<p style="color:blue;font-style:italic">正文内容</p>
</body>
</html>
```

在IE 11.0中预览效果，如图6-4所示，可以看到两个p标记中都使用了style属性，并且设置了CSS样式，各个样式之间互不影响，分别显示自己的样式效果。第一个段落为红色字体，居中显示且带有下画线。第二个段落为蓝色字体，并以斜体显示。

尽管行内样式简单，但这种方法并不常用，因为这样添加无法完全发挥样式表"内容结构和样式控制代码分离"的优势，而且这种方式也不利于样式的重用。如果为每一个标记都设置style属性，那么后期维护成本会过高，网页也容易过于臃肿，故不推荐使用。

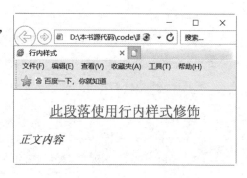

图6-4 行内样式显示

6.3.2 内嵌样式

内嵌样式就是将CSS样式代码添加到<head>与</head>之间，并且用<style>和</style>标记进行声明。这种写法虽然没有实现页面内容和样式控制代码完全分离，但可以用于设置一些比较简单且需要样式统一的页面，其格式如下：

```
<head>
<style type="text/css">
p{color:red;font-size:12px;}
```

```
</style>
</head>
```

有些较低版本的浏览器不识别<style>标记，不能将样式正确地应用到页面显示上，而是直接将标记中的内容以文本的形式显示。为了解决此类问题，可以使用HMTL注释将标记中的内容隐藏。如果浏览器能够识别<style>标记，那么标记内被注释的CSS样式定义代码依旧能够发挥作用。

```
<head>
<style type="text/css">
<!-
  p{color:red;font-size:12px;}
  -->
</style>
</head>
```

【例6.2】（实例文件：ch06\6.2.html）

```
<!DOCTYPE html>
<html>
<head>
<title>内嵌样式</title>
<style type="text/css">
p{
    color:orange;          /*设置字体颜色为橙色*/
    text-align:center;     /*设置段落居中显示*/
    font-weight:bolder;    /*设置字体加粗效果*/
    font-size:25px;        /*设置字体大小*/
}
</style>
</head><body>
<p>此段落使用内嵌样式修饰</p>
<p>正文内容</p>
</body>
</html>
```

在IE 11.0中预览效果，如图6-5所示，可以看到两个段落都被CSS样式修饰且样式保持一致，均为段落居中、加粗并以橙色字体显示。

在上面的例子中，所有CSS编码都在style标记中，可以方便后期维护，页面与行内样式相比较也大大瘦身了。但如果一个网站拥有很多页面，且对于不同页面段落都希望采用同样的风格，内嵌方式就显得有点麻烦。这种方法只适用于特殊页面设置单独的样式风格。

图6-5　内嵌样式显示

6.3.3　链接样式

链接样式是CSS中使用频率最高，也是最实用的方法。它可以很好地将"页面内容"和"样式风格代码"分离成两个文件或多个文件，实现页面框架HTML代码和CSS代码的完全分离，使前期制作和后期维护都十分方便。同一个CSS文件，根据需要可以链接到网站中所有的HTML页面上，使得网站整体风格统一，并且后期维护的工作量也大大减少。

链接样式是指在外部定义CSS样式表，并形成以.css为扩展名的文件，然后在页面中通过<link>标记链接到页面中。该链接语句必须放在页面的<head>标记区，代码如下：

```
<link rel="stylesheet" type="text/css" href="1.css" />
```

（1）rel表示链接到样式表，其值为stylesheet。

（2）type表示样式表类型为CSS样式表。

（3）href指定了CSS样式表文件的路径，此处表示当前路径下名称为1.css的文件。

这里使用的是相对路径。如果HTML文档与CSS样式表没有在同一路径下，就需要指定样式表的绝对路径或引用位置。

【例6.3】（实例文件：ch06\6.3.html和6.3.css）

```
<!DOCTYPE html>
<html>
<head>
<title>链接样式</title>
<link rel="stylesheet" type="text/css" href="6.3.css"/>
</head>
<body>
<h1>CSS学习</h1>
<p>此段落使用链接样式修饰</p>
</body>
</html>
```

6.3.css文件的代码如下：

```
h1{
text-align:center; /*设置标题居中显示*/
}
p{
font-weight:29px; /*设置字体的粗细*/
text-align:center; /*设置段落居中显示*/
font-style:italic; /*设置字体样式为斜体*/
}
```

在IE 11.0中预览效果，如图6-6所示，其中标题和段落以不同样式显示，标题居中显示，段落以斜体居中显示。

图6-6　链接样式显示

链接样式最大的优势就是将CSS代码和HTML代码完全分离，并且同一个CSS文件能被不同的HTML文件链接使用。

 在设计整个网站时，为了实现相同的样式风格，可以将同一个CSS文件链接到所有的页面中。如果整个网站需要修改样式，只需要修改CSS文件即可。

6.3.4　导入样式

导入样式和链接样式基本相同，都需要创建一个单独的CSS文件，然后将其引入HTML文件中，只不过语法和运作方式有所差别。采用导入样式是在HTML文件初始化时，会被导入HTML文件内作为文件的一部分，类似于内嵌效果。而链接样式则是在HTML标记需要样式风格时才以链接方式引入。

导入外部样式表是指在内嵌样式表的<style>标记中使用@import导入一个外部的CSS文件，例如：

```
<head>
<style type="text/css">
<!--
  @import "1.css"
-->
</style>
</head>
```

导入外部样式表相当于将样式表导入内嵌样式表中，其中@import必须在样式表的开始部分（位于其他样式表代码的上面）。

【例6.4】（实例文件：ch06\6.4.html和6.4.css）

```
<!DOCTYPE html>
<html>
<head>
<title>导入样式</title>
<style>
@import "6.4.css"
</style>
```

```
</head>
<body>
<h1>CSS学习</h1>
<p>此段落使用导入样式修饰</p>
</body>
</html>
```

6.4.css文件的代码如下：

```
h1{text-align:center;                /*设置标题居中显示*/
color:#0000ff;                       /*设置标题的颜色为蓝色*/
}
p{font-weight:bolder;                /*设置字体的粗细*/
text-decoration:underline;           /*设置下画线效果*/
font-size:20px;                      /*设置字体的大小*/
}
```

IE 11.0中预览效果，如图6-7所示，其中标题和段落以不同样式显示，标题居中显示，颜色为蓝色，段落的字体设置为加粗、下画线，大小为20px。

图6-7　导入样式显示

导入样式与链接样式比较，最大的优势就是可以一次导入多个CSS文件，其格式如下：

```
<style>
@import "6.4.css"
@import "test.css"
</style>
```

6.3.5　优先级问题

如果同一个页面采用了多种CSS样式表方式（例如同时使用行内样式、链接样式和内嵌样式），且这几种方式共同作用于同一属性，就会出现优先级问题。例如，使用内嵌样式设置字体为宋体，使用链接样式设置字体为红色，那么二者会同时生效，但如果都设置字体颜色且颜色不同，那么哪种样式的设置才有效呢？

1．行内样式和内嵌样式比较

例如，有这样一种情况：

```
<style>
p{color:red}
</style>
<p style="color:blue">段落应用样式</p>
```

在样式定义中，段落标记<p>匹配了两种样式规则，一种使用内嵌样式定义颜色为红色，另一种使用行内样式定义颜色为蓝色，在页面代码中，该标记使用了类选择符。但是，标记内容最终会以哪一种样式显示呢？

【例6.5】（实例文件：ch06\6.5.html）

```
<!DOCTYPE html>
<html>
<head>
<title>优先级比较</title>
<style>
p{color:red}
</style>
</head>
<body>
<p style="color:blue">优先级测试</p>
</body>
</html>
```

在IE 11.0中预览效果，如图6-8所示，段落以蓝色字体显示，可以看出行内样式优先级大于内嵌样式。

2．内嵌样式和链接样式比较

以相同的例子测试内嵌样式和链接样式的优先级。将相应的颜色样式代码单独放在一个CSS文件中，供链接样式引用。

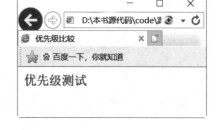

图6-8　优先级显示

【例6.6】（实例文件：ch06\6.6.html和6.6.css）

```
<!DOCTYPE html>
<html>
<head>
<title>优先级比较</title>
<link href="9.8.css" type="text/css" rel="stylesheet">
<style>p{color:red}
</style></head>
<body>
<p>优先级测试</p>
</body>
</html>
```

6.6.css文件的代码如下：

```
p{color:yellow}
```

在IE 11.0中预览效果，如图6-9所示，段落以红色字体显示，可以看出内嵌样式优先级大于链接样式。

3. 链接样式和导入样式

现在进行链接样式和导入样式的优先级比较。分别创建两个CSS文件，一个用于链接，另一个用于导入。

图6-9　优先级测试

【例6.7】（实例文件：ch06\6.7.html）

```
<!DOCTYPE html>
<html>
<head>
<title>优先级比较</title>
<style>
@import "6.7_2.css"
</style>
<link href="6.7_1.css" type="text/css" rel="stylesheet">
</head>
<body>
<p>优先级测试</p>
</body>
</html>
```

6.7_1.css的代码如下：

```
p{color:green}
```

6.7_2.css的代码如下：

```
p{color:purple}
```

在IE 11.0中预览效果，如图6-10所示，段落以绿色显示。可以看出链接样式的优先级大于导入样式。

通过比较，CSS样式表方式的优先级顺序由大到小依次为：行内样式、内嵌样式、链接样式和导入样式。

图6-10　优先级比较

6.4　CSS 3选择器

选择器（Selector）也被称为选择符。所有HTML语言中的标记都是通过不同的CSS选择器进行控制的。选择器不只是HMTL文档中的元素标记，它还可以是类（Class，这不同于面向对象程序设计语言中的类）、ID（元素的唯一特殊名称，便于在脚本中使用）或元素的某种状态（如a:link）。根据CSS选择器的用途，可以把选择器分为标记选择器、类选择器、全局选择器、ID选择器和伪类选择器等。

6.4.1　标记选择器

HTML文档是由多个不同的标记组成的，而CSS选择器就是声明那些标记的样式风格。例如，p选择器就是用于声明页面中所有<p>标记的样式风格，同样，也可以通过h1选择器来声明页面中所有<h1>标记的样式风格。

标记选择器基本的形式如下：

```
tagName{property:value}
```

 其中tagName表示标记名称，例如p、h1等HTML标记；property表示CSS 3属性；value表示CSS 3属性值。

通过声明一个具体标记可以对文档中这个标记出现的每一个地方应用样式定义。这种做法通常用在设置那些在整个网站都会出现的基本样式。例如，下面的定义就用于为一个网站设置默认字体。

```
body, p, td, th, div, blockquote, dl, ul, ol {
    font-family: Tahoma, Verdana, Arial, Helvetica, sans-serif;
    font-size: 1em;
    color: #000000;
}
```

这个选择器声明了一系列的标记，所有这些标记出现的地方都将以定义的样式（字体、字号和颜色）显示。理论上仅声明〈body〉标记就已经足够（因为所有其他标记会出现在〈body〉标记内部，并且将因此继承它的属性），但是许多浏览器不能恰当地将这些样式属性带入表格和其他标记中。因此，为了避免这种情况，这里声明了其他标记。

【例6.8】（实例文件：ch06\6.8.html）

```
<!DOCTYPE html>
<html>
<head>
<title>标记选择器</title>
<style>
p{color:blue;            /*设置字体的颜色为蓝色*/
font-size:20px;          /*设置字体的大小*/
}
</style>
</head>
<body>
<p>此处使用标记选择器控制段落样式</p>
```

```
</body>
</html>
```

在IE 11.0中预览效果，如图6-11所示，可以看到段落字体以蓝色显示，大小为20px。

图6-11　标记选择器显示

如果在页面的后期维护中需要调整段落颜色，只需要修改color属性值即可。

 CSS 3标准对于所有属性和值都有相对严格的要求。如果声明的属性在CSS 3规范中没有或者某个属性值不符合属性要求，就不能使CSS语句生效。

6.4.2　类选择器

使用标记选择器可以控制该页面中所有相关标记的显示样式,如果需要对其中一系列标记重新设定，此时仅使用标记选择器是远远不够的，还需要使用类选择器。

类选择器用来为一系列标记定义相同的呈现方式，常用的语法格式如下：

```
.classValue{property:value}
```

classValue是选择器的名称，具体名称由CSS制定者自己命名。如果一个标记具有class属性且class属性值为classValue，那么该标记的呈现样式由该选择器指定。在定义类选择符时，需要在classValue前面加一个英文句点“.”，示例如下：

```
.rd{color:red}          /*设置字体的颜色为红色*/
.se{font-size:3px}      /*设置字体的大小*/
```

上面定义了两个类选择器，分别为rd和se。类的名称可以是任意英文字符串或以英文开头与数字的组合，一般情况下采用其功能或效果的缩写。

在<p>标记的class属性中使用类选择符，示例如下：

```
<p class="rd">class属性是被用来引用类选择器的属性</p>
```

类选择器只能被应用于指定的标记中（例如<p>标记），可以在不同标记中使用相同的呈现方式，如下所示：

```
<p class="rd">段落样式</p>
<h3 class="rd">标题样式</h3>
```

【例6.9】（实例文件：ch06\6.9.html）

```
<!DOCTYPE html>
<html>
<head><title>类选择器</title>
<style>
.aa{
  color:blue;        /*设置字体的颜色为蓝色*/
  font-size:20px;  /*设置字体的大小为20px*/
}
.bb{
  color:red;          /*设置字体的颜色为红色*/
  font-size:22px;  /*设置字体的大小为22px*/
}
</style></head><body>
<h3 class="bb">学习类选择器</h3>
<p class="aa">此处使用类选择器aa控制段落样式</p>
<p class="bb">此处使用类选择器bb控制段落样式</p>
</body>
</html>
```

在IE 11.0中预览效果，如图6-12所示，可以看到第一个段落字体以蓝色显示，大小为20px；第二段落字体以红色显示，大小为22px；标题字体同样以红色显示，大小为22px。

图6-12　类选择器显示

6.4.3　ID选择器

ID选择器和类选择器类似，都是针对特定属性的属性值进行匹配。ID选择器定义的是某一个特定的HTML标记，一个网页文件中只能有一个标记使用某一ID的属性值。

ID选择器的基本语法格式如下：

```
#idValue{property:value}
```

在上述基本语法格式中，idValue是选择器名称，可以由CSS定义者自己命名。如果某标记具有id属性，并且该属性值为idValue，那么该标记的呈现样式由该ID选择器指定。在正常情况下，id属性值在文档中具有唯一性。在定义ID选择器时，需要在idValue前面加一个"#"符号，示例如下：

```
#fontstyle
{
  color:red;                    /*设置字体的颜色为红色*/
  font-weight:bold;             /*设置字体的粗细*/
  font-size:large               /*设置字体的大小*/
}
```

与类选择器相比，使用ID选择器定义样式是有一定局限性的，类选择器与ID选择器主要有以下两种区别：

（1）类选择器可以给任意数量的标记定义样式，但ID选择器在页面的标记中只能使用一次。

（2）ID选择器比类选择器具有更高的优先级，即当ID选择器与类选择器发生冲突时，优先使用ID选择器定义的样式。

【例6.10】（实例文件：ch06\6.10.html）

```
<!DOCTYPE html>
<html>
<head>
<title>ID选择器</title>
<style>
#fontstyle{
  color:blue;                   /*设置字体的颜色为蓝色*/
  font-weight:bold;             /*设置字体的粗细*/
}
#textstyle{
  color:red;                    /*设置字体的颜色为红色*/
  font-size:22px;               /*设置字体的大小*/
}
</style>
</head>
<body>
<h3 id="textstyle">学习ID选择器</h3>
<p id="textstyle">此处使用ID选择器texstyle控制段落样式</p>
<p id="fontstyle">此处使用ID选择器fontstyle控制段落样式</p>
</body>
</html>
```

在IE 11.0中预览效果，如图6-13所示，可以看到第一个段落字体以红色显示，大小为22px；第二段落字体以蓝色显示，字形加粗；标题字体同样以红色显示，大小为22px。

图6-13　ID选择器显示

从上面的代码可以看出，标题h3和第一个段落都使用了名称为textstyle的ID选择器，并且都显示了CSS方案。但这里需要指出的是，将ID选择器用于多个标记是错误的，因为每个标记定义的ID不只是CSS可以调用，JavaScript等脚本语言同样可以调用。如果一个HTML中有两个相同ID的标记，那么将会导致JavaScript在查找ID时出错。

JavaScript等脚本语言也能调用HTML中设置的ID，因此ID选择器一直被广泛使用。网页设计者在编写HTML代码时应该养成一个习惯，一个ID只赋予一个HTML标记。

6.4.4　全局选择器

如果想要一个页面中所有HTML标记使用同一种样式，可以使用全局选择器。顾名思义，全局选择器就是对所有HTML标记起作用，其语法格式为：

```
*{property:value}
```

其中"*"表示对所有标记起作用，property表示CSS 3属性的名称，value表示属性值，示例如下：

```
*{margin:0; padding:0;}        /*设置所有标记的外边距和内边距都为0*/
```

【例6.11】（实例文件：ch06\6.11.html）

```
<!DOCTYPE html>
<html>
<head><title>全局选择器</title>
<style>
*{
  color:red;        /*设置字体的颜色为红色*/
  font-size:30px    /*设置字体的大小为30px*/
}
</style>
</head>
<body>
<p>使用全局选择器修饰</p>
<p>第一段</p>
```

```
<h1>第一段标题</h1>
</body>
</html>
```

在IE 11.0中预览效果，如图6-14所示，两个段落和标题都是以红色字体显示的，字体大小为30px。

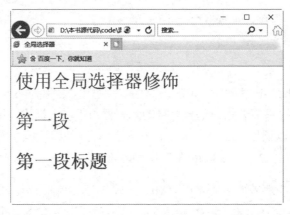

图6-14　全局选择器

6.4.5　组合选择器

将多种选择器进行搭配可以构成一种复合选择器，也称为组合选择器，即将标记选择器、类选择器和ID选择器组合起来使用。一般的组合方式是标记选择器和类选择器组合或标记选择器和ID选择器组合。由于这两种组合方式的原理和效果一样，因此本小节只介绍标记选择器和类选择器的组合。

组合选择器只是一种组合形式，并不能算是一种真正的选择器，但在实际应用中会经常使用到，其语法格式为：

```
tagName.class Value{property:value}
```

在使用的时候，组合选择器一般用在重复出现并且样式相同的一些标记中，例如li列表、td单元格、和dd自定义列表等，示例如下：

```
h1.red{color: red}
<h1 class="red"></h1>
```

【例6.12】（实例文件：ch06\6.12.html）

```
<!DOCTYPE html>
<html>
<head>
<title>组合选择器</title>
<style>
p{ /*标记选择器*/
  color:red
}
```

```
p.firstPar{/*组合选择器*/
  color:blue
}
.firstPar{/*类选择器*/
  color:green
}
</style>
</head>
<body>
<p>这是普通段落</p>
<p class="firstPar">此处使用组合选择器</p>
<h1 class="firstPar">我是一个标题</h1>
</body>
</html>
```

图6-15　组合选择器显示

在IE 11.0中预览效果，如图6-15所示，可以看到第一个段落颜色为红色，采用的是标记选择器；第二个段落显示的是蓝色，采用的是标记选择器和类选择器组合的选择器；标题以绿色字体显示，采用的是类选择器。

6.4.6　继承选择器

继承选择器的规则是：子标记在没有定义的情况下，所有的样式继承父标记；当子标记重新定义父标记已经定义过的声明时，子标记会执行后面的声明，其中与父标记不冲突的地方仍然沿用父标记的声明。

使用继承选择器就必须先了解HTML文档树和CSS继承，这样才能够很好地运用继承选择器。每个HTML都可以被看作一个文档树，文档树的根部就是<html>标记，而<head>和<body>标记就是其子标记。在<head>和<body>中的其他标记就是<html>标记的孙子标记。整个HTML呈现一种祖先和子孙的树状关系。CSS的继承是指子孙标记继承祖先标记的某些属性，示例如下：

```
<div class="test">
<span><img src="xxx" alt="示例图片"/></span>
</div>
```

对于上面的代码而言，如果其修饰样式如下：

```
.test span img {border:1px blue solid;}
```

就表示该选择器先找到class为test的标记，然后从它的子标记中查找<span>标记，再从<span>的子标记中找到<img>标记。也可以采用下面的形式：

```
div span img {border:1px blue solid;}
```

103

可以看出其规律是从左往右依次细化，最后锁定要控制的标记。

【例6.13】（实例文件：ch06\6.13.html）

```
<!DOCTYPE html>
<html>
<head>
<title>继承选择器</title>
<style type="text/css">
h1{color:red; text-decoration:underline;}
h1 strong{color:#004400; font-size:40px;}
h1 font{font-size:20px;}
</style>
</head>
<body>
<h1>测试CSS的<strong>继承</strong>效果</h1>
<h1>此处使用继承<font>选择器</font>了么？</h1>
</body>
</html>
```

在IE 11.0中预览效果，如图6-16所示，可以看到第一个标题颜色为红色，但是"继承"两个字使用绿色显示并且大小为40px，除了这两个设置外，其他CSS样式都是继承父标记<h1>的样式（例如下画线设置）。第二个标题虽然使用了font标记修饰选择器，但其样式都继承于父类标记<h1>。

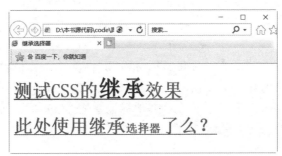

图6-16　继承选择器

6.4.7　伪类

伪类也是选择器的一种，但是用伪类定义的CSS样式并不是作用在标记上，而是作用在标记的状态上。由于很多浏览器支持不同类型的伪类，并且没有统一的标准，因此很多伪类都不常被用到。伪类包括:first-child、:link、:vistited、:hover、:active、:focus和:lang等。其中有一组伪类是主流浏览器都支持的，就是超链接的伪类，包括:link、:vistited、:hover和:active。

伪类选择器定义的样式常应用在标记<a>上，它表示超链接4种不同的状态：未访问超链接（link）、已访问超链接（visited）、鼠标停留在超链接上（hover）和激活超链接（active）。要注意的是，<a>标记可以只具有一种状态（:link），也可以同时具有两种或者三种状态。比如说，任何一个有href属性的<a>标记，在未有任何操作时都已经具备了:link的状态，也就是满足了有链接属性这个条件；如果是访问过的<a>标记，同时会具备:link、visited两种状态；把鼠标指针移到访问过的<a>标记上的时候,<a>标记就同时具备:link、visited、hover三种状态，示例如下：

```
a:link{color:#FF0000; text-decoration:none}
a:visited{color:#00FF00; text-decoration:none}
a:hover{color:#0000FF; text-decoration:underline}
a:active{color:#FF00FF; text-decoration:underline}
```

 上面的样式表示该超链接未访问时颜色为红色且无下画线，访问后是绿色且无下画线，鼠标指针放在超链接上为蓝色且有下画线，激活超链接时为紫色且有下画线。

【例6.14】（实例文件：ch06\6.14.html）

```
<!DOCTYPE html>
<html>
<head>
<title>伪类</title>
<style>
a:link {color: red}                    /* 未访问的链接 */
a:visited {color: green}               /* 已访问的链接 */
a:hover {color:blue}                   /* 鼠标移动到链接上 */
a:active {color: orange}               /* 选定的链接 */
</style>
</head>
<body>
<a href="">链接到本页</a>
<a href="http://www.sohu.com">搜狐</a>
</body>
</html>
```

在IE 11.0中预览效果，如图6-17所示，将鼠标指针停留在第一个超链接上方时，显示颜色为蓝色；另一个是访问过后的超链接，显示颜色为绿色。

图6-17　伪类显示

105

6.4.8　属性选择器

前面在使用CSS 3样式对HTML标记进行修饰时，都是通过HTML标记名称或自定义名称指向具体的HTML元素，进而控制HTML标记样式。那么能不能直接通过标记属性来进行修饰，而不通过标记名称或自定义名称呢？直接使用属性控制HTML标记样式的选择器称为属性选择器。

属性选择器根据某个属性是否存在或属性值来寻找元素，因此能够实现某些非常有意思和强大的效果。CSS 2标准就已经出现了4个属性选择器，在CSS 3标准中又新加了3个属性选择器，也就是说现在的CSS 3标准共有7个属性选择器，它们共同构成了CSS功能强大的标记属性过滤体系。

在CSS 3标准中，常见的属性选择器如表6-1所示。

表6-1　常见的属性选择器

属性选择器格式	说　　明
E[foo]	选择匹配E的元素，且该元素定义了foo属性。注意，E选择器可以省略，表示选择定义了foo属性的任意类型元素
E[foo= "bar "]	选择匹配E的元素，且该元素将foo属性值定义为"bar"。注意，E选择器可以省略，用法与上一个选择器类似
E[foo~= "bar "]	选择匹配E的元素，且该元素定义了foo属性，foo属性值是一个以空格符分隔的列表，其中一个列表的值为"bar"。注意，E选择符可以省略，表示可以匹配任意类型的元素。例如，a[title~="b1"]匹配<a title="b1 b2 b3"></a>，而不匹配<a title="b2 b3 b5"></a>
E[foo|="en"]	选择匹配E的元素，且该元素定义了foo属性，foo属性值是一个用连字符（-）分隔的列表，值开头的字符为"en"。 注意，E选择符可以省略，表示可以匹配任意类型的元素。例如，[lang|="en"]匹配<body lang="en-us"></body>，而不是匹配<body lang="f-ag"></body>
E[foo^="bar"]	选择匹配E的元素，且该元素定义了foo属性，foo属性值包含前缀为"bar"的子字符串。 注意，E选择符可以省略，表示可以匹配任意类型的元素。例如，body[lang^="en"]匹配<body lang="en-us"></body>，而不匹配<body lang="f-ag">< /body>
E[foo$="bar"]	选择匹配E的元素，且该元素定义了foo属性，foo属性值包含后缀为"bar"的子字符串。 注意，E选择符可以省略，表示可以匹配任意类型的元素。例如，img[src$="jpg"]匹配<img src="p.jpg"/>，而不匹配<img src="p.gif"/>
E[foo*="bar"]	选择匹配E的元素，且该元素定义了foo属性，foo属性值包含"b"的子字符串。注意，E选择器可以省略，表示可以匹配任意类型的元素。例如，img[src$="jpg"]匹配<img src="p.jpg/>，而不匹配<img src="p.gif"/>

【例6.15】（实例文件：ch06\6.15.html）

```
<!DOCTYPE html>
<html>
<head>
```

```
<title>属性选择器</title>
<style>
[align]{color:red}
[align="left"]{font-size:20px;font-weight:bolder;}
[lang^="en"]{color:blue;text-decoration:underline;}
[src$="gif"]{border-width:5px;boder-color:#ff9900}
</style>
</head>
<body>
<p align=center>这是使用属性定义样式</p>
<p align=left>这是使用属性值定义样式</p>
<p lang="en-us">此处使用属性值前缀定义样式</p>
<p>下面使用属性值后缀定义样式
<img src="2.gif" border="1"/>
</body>
</html>
```

在IE 11.0中预览效果，如图6-18所示，可以看到第一个段落使用属性align定义样式，其字体颜色为红色；第二个段落使用属性值left修饰样式，其字体颜色为红色，大小为20px，并且加粗显示，是因为该段落使用了align这个属性；第三个段落字体显示为蓝色，且带有下画线，是因为属性lang的值前缀为en。最后一个图片以边框样式显示，是因为属性值后缀为gif。

图6-18 属性选择器显示

6.4.9 结构伪类选择器

结构伪类（Structural Pseudo-Classes）选择器是CSS 3新增的类型选择器。顾名思义，结构伪类就是利用文档结构树（DOM）实现元素过滤，也就是说，通过文档结构的相互关系来匹配特定的元素，从而减少文档内对class属性和id属性的定义，使得文档更加简洁。

在CSS 3版本中新增的结构伪类选择器如表6-2所示。

表6-2 新增的结构伪类选择器

选 择 器	含 义
E:root	匹配文档的根元素，对于HTML文档，就是HTML元素
E:nth-child(n)	匹配其父元素的第n个子元素，第一个编号为1
E:nth-last-child(n)	匹配其父元素的倒数第n个子元素，第一个编号为1
E:nth-of-type(n)	与:nth-child()的作用类似，但是仅匹配使用同种标签的元素
E:nth-last-of-type(n)	与:nth-last-child()的作用类似，但是仅匹配使用同种标签的元素
E:last-child	匹配父元素的最后一个子元素，等同于:nth-last-child(1)
E:first-of-type	匹配父元素下使用同种标签的第一个子元素，等同于:nth-of-type(1)
E:last-of-type	匹配父元素下使用同种标签的最后一个子元素，等同于:nth-last-of-type(1)
E:only-child	匹配父元素下仅有的一个子元素，等同于:first-child:last-child 或 :nth-child(1):nth-last-child(1)
E:only-of-type	匹配父元素下使用同种标签的唯一一个子元素，等同于:first-of-type:last-of-type 或:nth-of-type(1):nth-last-of-type(1)
E:empty	匹配一个不包含任何子元素的元素。注意，文本节点也被看作子元素

【例6.16】（实例文件：ch06\6.16.html）

```html
<!DOCTYPE html>
<html>
<head><title>结构伪类</title>
<style>
tr:nth-child(even){
background-color:#96FED1
}
tr:last-child{font-size:20px;}
</style>
</head>
<body>
<table border=1 width=80%>
<th>姓名</th><th>编号</th><th>性别</th>
<tr><td>刘海松</td><td>006</td><td>男</td></tr>
<tr><td>王峰</td><td>001</td><td>女</td></tr>
<tr><td>李张力</td><td>002</td><td>男</td></tr>
<tr><td>于辉</td><td>008</td><td>男</td></tr>
<tr><td>张浩</td><td>004</td><td>女</td></tr>
<tr><td>刘永权</td><td>003</td><td>男</td></tr>
</table>
</body>
</html>
```

在IE 11.0中预览效果，如图6-19所示，可以看到表格中奇数行显示指定颜色，并且最后一行字体的大小以20px显示，其原因就是采用了结构伪类选择器。

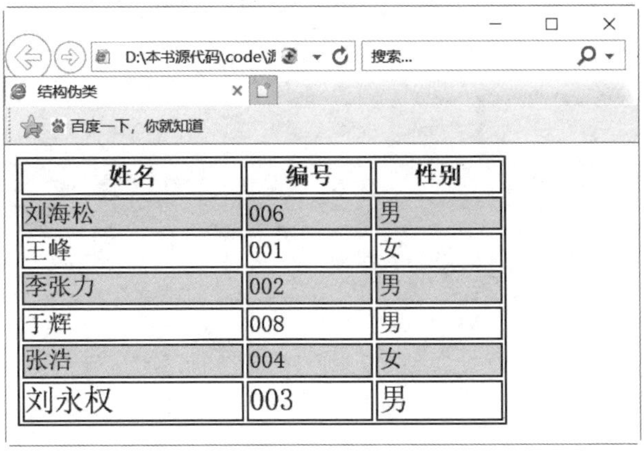

图6-19　结构伪类选择器

6.4.10　UI元素状态伪类选择器

UI元素状态伪类（The UI Element States Pseudo-Classes）选择器是CSS 3新增的选择器。其中UI即User Interface（用户界面）的简称。UI设计是指对软件的人机交互、操作逻辑、界面美观的整体设计。好的UI设计不仅可以让软件变得有个性、有品味，还可以让软件的操作变得舒适、简单、自由，充分体现软件的定位和特点。

UI元素的状态一般包括：可用、不可用、选中、未选中、获取焦点、失去焦点、锁定、待机等。CSS 3定义了3种常用的状态伪类选择器，其详细说明如表6-3所示。

表6-3　常用的状态伪类选择器

选　择　器	说　　明
E:enabled	选择匹配E的所有可用UI元素。注意，在网页中，UI元素一般是指包含在form元素内的表单元素。例如，input:enabled匹配<form><input type=text/><input type=button disabled=disabled/></form>代码中的文本框，而不匹配代码中的按钮
E:disabled	选择匹配E的所有不可用元素。注意，在网页中，UI元素一般是指包含在form元素内的表单元素。例如，input:disabled匹配<form><input type=text/><input type=button disabled=disabled/></form>代码中的按钮，而不匹配代码中的文本框
E:checked	选择匹配E的所有可用UI元素。注意在网页中，UI元素一般是指包含在form元素内的表单元素。例如，input:checked匹配<form><input type=checkbox/><input type=radio checked=checked/></form>代码中的单选按钮，而不匹配该代码中的复选框

【例6.17】（实例文件：ch06\6.17.html）

```
<!DOCTYPE html>
<html>
<head>
<title>UI元素状态伪类选择器</title>
```

109

```
<style>
input:enabled {border:1px dotted #666;background:#ff9900;}
input:disabled {border:1px dotted #999;background:#F2F2F2;}
</style>
</head>
<body>
<center>
<h3 align=center>用户登录</h3>
<form method="post" action="">
用户名: <input type=text name=name><br>
密  码: <input type=password name=pass disabled="disabled"><br>
<input type=submit value=提交>
<input type=reset value=重置>
</form>
<center>
</body>
</html>
```

在IE 11.0中预览效果，如图6-20所示，可以看到表格中可用的表单元素都显示为浅黄色，而不可用的元素显示为灰色。

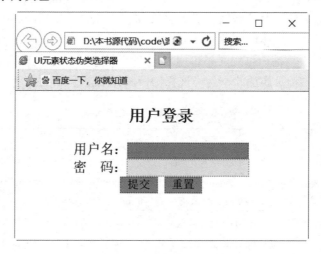

图6-20　UI元素状态伪类选择器应用

6.5　选择器的声明

使用CSS选择器可以控制HTML标记样式，其中每个选择器属性可以一次声明多个，即创建多个CSS属性修饰HTML标记。实际上，也可以将选择器声明多个，并且任何形式的选择器（如标记选择器、class类别选择器、ID选择器等）都是合法的。

6.5.1 集体声明

在一个页面中，有时需要不同种类标记样式保持一致，例如需要<p>标记和<h1>标记的字体保持一致，此时可以将<p>标记和<h1>标记共同使用类选择器，除此之外，还可以使用集体声明方法。集体声明就是在声明各种CSS选择器时，如果某些选择器的风格完全相同或者部分相同，可以将风格相同的CSS选择器同时声明。

【例6.18】（实例文件：ch06\6.18.html）

```
<!DOCTYPE html>
<html>
<head>
<title>集体声明</title>
<style type="text/css">
h1,h2,p{
    color:red;                    /*设置字体的颜色为红色*/
font-size:20px;               /*设置字体的大小*/
font-weight:bolder;           /*设置字体的粗细*/
}
</style>
</head>
<body>
<h1>此处使用集体声明</h1>
<h2>此处使用集体声明</h2>
<p>此处使用集体声明</p>
</body>
</html>
```

在IE 11.0中预览效果，如图6-21所示，可以看到网页上标题1、标题2和段落都以红色字体加粗显示，并且大小为20px。

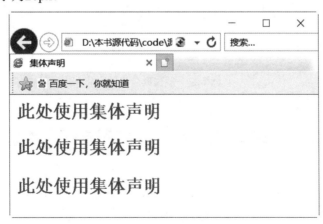

图6-21 集体声明显示

6.5.2　多重嵌套声明

在CSS控制HTML标记样式时，还可以使用层层递进的方式（嵌套方式）对指定位置的HTML标记进行修饰，例如当\<p>与\</p>之间包含\<a>\</a>标记时，就可以使用这种方式对HMTL标记进行修饰。

【例6.19】（实例文件：ch06\6.19.html）

```
<!DOCTYPE html>
<html>
<head>
<title>多重嵌套声明</title>
<style>
p{font-size:20px;}
p a{color:red;font-size:30px;font-weight:bolder;}
</style>
</head>
<body>
<p>这是一个多重嵌套<a href="">测试</a></p>
</body>
</html>
```

在IE 11.0中预览效果，如图6-22所示，可以看到在段落中超链接显示红色字体，大小为30px，其原因是使用了嵌套声明。

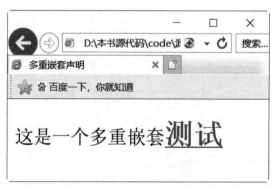

图6-22　多重嵌套声明

6.6　综合实例——设计新闻菜单

在网上浏览新闻是每个上网者都喜欢做的事情。一个布局合理、样式美观大方的新闻菜单是吸引人的主要途径之一。本实例使用CSS控制HTML标记创建新闻菜单，具体步骤如下：

01 分析需求。

　　创建一个新闻菜单需要包含两部分：一个是父菜单，用来表明新闻类别；另一个是子菜单，介绍具体的新闻消息。菜单方式很多，可以用\<table>创建，也可以用列表创建，同样也可以使用段落\<p>创建。本实例采用\<p>标记结合\<div>创建。

02 分析局部和整体，构建HTML网页。

　　一个新闻菜单可以分为三个层次，即新闻父菜单、新闻焦点和新闻子菜单。下面分别使用div创建，其HTML代码如下：

```
<!DOCTYPE html>
<html >
<head><title>导航菜单</title>
</head>
<body>
<div class="big">
<h2>时事热点 </h2>
<div class="up">
<a href="#">7月周周爬房团报名</a>
</div> <div class="down">
<p>·50万买下两居会员优惠 全世界大学排名 工薪阶层留学美国</p>
<p>·家电 ｜ 买房上焦点打电话送礼 楼市松动百余项目打折</p>
<p>·财经 ｜ 油价大跌  CPI新高 </p>
</div>
</div>
</body>
</html>
```

　　在IE 11.0中的显示效果如图6-23所示，可以看到一个标题、一个超链接和三个段落以普通样式显示，其布局只存在上下层次。

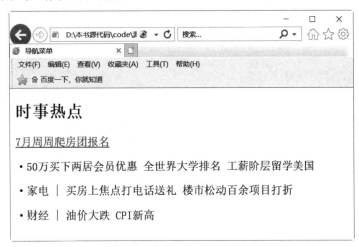

图6-23　无CSS标记显示

113

03 添加CSS代码，修饰整体样式。

对于HTML页面，需要有一个整体样式，其代码如下：

```
<style>
*{/*全局选择器*/
padding:0px;
margin:0px;
}
body{
font-family:"宋体";                 /*设置文本的字体样式*/
font-size:12px;                     /*设置字体的大小*/
}
.big{
width:400px;                        /*设置边框的宽度*/
border:#33CCCC 1px solid;           /*设置边框的颜色为浅绿色*/
}
</style>
```

在IE 11.0中的显示效果如图6-24所示，可以看到全局层以边框显示，宽度为400px，其颜色为浅绿色；文档内容中的字体采用宋体，大小为12px，并且定义内容和层之间的空隙为0，层和层之间的空隙为0。

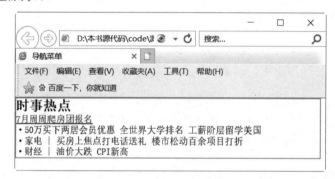

图6-24　整体样式添加

04 添加CSS代码，修饰新闻父菜单。

对新闻父菜单进行CSS控制，其代码如下：

```
h2{background-color:olive;          /*设置背景颜色*/
    display:block;                  /*设置方框的显示方式*/
    width:400px;                    /*设置方框的宽度*/
    height:18px;                    /*设置方框的高度*/
    line-height:18px;               /*设置字体的行高*/
    font-size:14px;}                /*设置字体的大小*/
```

在IE 11.0中的显示效果如图6-25所示，可以看到标题"时事热点"会以矩形方框显示，其背景色为橄榄色，字体大小为14px，行高为18px。

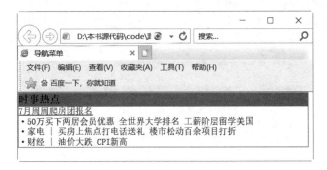

图6-25 修饰超级链接图

05 添加CSS菜单，修饰子菜单。

```
.up{padding-bottom:5px;  /*设置下边距的大小*/
   text-align:center;  /*设置文本居中显示*/
}
p{line-height:20px;}  /*设置文本的行高*/
```

在IE 11.0中的显示效果如图6-26所示，可以看到超链接"7月周周爬房团报名"居中显示，所有段落之间间隙增大。

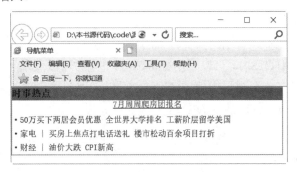

图6-26 子菜单样式显示

06 添加CSS菜单，修饰超级链接。

```
a{ /*设置超级链接文字的样式*/
font-size:16px;
   font-weight:800;
   text-decoration:none;
   margin-top:5px;
   display:block;}
a:hover{/*设置鼠标放置在超级链接文字上的样式*/
color:#FF0000;
   text-decoration:underline;}
```

在IE 11.0中的显示效果如图6-27所示。可以看到超链接"7月周周爬房团报名"字体变大、加粗，并且无下画线显示，将鼠标指针放在此超级链接上，会以红色字体显示，并且下面带有下画线。

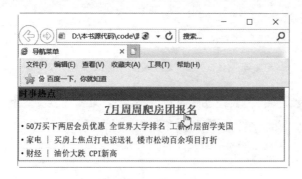

图6-27　超级链接修饰显示

6.7　新手疑惑解答

问题1：CSS定义的字体在不同浏览器中的大小不一样？

例如，使用font-size:14px定义的宋体文字，在IE下实际高是16px、下空是3px，在Firefox浏览器下实际高是17px、上空是1px、下空是3px。其解决办法是在定义文字时设定line-height，并确保所有文字都有默认的line-height值。

问题2：CSS在网页制作中一般有4种方式的用法，具体在使用时应该采用哪种用法？

当有多个网页要用到CSS时，可以采用外链CSS文件的方式，这样网页的代码将大大减少，修改起来非常方便；只在单个网页中使用CSS时，可以采用文档头部的方式；只在网页一两个地方用到CSS时，可以采用行内插入的方式。

问题3：CSS的行内样式、内嵌样式和链接样式可以在一个网页中混用吗？

3种用法可以混用且不会造成混乱，这也是它称为"层叠样式表"的原因。浏览器在显示网页时是这样处理的：先检查有没有行内插入式CSS，若有就执行，针对本句的其他CSS就不去管了；其次检查内嵌方式的CSS，若有就执行；在前两者都没有的情况下，再检查外链文件方式的CSS。由此可以看出，3种CSS的执行优先级是：行内样式、内嵌样式、链接样式。

第 **7** 章

CSS基础语法

网页中常见的元素是文字、图片、表格和表单，其中文字和图片是传递信息的主要手段。而美观大方的网页需要使用CSS样式修饰其中的元素。本章将重点讲解如何通过CSS样式修饰网页中的文字、图片、表格和表单。

7.1　CSS美化网页中的文字

一个杂乱无序、堆砌而成的网页会使人产生枯燥无味、望而止步的感觉，而一个美观大方的网页会让人有美轮美奂、流连忘返的感觉。这种美观大方的效果都是使用CSS字体样式来设置的。通过对本节内容的学习，相信读者可以设计出令人流连忘返的网页。

7.1.1　设置字体的属性

通过设置字体类型、字号、字体风格等，可以设计丰富多彩的网页文字效果。

1. 字体font-family

font-family属性用于指定文字字体类型，例如宋体、黑体、隶书、Times New Roman等，即在网页中展示字体不同的形状，具体的语法格式如下：

```
{font-family:name}
{font-family:cursive|fantasy|monospace|serif|sans-serif}
```

从语法格式上可以看出，font-family有两种声明方式：第一种方式是使用name字体名称，按优先顺序排列，以逗号隔开，如果字体名称包含空格，就使用引号引起来；第二种方式是使用所列出的字体序列名称，如果使用fantasy序列，将提供默认字体序列。在CSS中，比较常用的是第一种声明方式。

例如，设置字体为黑体，代码如下：

```
p{font-family:黑体}
```

2. 字号font-size

一个网页中，标题通常使用较大的字体来显示，用于吸引人注意，小字体用来显示正常的内容。大小字体结合形成的网页既可以吸引人的眼球，又可以提高阅读效率。

在CSS中，通常使用font-size设置文字大小，其语法格式如下所示：

```
{font-size:数值|inherit|xx-small|x-small|small|medium|large|x-large|
xx-large|larger| smaller|length}
```

其中，通过数值来定义字体大小，例如，用font-size:10px的方式定义字体大小为10px。此外，还可以通过其他属性值来定义字体的大小，各属性值含义如表7-1所示。

表7-1　字号属性值

属　性　值	说　明
xx-small	绝对字体尺寸，根据对象字体进行调整，最小
x-small	绝对字体尺寸，根据对象字体进行调整，较小
small	绝对字体尺寸，根据对象字体进行调整，小
medium	默认值，绝对字体尺寸，根据对象字体进行调整，正常
large	绝对字体尺寸，根据对象字体进行调整，大
x-large	绝对字体尺寸，根据对象字体进行调整，较大
xx-large	绝对字体尺寸，根据对象字体进行调整，最大
larger	相对字体尺寸，相对于父对象中的字体尺寸进行增大，使用成比例的em单位计算
smaller	相对字体尺寸，相对于父对象中的字体尺寸进行减小，使用成比例的em单位计算
length	百分数或由浮点数字和单位标识符组成的长度值，不可为负值。其百分比取值是基于父对象中字体的尺寸

3. 字体风格font-style

font-style通常用来定义字体风格，即字体的显示样式。在CSS新规定中，语法格式如下：

```
font-style:normal|italic|oblique|inherit
```

其属性值有4个，具体含义如表7-2所示。

表7-2　字体风格属性值

属　性　值	含　义
normal	默认值。浏览器显示一个标准的字体样式
italic	浏览器会显示一个斜体的字体样式
oblique	浏览器会显示一个倾斜的字体样式
inherit	规定应该从父元素继承字体样式

4. 加粗字体font-weight

通过设置字体粗细可以让文字显示不同的外观。通过CSS中的font-weight属性可以定义字体的粗细程度，其语法格式如下：

```
{font-weight:100-900|bold|bolder|lighter|normal;}
```

font-weight属性有13个属性值，分别是bold、bolder、lighter、normal、100~900。如果没有设置该属性，就使用其默认值normal。属性值设置为100~900时，值越大，加粗的程度就越高。其具体含义如表7-3所示。

表7-3　加粗字体属性值

属　　性	描　　述
bold	定义粗体字体
bolder	定义更粗的字体，相对值
lighter	定义更细的字体，相对值
normal	默认，标准字体

浏览器默认的字体粗细是400，另外，也可以通过参数lighter和bolder使得字体在原有的基础上显得更细或更粗。

5. 字体复合属性font

在设计网页时，为了使网页布局合理且文本规范，对字体设计需要使用多种属性，例如，定义字体粗细、定义字体大小等。但是多个属性分别书写相对比较麻烦，CSS样式表提供的font属性就解决了这一问题。

font属性可以一次性地使用多个属性的属性值定义文本字体，其语法格式如下：

```
{font:font-style font-variant font-weight font-size font-family}
```

font属性中的属性排列顺序是font-style、font-variant、font-weight、font-size和font-family，各属性的属性值之间使用空格隔开。但是，如果font-family属性要定义多个属性值，就需要使用英文逗号","分隔开。

在属性排列中，font-style、font-variant和font-weight这三个属性值是可以自由调换的。而font-size和font-family则必须按照固定的顺序出现，如果这两个属性值的顺序不对或缺少一个，那么整个样式规则可能因此被忽略。

下面综合使用上面的方法来修饰网页中的文字。

【例7.1】（实例文件：ch07\7.1.html）

```
<!DOCTYPE html>
<html>
<head>
<style type=text/css>
```

```
  .p1{
     font:normal small-caps bolder 30pt "Cambria","Times New Roman",宋体
  }
</style>
</head>
<body>
<p class="p1">咸阳值雨</p>
<p style="font-family:黑体">咸阳桥上雨如悬</p>
<p style="font-size:larger">万点空蒙隔钓船</p>
<p style="font-style:oblique">还似洞庭春水色</p>
<p style="font-weight:900">晚云将入岳阳天</p>
</body>
</html>
```

在IE 11.0中预览效果，如图7-1所示，可以看到文字被设置成不同的效果。

图7-1　美化网页中的文字

7.1.2　字体颜色color

没有色彩的网页是枯燥而没有生机的,这就意味着一个优秀的网页设计者不仅要能够合理安排页面布局,还要具有一定的色彩视觉和色彩搭配能力,这样才能够使网页更加精美,具有表现力,给浏览者以亲切感。

在CSS样式中,通常使用color属性来定义颜色。其属性值通常使用的设定方式如表7-4所示。

表7-4　属性值设定域

属　性　值	说　　明
color_name	规定属性值为颜色名称的颜色（例如red）
hex_number	规定属性值为十六进制值的颜色（例如#ff0000）

（续表）

属 性 值	说 明
rgb_number	规定属性值为RGB代码的颜色（例如rgb(255,0,0)）
inherit	规定应该从父元素继承颜色
hsl_number	规定属性值为HSL代码的颜色（例如hsl(0,75%,50%)），此为CSS新增加的颜色表现方式
hsla_number	规定属性值为HSLA代码的颜色（例如hsla(120,50%,50%,1)），此为CSS新增加的颜色表现方式
rgba_number	规定属性值为RGBA代码的颜色（例如rgba(125,10,45,0.5)），此为CSS新增加的颜色表现方式

【例7.2】（实例文件：ch07\7.2.html）

```
<!DOCTYPE html>
<html>
<head>
<style type="text/css">
body{color:red}                       /*设置body标记的颜色*/
h1{color:#00ff00}                     /*设置h1标记的颜色*/
p.ex{color:rgb(0,0,255)}              /*设置组合选择器p.ex的颜色*/
p.hs{color:hsl(0,75%,50%)}            /*设置组合选择器p.hs的颜色*/
p.ha{color:hsla(120,50%,50%,1)}      /*设置组合选择器p.ha的颜色*/
p.ra{color:rgba(125,10,45,0.5)}      /*设置组合选择器p.ra的颜色*/
</style>
</head>
<body>
<h1>这是标题1</h1>
<p>这是一段普通的段落。请注意，该段落的文本是红色的。在 body 选择器中定义了本页面中的默
认文本颜色。</p>
<p class="ex">该段落定义了 class="ex"。该段落中的文本是蓝色的。</p>
<p class="hs">此处使用了CSS中的新增加的HSL函数，构建颜色。</p>
<p class="ha">此处使用了CSS中的新增加的HSLA函数，构建颜色。</p>
<p class="ra">此处使用了CSS中的新增加的RGBA函数，构建颜色。</p>
</body>
</html>
```

在IE 11.0中预览效果，如图7-2所示，可以看到文字以不同颜色显示，并采用了不同的颜色取值方式。

121

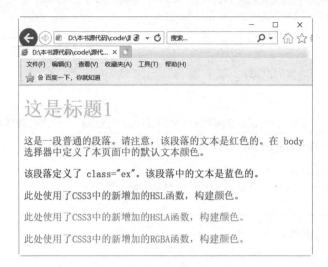

图7-2　color属性显示

7.2　文本的对齐方式

在网页文本编辑中，对齐有很多种方式，文字排在一行的中央位置叫居中对齐，文章的标题和表格中的数据一般都居中排列。CSS样式表提供了文本属性来实现对文本的对齐方式的控制。

7.2.1　垂直对齐方式vertial-align

在CSS中，可以直接使用vertical-align属性来定义，该属性用来设定垂直对齐方式。该属性定义行内元素的基线相对于该元素所在行的基线的垂直对齐，允许指定负长度值和百分比值，这会使元素降低，而不是升高。在表格中，这个属性可以用来设置单元格内容的对齐方式。

vertical-align属性的语法格式如下：

```
{vertical-align:属性值}
```

vertical-align属性值如表7-5所示。

表7-5　垂直对齐方式属性值

属　性　值	说　　明
baseline	默认。元素放置在父元素的基线上
sub	垂直对齐文本的下标
super	垂直对齐文本的上标
Top	把元素的顶端与行中最高元素的顶端对齐
text-top	把元素的顶端与父元素字体的顶端对齐
middle	把此元素放置在父元素的中部
bottom	把元素的顶端与行中最低元素的顶端对齐

（续表）

属　性　值	说　　明
text-bottom	把元素的底端与父元素字体的底端对齐
length	设置元素的堆叠顺序
%	使用 "line-height" 属性的百分比值来排列此元素，允许使用负值

【例7.3】（实例文件：ch07\7.3.html）

```
<!DOCTYPE html>
<html>
<body>
<p>世界杯<b style="font-size:8pt;vertical-align:super">2018</b>！
  中国队<b style="font-size:8pt;vertical-align:sub">[注]</b>！
  加油！<img src="1.gif" style="vertical-align:baseline"></p>
<p><img src="2.gif" style="vertical-align:middle"/>
  世界杯！中国队！加油！<img src="1.gif" style="vertical-align:top">
</p><hr>
<p><img src="2.gif" style="vertical-align:middle"/>
世界杯！中国队！加油！<img src="1.gif" style="vertical-align:text-top">
</p>
<p><img src="2.gif" style="vertical-align:middle"/>
世界杯！中国队！加油！<img src="1.gif" style="vertical-align:bottom">
</p>
<hr>
<p><img src="2.gif" style="vertical-align:middle"/>
世界杯！中国队！加油！<img src="1.gif" style="vertical-align:text-bottom">
</p>
<p>
世界杯<b style="font-size:8pt;vertical-align:100%">2018</b>！
中国队<b style="font-size: 8pt;vertical-align:-100%">[注]</b>！
加油！<img src="1.gif" style="vertical-align:baseline">
</p>
</body>
</html>
```

在IE 11.0中预览效果，如图7-3所示，可以看到图文在垂直方向以不同的对齐方式显示。

顶端对齐有两种参照方式，一种是参照整个文本块，另一种是参照文本。底部对齐同顶端对齐方式相同，分别参照文本块和文本块中包含的文本。

vertical-align属性值还能使用百分比来设定垂直高度，该高度具有相对性，是基于行高的值来计算的。而且百分比还能使用正负号，正百分比使文本上升，负百分比使文本下降。

图7-3 垂直对齐显示

7.2.2 水平对齐方式

一般情况下，居中对齐适用于标题类文本，其他对齐方式可以根据页面布局来选择使用。根据需要可以设置多种对齐，例如水平方向上的居中、左对齐、右对齐或者两端对齐等。在CSS中，可以通过text-align属性进行设置。

text-align属性用于定义对象文本的对齐方式。与CSS 2相比，CSS增加了start、end和string属性值，text-align语法格式如下：

```
{text-align:属性值}
```

其属性值含义如表7-6所示。

表7-6 水平对齐方式属性值

属 性 值	说 明
start	文本向行的开始边缘对齐
end	文本向行的结束边缘对齐
left	文本向行的左边缘对齐。在垂直方向的文本中，文本在left-to-right模式下向开始边缘对齐
right	文本向行的右边缘对齐。在垂直方向的文本中，文本在left-to-right模式下向结束边缘对齐
center	文本在行内居中对齐
justify	文本根据text-justify的属性设置方法分散对齐，即两端对齐，均匀分布
match-parent	继承父元素的对齐方式，但有个例外：继承的start或者end值是根据父元素的direction值进行计算的，因此计算的结果可能是left或者right
<string>	string是一个单个的字符，否则就忽略此设置。按指定的字符进行对齐。此属性可以跟其他关键字同时使用，如果没有设置字符，就默认值是end方式
inherit	继承父元素的对齐方式

在新增加的属性值中，start和end属性值主要是针对行内元素的（在包含元素的头部或尾部显示），而<string>属性值主要用于表格单元格中，将根据某个指定的字符对齐。

【例7.4】（实例文件：ch07\7.4.html）

```
<!DOCTYPE html>
<html>
<body>
<h1 style="text-align:center">登幽州台歌</h1>
<h3 style="text-align:left">选自：</h3>
<h3 style="text-align:right">
<img src="1.gif"/>唐诗三百首</h3>
<p style="text-align:justify">
前不见古人 后不见来者（这是一个测试，这是一个测试，这是一个测试）
</p>
<p style="text-align:strat">念天地之悠悠</p>
<p style="text-align:end">独怆然而涕下</p>
</body>
</html>
```

在IE 11.0中预览效果，如图7-4所示，可以看到文字在水平方向上以不同的对齐方式显示。

图7-4 对齐效果图

text-align属性只能用于文本块，而不能直接应用到图像标记<img>中。如果要使图像同文本一样应用对齐方式，就必须将图像包含在文本块中。例如上例，由于向右对齐方式作用于<h3>标记定义的文本块，图像包含在文本块中，因此图像能够同文本一样向右对齐。

CSS只能定义两端对齐方式，但对于具体的两端对齐文本如何分配字体空间以实现文本左右两边均对齐，CSS并不规定，这就需要设计者自行定义了。

7.3 CSS美化网页中的表格

HTML数据表格和表单都是网页中常见的元素，表格通常用来显示二维关系数据和排版，从而达到页面整齐和美观的效果。而表单是作为客户端和服务器交流的窗口，可以获取客户端信息，并反馈服务器端信息。本节将介绍使用CSS样式表美化表格和表单样式的方法。

7.3.1 表格边框样式

在显示一个表格数据时，通常都带有表格边框，用来界定不同单元格的数据。当table表格的描述属性border值大于0时显示边框，如果border值为0，就不显示边框。边框显示之后，可以使用CSS的border属性及衍生属性border-collapse属性对边框进行修饰，其中border属性表示对边框进行样式、颜色和宽度设置，从而达到提高样式效果的目的，这个属性前面已经介绍过了，使用方法和前面一模一样，只不过修饰的对象变了。

border-collapse属性主要用来设置表格的边框是否被合并为一个单一的边框，还是像在标准的HTML中那样分开显示。其语法格式为：

```
border-collapse:separate|collapse
```

其中separate是默认值，表示边框会被分开，不会忽略 border-spacing 和 empty-cells 属性；而collapse属性表示边框会合并为一个单一的边框，会忽略border-spacing和empty-cells属性。

【例7.5】（实例文件：ch07\7.5.html）

```
<!DOCTYPE html>
<html>
<head>
<title>年度收入</title>
<style>
<!--
.tabelist{
    border:1px solid #429fff;            /* 表格边框 */
    font-family:"楷体";
    border-collapse:collapse;            /* 边框重叠 */
}
.tabelist caption{
    padding-top:3px;                     /*设置上内边距的大小*/
    padding-bottom:2px;                  /*设置下内边距的大小*/
    font-weight:bolder;                  /*设置字体的粗细*/
    font-size:15px;                      /*设置字体的大小*/
    font-family:"幼圆";                   /* 设置文本的字体 */
    border:2px solid #429fff;            /* 表格标题边框 */
}
```

126

```
.tabelist th{
    font-weight:bold;                           /*设置字体的粗细*/
    text-align:center;                          /*设置段落居中显示*/
}
.tabelist td{
    border:1px solid #429fff;                   /*单元格边框*/
    text-align:right;                           /*设置段落靠右显示*/
    padding:4px;                                /*设置内边距的宽度*/
}
-->
</style>
    </head>
<body>
<table class="tabelist">
    <caption class="tabelist">
    财务统计表
    </caption>
    <tr>
      <th>选项</th>
        <th>07月</th>
        <th>08月</th>
        <th>09月</th>
    </tr>
    <tr>
        <td>收入</td>
        <td>8000</td>
        <td>9000</td>
        <td>7500</td>
    </tr>
    <tr>
        <td>吃饭</td>
        <td>600</td>
        <td>570</td>
        <td>650</td>
    </tr>
    <tr>
        <td>购物</td>
        <td>1000</td>
        <td>800</td>
        <td>900</td>
    </tr>
    <tr>
        <td>买衣服</td>
```

```
        <td>300</td>
        <td>500</td>
        <td>200</td>
    </tr>
    <tr>
        <td>看电影</td>
        <td>85</td>
        <td>100</td>
        <td>120</td>
    </tr>
    <tr>
        <td>买书</td>
        <td>120</td>
        <td>67</td>
        <td>90</td>
    </tr>
</table>
</body>
</html>
```

在IE 11.0中预览效果，如图7-5所示，可以看到表格带有边框显示，其边框宽度为1px，直线显示并且边框进行合并；表格标题"财务统计表"也带有边框显示，字体大小为150px，字形是幼圆并加粗显示；表格中每个单元格都以1px、直线的方式显示边框并将显示对象右对齐。

对于上面的例子，我们会发现没有使用HMTL标记中的border设置边框，而是使用CSS的属性border来设置table边框，这样做可以在不同浏览器上显示相同的样式。

图7-5　表格样式修饰

7.3.2　表格边框宽度

虽然使用HTML标记的描述border也能提高表格的宽度，但还是推荐使用CSS属性设置边框宽度，如使用border-width对边框宽度进行设置。如果需要单独设置某一个边框宽度，可以使用border-width的衍生属性设置，例如border-top-width和border-left-width等。

【例7.6】（实例文件：ch07\7.6.html）

```
<!DOCTYPE html>
<html>
<head>
<title>表格边框宽度</title>
<style>
table{text-align:center;              /*设置居中显示*/
width:500px;                          /*设置表格的宽度*/
```

128

```
border-width:6px;                    /*设置边框的宽度*/
border-style:double;                 /*设置边框的样式为双线*/
color:blue;                          /*设置文本的颜色*/
}
td{border-width:3px;                 /*设置边框的宽度*/
border-style:dashed;                 /*设置边框的样式为虚线*/
}
</style>
</head>
<body>
<table border=1 cellspacing="3" cellpadding="0">
  <tr>
  <td>姓名</td>
  <td class=tds>性别</td>
  <td>年龄</td>
  </tr>
  <tr>
  <td>张三</td>
  <td>男</td>
  <td>31</td>
  </tr>
  <tr>
  <td>李四 </td>
  <td>男</td>
  <td>18</td>
  </tr>
</table>
</body>
</html>
```

在IE 11.0中预览效果，如图7-6所示，可以看到表格带有边框，宽度为6px，双线表示，表格中的字体颜色为蓝色。单元格边框宽度为3px，显示样式是破折线式。

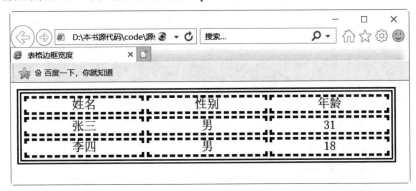

图7-6　设置表格宽度

7.3.3　表格边框颜色

表格颜色设置非常简单，通常使用CSS属性color设置表格中的文本颜色，使用background-color设置表格的背景色。如果为了突出表格中的某一个单元格，还可以使用background-color设置某一个单元格颜色。

【例7.7】（实例文件：ch07\7.7.html）

```html
<!DOCTYPE html>
<html>
<head>
<title>表格边框色和背景色</title>
<style>
*{
    padding:0px;                        /*设置内边距的大小*/
    margin:0px;                         /*设置外边距的大小*/
}
body{
    font-family:"宋体";                 /*设置文本字体样式*/
    font-size:12px;                     /*设置字体大小*/
}
table{
    background-color:yellow;            /*设置背景颜色为黄色*/
    text-align:center;                  /*设置居中显示*/
    width:500px;                        /*设置表格宽度*/
    border:1px solid green;             /*设置表格边框的粗细和颜色*/
}
td{
    border:1px solid green;             /*设置单元格边框的粗细和颜色*/
    height:30px;                        /*设置单元格的高度*/
    line-height:30px;                   /*设置行高的大小*/
}
.tds{
    background-color:#FFE1FF;           /*设置单元格的背景颜色*/
}
</style>
</head>
<body>
<table  cellspacing="3" cellpadding="0">
  <tr>
  <td>姓名</td>
  <td class=tds>性别</td>
  <td>年龄</td>
  </tr>
```

```
        <tr>
        <td>刘天翼</td>
        <td>男</td>
        <td>32</td>
        </tr>
        <tr>
        <td>刘天佑</td>
        <td>女</td>
        <td>28</td>
        </tr>
    </table>
    </body>
    </html>
```

在IE 11.0中预览效果，如图7-7所示，可以看到表格带有边框，边框样式显示为绿色，表格背景色为黄色，其中一个单元格背景色为浅紫色。

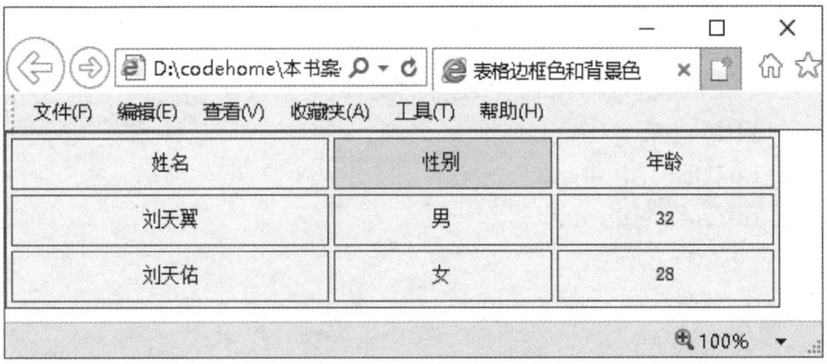

图7-7　设置边框背景色

7.4　CSS与表单

表单可以用来向Web服务器发送数据，特别是经常被用在主页页面——用户输入信息，然后发送到服务器中。实际用在HTML中的标记有<form>、<input>、<textarea>、<select>和<option>。本节将使用CSS相关属性对表单进行美化。

7.4.1　美化表单中的元素

表单中的元素非常多而且杂乱，例如input输入框、按钮、下拉菜单、单选按钮和复选框等。当使用form表单将这些元素排列组合在一起的时候，其单纯的表单效果非常简陋，这时设计者可以通过CSS相关样式控制表单元素输入框、文本框等元素的外观。

在网页中，表单元素的背景色默认都是白色的，这样的背景色不能美化网页，所以可以使用颜色属性定义表单元素的背景色。定义表单元素背景色可以使用background-color属性定义，这样可以使表单元素不那么单调。使用示例如下：

```
input{
    background-color:#ADD8E6;
}
```

上面的代码设置了input表单元素的背景色，都是统一的颜色。

【例7.8】（实例文件：ch07\7.8.tml）

```
<!DOCTYPE html>
<html>
<head>
<style>
input{                              /* 所有input标记 */
    color:#cad9ea;
}
input.txt{                          /* 文本框单独设置 */
    border:1px inset #cad9ea;
    background-color:#ADD8E6;
}
input.btn{                          /* 按钮单独设置 */
    color:#00008B;
    background-color:#ADD8E6;
    border:1px outset #cad9ea;
    padding:1px 2px 1px 2px;
}
select{
    width:80px;
    color:#00008B;
    background-color:#ADD8E6;
    border:1px solid #cad9ea;
}
textarea{
    width:200px;
    height:40px;
    color:#00008B;
    background-color:#ADD8E6;
    border:1px inset #cad9ea;
}
</style>
</head>
<body>
<h3>聊天室注册页面</h3>
<table border="1" width="45%">
<form method="post">
```

```
    <tr><td width="30%">昵称:</td><td><input  class=txt>1—20个字符<div
id="qq"></div></td></tr>
    <tr><td>密码:</td><td><input type="password" >长度为6~16位</td></tr>
    <tr><td>确认密码:</td><td><input type="password" ></td></tr>
    <tr><td>真实姓名:</td><td><input name="username1"></td></tr>
    <tr><td>性别:</td><td><select><option>男</option><option>女
</option></select></td></tr>
    <tr><td>E-mail地址:</td><td><input value="sohu@sohu.com"></td></tr>
    <tr><td>备注:</td><td><textarea cols=35 rows=10></textarea></td></tr>
    <tr><td><input type="button" value="提交" class=btn /></td><td><input
type="reset" value="重填"/></td></tr>
    </form>
    </table>
    </body>
    </html>
```

在IE 11.0中预览效果，如图7-8所示，可以看到表单中的【昵称】输入框、【性别】下拉框和【备注】文本框中都显示了指定的背景颜色。

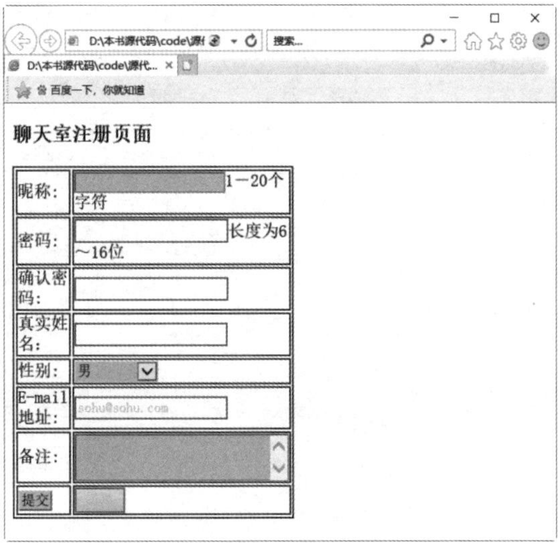

图7-8　美化表单元素

在上面的代码中，首先使用input标记选择符定义了input表单元素的字体输入颜色，下面分别定义了两个类txt和btn，txt用来修饰输入框样式，btn用来修饰按钮样式。最后分别定义了select和textarea的样式，其样式定义主要涉及边框和背景色。

7.4.2　美化提交按钮

在网页设计中，还可以使用CSS属性来定义表单元素的边框样式，从而改变表单元素的显示效果。例如，可以将一个输入框的上、左和右边框去掉，形成一个和签名效果一样的输入框，例如将按钮的4个边框去掉，只剩下文字超级链接一样的按钮。

对表单元素边框定义可以采用border-style、border-width和border-color及其衍生属性。如果要对表单元素背景色进行设置，可以使用background-color设置，其中将值设置为transparent（透明色）是最常见的一种方式，示例如下：

```
background-color:transparent;   /* 背景色透明 */
```

【例7.9】（实例文件：ch07\7.9.html）

```html
<!DOCTYPE html>
<html>
<head>
<title>表单元素边框设置</title>
<style>
form{
    margin:0px;
padding:0px;
font-size:14px;
}
input{
  font-size:14px;
  font-family:"幼圆";
}
.t{
    border-bottom:1px solid #005aa7;           /* 下画线效果 */
    color:#005aa7;
    border-top:0px; border-left:0px;
    border-right:0px;
    background-color:transparent;              /* 背景色透明 */
}
.n{
    background-color:transparent;              /* 背景色透明 */
    border:0px;                                /* 边框取消 */
}
</style>
</head>
<body>
<center>
<h1>签名页</h1>
<form method="post">
值班主任: <input id="name" class="t">
<input type="submit" value="提交上一级签名>>" class="n">
</form>
</center>
</body>
</html>
```

在IE 11.0中预览效果，如图7-9所示，可以看到输入框只剩下一个下边框显示，其他边框被去掉了，提交按钮也只剩下了显示文字，常见的矩形边框被去掉了。

图7-9　表单元素边框设置

在上面的代码中，样式表中定义了两个类标识符t和n。类标识符t用来设置输入框的显示样式，此处设置输入框的左、上、下3个方面的边框宽度为0，并设置输入框输入字体的颜色为浅蓝色，下边框宽度为1px，直线样式显示，颜色为浅蓝色。类标识符n设置背景色为透明色，边框宽度为0，这样就去掉了按钮常见的矩形边框样式。

7.4.3　美化下拉菜单

在网页设计中，有时为了突出效果会对文字进行加粗、更换颜色等操作，这样用户就会注意到这些重要文字。同样，也可以对表单元素中的文字进行这样的修饰，下拉菜单是表单元素中常用的元素之一，其样式设置也非常重要。

CSS属性不仅可以控制下拉菜单的整体字体和边框，还可以对下拉菜单中的每一个选项设置背景色和字体颜色。对于字体设置可以使用font相关属性设置，例如font-size、font-weight等；对于颜色设置可以采用color和background-color属性设置。

【例7.10】（实例文件：ch07\7.10.html）

```
<!DOCTYPE html>
<html>
<head>
<title>美化下拉菜单</title>
<style>
.blue{
    background-color:#7598FB;
    color: #000000;
    font-size:15px;
    font-weight:bolder;
    font-family:"幼圆";
}
.red{
```

```
            background-color:#E20A0A;
            color: #ffffff;
            font-size:15px;
            font-weight:bolder;
            font-family:"幼圆";
        }
        .yellow{
            background-color:#FFFF6F;
            color: #000000;
            font-size:15px;
            font-weight:bolder;
            font-family:"幼圆";
        }
        .orange{
            background-color:orange;
            color:#000000;
            font-size:15px;
            font-weight:bolder;
            font-family:"幼圆";
        }
    </style>
    </head>
    <body>
    <form method="post">
        <p><label for="color">选择暴雨预警信号级别:</label>
        <select name="color" id="color">
            <option value="">请选择</option>
            <option value="blue" class="blue">暴雨蓝色预警信号</option>
            <option value="yellow" class="yellow">暴雨黄色预警信号</option>
            <option value="orange" class="orange">暴雨橙色预警信号</option>
                <option value="red" class="red">暴雨红色预警信号</option>
        </select></p>
        <p><input type="submit" value="提交"></p>
    </form>
    </body>
    </html>
```

在IE 11.0中预览效果，如图7-10所示，可以看到下拉菜单中每个菜单项显示不同的背景色。这种方式显示选项会提高人的注意力，减少犯错的机会。

在上面的代码中，设置了4个类标识符，用来对应不同的菜单选项。其中每个类中都设置了选项的背景色、字体颜色、字体大小和字形。

图7-10 设置下拉菜单样式

7.5 CSS美化网页中的图片

一个网页如果都是文字，时间长了会给浏览者枯燥的感觉，而一幅恰如其分的图片会给网页带来许多生趣。图片是直观、形象的，一幅好的图片会带给网页很高的点击率。在CSS中，定义了很多属性用来美化和设置图片。

7.5.1 图片边框

在CSS中，使用border-style属性定义边框样式，即边框风格。例如可以设置边框风格为点线式边框（dotted）、破折线式边框（dashed）、直线式边框（solid）、双线式边框（double）等。另外，如果需要单独定义边框一边的样式，可以使用border-top-style设定上边框样式、border-right-style设定右边框样式、border-bottom-style设定下边框样式和border-left-style设定左边框样式。

【例7.11】（实例文件：ch07\7.11.html）

```
<!DOCTYPE html>
<html>
<head>
<title>图片边框</title>
</head>
<body>
<img src="yueji.jpg" border="3"
style="border-top-style:dotted;border-right-style:insert;border-bottom-
style:dashed;border-left-style:groove">
</body>
</html>
```

在IE 11.0中预览效果，如图7-11所示，可以看到网页显示了一幅图片，图片的上边框、下边框、左边框和右边框分别以不同样式显示。

图7-11　4种样式边框显示

一个凌乱的图文网页是每一个浏览者都不喜欢看的，而一个图文并茂、排版格式整洁简约的网页更容易让网页浏览者接受，可见图片的对齐方式是非常重要的。接下来将介绍使用CSS属性定义图文对齐方式。

7.5.2　横向对齐方式

所谓图片横向对齐，就是在水平方向上进行对齐，其对齐样式和文字对齐比较相似，都有3种对齐方式，分别为左对齐、居中对齐和右对齐。

如果要定义图片对齐方式，不能在样式表中直接定义图片样式，需要在图片的上一个标记级别（父标记）定义对齐方式，让图片继承父标记的对齐方式。之所以这样定义父标记对齐方式，是因为img（图片）本身没有对齐属性，需要使用CSS继承父标记的text-align来定义对齐方式。

【例7.12】（实例文件：ch07\7.12.html）

```
<!DOCTYPE html>
<html>
<head>
<title>图片横向对齐</title>
</head>
<body>
<p style="text-align:left"><img src="mudan.jpg" style="max-width:140px;">
图片左对齐</p>
    <p style="text-align:center"><img src="mudan.jpg" style="max-width:140px;">
图片居中对齐</p>
    <p style="text-align:right"><img src="mudan.jpg" style="max-width:140px;">
图片右对齐</p>
    </body>
    </html>
```

在IE 11.0中预览效果，如图7-12所示，可以看到网页上显示了3张图片，大小一样，但对齐方式分别是左对齐、居中对齐和右对齐。

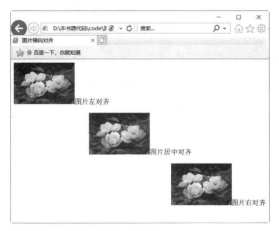

图7-12　图片横向对齐

7.5.3　纵向对齐方式

纵向对齐就是垂直对齐，即在垂直方向上和文字进行搭配使用。通过对图片垂直方向的设置可以设定图片和文字的高度一致。在CSS中，对于图片的纵向设置通常使用vertical-align属性来定义。

vertical-align 属性设置元素的垂直对齐方式，即定义行内元素的基线相对于该元素所在行的基线垂直对齐。允许指定负的长度值和百分比值，这会使元素降低，而不是升高。在表单表格中，这个属性会设置单元格框中内容的对齐方式，其语法格式为：

```
vertical-align:baseline|sub|super|top|text-top|middle|bottom|text-bottom|
length
```

上面参数的含义如表7-7所示。

表7-7　纵向对齐参数的含义

参数名称	说　　明
baseline	支持valign特性的对象内容与基线对齐
sub	垂直对齐文本的下标
super	垂直对齐文本的上标
top	将支持valign特性的对象的内容与对象顶端对齐
text-top	将支持valign特性的对象的文本与对象顶端对齐
middle	将支持valign特性的对象的内容与对象中部对齐
bottom	将支持valign特性的对象的文本与对象底端对齐
text-bottom	将支持valign特性的对象的文本与对象底端对齐
length	由浮点数字和单位标识符组成的长度值或者百分数，可为负数，定义由基线算起的偏移量。基线对于数值来说为0，对于百分数来说就是0

【例7.13】（实例文件：ch07\7.13.html）

```
<!DOCTYPE html>
<html>
<head>
<title>图片纵向对齐</title>
<style>
img{
max-width:100px;
}
</style>
</head>
<body>
<p>纵向对齐方式:baseline<img src=mudan.jpg
style="vertical-align:baseline"></p>
<p>纵向对齐方式:bottom<img src=mudan.jpg style="vertical-align:bottom"></p>
<p>纵向对齐方式:middle<img src=mudan.jpg style="vertical-align:middle"></p>
<p>纵向对齐方式:sub<img src=mudan.jpg style="vertical-align:sub"></p>
<p>纵向对齐方式:super<img src=mudan.jpg style="vertical-align:super"></p>
<p>纵向对齐方式:数值定义<img src=mudan.jpg style="vertical-align:20px"></p>
</body>
</html>
```

在IE 11.0中预览效果，如图7-13所示，可以看到网页显示了6张图片，垂直方向上分别是 baseline、bottom、middle、sub、super和数值对齐。

图7-13 图片纵向对齐

7.6 CSS美化网页背景

背景是网页设计中的重要因素之一，一个背景优美的网页总能吸引不少访问者。例如，喜庆类网站都是火红背景为主题，CSS的强大表现功能在背景方面同样发挥得淋漓尽致。

7.6.1 背景颜色

background-color属性用于设定网页背景色，同设置前景色的color属性一样，background-color属性接受任何有效的颜色值，而对于没有设定背景色的标记，默认背景色为透明（Transparent）。

其语法格式为：

```
{background-color:transparent|color}
```

关键字transparent是一个默认值，表示透明。背景颜色color设定方法可以采用英文单词、十六进制、RGB、HSL、HSLA和GRBA。

background-color不仅可以设置整个网页的背景颜色，还可以设置指定HTML元素的背景色，例如设置h1标题的背景色、设置段落p的背景色等。

【例7.14】（实例文件：ch07\7.14.html）

```
<!DOCTYPE html>
<html>
<head>
<title>背景色设置</title>
<style>
h1 {
    background-color:red;          /*设置标题的背景颜色为红色*/
    color:black;                   /*设置标题的颜色为黑色*/
    text-align:center;             /*设置标题的居中显示*/
}
p{
    background-color:gray;         /*设置正文的背景颜色为灰色*/
    color:blue;                    /*设置正文的颜色为蓝色*/
    text-indent:2em;               /*设置文本缩进*/
}
</style>
</head>
<body>
<h1>颜色设置</h1>
<p>background-color属性设置背景色，color属性设置字体颜色，即前景色。</p>
</body>
</html>
```

在IE 11.0中预览效果，如图7-14所示，可以看到网页中标题区域的背景色为红色，段落区域的背景色为灰色，并且分别为字体设置了不同的前景色。

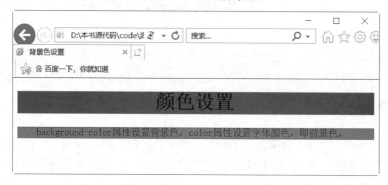

图7-14　设置HTML元素的背景色

7.6.2　背景图片

网页中不但可以使用背景色来填充网页背景，而且可以使用背景图片来填充网页。通过CSS属性可以对背景图片进行精确定位。background-image属性用于设定标记的背景图片，通常在标记<body>中应用，将图片用于整个主体中。

background-image语法格式如下：

```
background-image:none|url(url)
```

其默认属性为无背景图，当需要使用背景图时，可以用url进行导入，url可以使用绝对路径，也可以使用相对路径。

在进行网页设计时，通常都是一个网页使用一幅背景图片，如果图片大小小于背景图片，就会直接重复平铺整个网页，但这种方式不适用于大多数页面。在CSS中，可以通过background-repeat属性设置图片的重复方式，包括水平重复、垂直重复和不重复等。

background-repeat属性用于设定背景图片是否重复平铺。各属性值说明如表7-8所示。

表7-8　background-repeat属性

属　性　值	描　　述
repeat	背景图片水平和垂直方向都重复平铺
repeat-x	背景图片水平方向重复平铺
repeat-y	背景图片垂直方向重复平铺
no-repeat	背景图片不重复平铺

background-repeat属性重复背景图片是从元素的左上角开始平铺的，直到水平、垂直或全部页面都被背景图片覆盖。

【例7.15】（实例文件：ch07\7.15.html）

```
<!DOCTYPE html>
<html>
```

```
<head>
<title>背景图片重复</title>
<style>
body{
    background-image:url(xiyang.jpg); /*设置背景图片*/
    background-repeat:no-repeat;      /*设置背景图片不重复平铺*/
}
</style>
</head>
<body>
<p style="font-size:20pt">夕阳无限好</p>
</body>
</html>
```

在IE 11.0中预览效果，如图7-15所示，可以看到网页中显示背景图，但图片以默认大小显示，而没有对整个网页背景进行填充。这是因为代码中设置了背景图不重复平铺。

同样可以在上面的代码中设置background-repeat的属性值为其他值，例如可以设置值为repeat-x，表示图片在水平方向平铺。此时，在IE 11.0中的效果如图7-16所示。

图7-15　背景图不重复　　　　　　　　　　　图7-16　水平方向平铺

在网页设计中，如果能改善背景图片的定位方式，使设计师能够更灵活地决定背景图片应该显示的位置，会大大减少设计成本。在CSS中，新增了一个background-origin属性，用来完成背景图片的定位。

默认情况下，background-position属性总是以元素左上角原点作为背景图像定位，而background-origin属性可以改变这种定位方式。

background-origin：border|padding|content

其参数含义如表7-9所示。

表7-9　background-origin参数值表

参 数 值	说 明
border	从border区域开始显示背景
padding	从padding区域开始显示背景
content	从content区域开始显示背景

【例7.16】（实例文件：ch07\7.16.html）

```
<!DOCTYPE html>
<html>
<head>
<title>背景坐标原点</title>
<style>
div{
    text-align:center;                      /*设置居中显示*/
    height:500px;                           /*设置div块的高度*/
    width:416px;                            /*设置div块的宽度*/
    border:solid 1px red;                   /*设置div块的边框样式*/
    padding:32px 2em 0;                     /*设置内边距的大小*/
    background-image:url(15.jpg);           /*设置背景图片*/
    background-origin:padding;              /*设置从padding区域开始显示背景*/
}
div h1{
    font-size:18px;
    font-family:"幼圆";
}
div p{
    text-indent:2em;
    line-height:2em;
    font-family:"楷体";
}
</style>
</head>
<body>
<div>
<h1>美科学家发明时光斗篷 在时间中隐瞒事件</h1>
<p>本报讯据美国《技术评论》杂志网站7月15日报道，日前，康奈尔大学的莫蒂·弗里德曼和其同事
在前人研究的基础上，设计并制造出了一种能在时间中隐瞒事件的时光斗篷。相关论文发表在国际著名学术
网站arXiv.org上。</p>
<p>近年来有关隐身斗篷的研究不断取得突破，其原理是通过特殊的材料使途经的光线发生扭曲，从
而让斗篷下的物体"隐于无形"。第一个隐身斗篷只在微波中才有效果，但短短几年，物理学家已经发明出
了能用于可见光的隐身斗篷，能够隐藏声音的"隐声斗篷"和能让一个物体看起来像其他物体的"错觉斗篷"。
</p>
```

```
</div>
</body>
</html>
```

在IE 11.0中预览效果，如图7-17所示，可以看到背景图片以指定大小于网页左侧显示，在背景图片上显示了相应的段落信息。

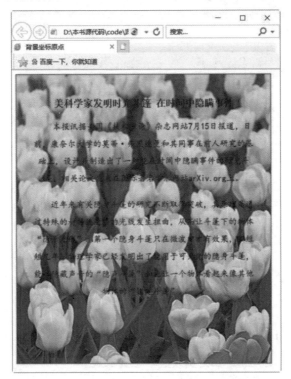

图7-17　设置背景显示区域

7.7　综合实例——制作旅游宣传网页

前面主要介绍了关于文字和段落方面的CSS属性设置，本节将利用前面的知识创建一个旅游宣传网页，充分利用CSS对图片和文字的修饰方法实现页面效果。具体操作步骤如下：

01 分析需求。

本综合实例要求在网页的最上方显示出标题，标题下方是正文，其中正文部分是图片和文字段落部分。上述要求使用CSS样式属性实现，其实例效果图如图7-18所示。

02 编写index.html文件。

该页面中每个景点的介绍都包括景点图片、景点图片说明及景点介绍，用HTML 5的article表示一个景点，figure表示景点图片和说明，景点介绍使用段落p，index.html文件结构如下：

图7-18　旅游宣传网页

```
<!DOCTYPE html>
<head>
<meta charset="utf-8" />
<title>河南焦作景点介绍</title>
<link  type="text/css" rel="stylesheet" href="css.css" />
</head>
<body>
<section>
  <h5>景点介绍</h5>
    <article>
     <figure>
        <img src="images/焦作青龙峡3.jpg" width="220" height="140" />
          <figcaption>
             云台山
          </figcaption>
     </figure>
        <p>云台山游览历史悠久，人文景观丰富。据考，云台山早在东汉时期就有帝王及其皇室到
此采风、避暑；魏晋时不少名士来此避难、隐居；唐宋时受佛教青睐，多处建寺建塔。尤其是唐宋以后，云
台山成了文人墨客游山玩水、谈诗论道的主要去处之一。唐代诗人王维曾在此留下了"独在异乡为异客，每
逢佳节倍思亲。遥知兄弟登高处，遍插茱萸少一人"的千古绝唱。目前，保留或正在修复的遗迹及其他人文
景观有东汉黄帝刘协墓 -- 汉献帝陵、"竹林七贤"隐居处 -- 百家岩 稠禅师在此建寺、孙 思邈炼药处 --
药王洞、王维做诗处 -- 元贞观，以及 万善寺、影寺等。云台山风景游览区于 20 世纪 80 年代初开始经
营开发并对外接待游客。 1994 年1月10日被国务院列为国家重点风景名胜区。一年四季游客不断，日接
待游客最高达 3.9 万人。经过近二十年的开发和修复 ，游览区内现有老潭沟……</p>
    </article>

    <article>
```

```
<figure>
    <img src="images/焦作影视城.jpg" width="220" height="140" />
        <figcaption>
            神农山
        </figcaption>
    </figure>
```

        `<p>`神农山风景名胜区，是世界地质公园、世界自然基金组织A级优先保护区、国家AAAA级风景旅游区、国家级猕猴自然保护区、省级科普基地，它位于沁阳市城区西北23公里的太行山麓，共有八大景区136个景点，占地总面积为96平方公里。主峰紫金顶海拔1028米，矗立中天，气势雄浑；三大天门比泰山早154年。这里曾是炎帝神农辨百谷，尝百草，登坛祭天的圣地 ；也是道教创始人老子筑炉炼丹、成道仙升之所，古往今来，优美的自然风光吸引不少帝王将相、文人墨客到此游览，唐明皇李隆基、韩愈、李商隐等历代名家曾在此留下许多传世佳作。这里有雄奇险峻的紫金坛，更有天下一绝的白松岭，。15600余株白鹤松姿态万千、风情万种、婀娜多姿地生长于悬崖绝岭之巅，居世界五大美人松之首。 神农山一年四季景色不同，春赏桃花烂漫、夏看流泉飞瀑、秋观满山红叶、冬览冰霜玉龙，游走其间，移步换景，恍若人间仙境，令人魄悸魂动，陡然升华……`</p>`
        `</article>`

```
<article>
  <figure>
      <img src="images/焦作青龙峡.jpg" width="220" height="140" />
        <figcaption>
            群英湖
        </figcaption>
    </figure>
```

        `<p>`群英湖风景名胜区地处太行山前沿，面积约25平方公里，跨越焦作市区、修武县、博爱县与山西省晋城市地界。 群英湖风景区内景点集中，分布均匀。河流、湖泊深秀，高山、峡谷险峻，悬崖、溶洞遍布，奇峰、怪石林立。有寺庙、古树，有台地、草坪，有丛林、花卉及多种野生动植物；还有众多古迹和神话传说，更有世界最高的砌石拱坝这一雄伟的景观，真可谓'群英荟萃'。景区内各类风景自然交织，环境幽静，山清水秀，确是一处难得的旅游胜地。 大坝风光 群英湖坝高 100.5米，是我国最高的砌石坝。大坝耸立于高山峡谷之中，气势雄伟挺拔，造型美观，曾先后以图片的形式在国际大坝会议和广交会上介绍展出。我国正式出版的《中国大坝》、《中国拱坝》图集，以及有关坝工建设的文献资料，都 将群英湖大坝作为典型予以刊登。群英湖大坝确实为我国坝工建设上的一枚奇葩。 三潭映月 三潭映月景观集线瀑、帘瀑、绿潭于一体，呈'7'字形梯状分布，.天高云淡，四面环山，丛林茂密，溪流不断，是人们假日休闲的好去处……`</p>`
        `</article>`

```
<article>
  <figure>
      <img src="images/焦作沁阳神农坛风景图4.jpg" width="220" height="140" />
        <figcaption>
            青龙峡
        </figcaption>
    </figure>
```

<p>焦作青龙峡位于河南省焦作市修武县，是河南云台山世界地质公园主要游览区之一，也是目前全省惟一的峡谷型省级风景名胜区，被誉为"中原第一峡"。 焦作青龙峡气候独特、山清水秀、环境优美，是一处天然"氧吧"，是原始生态旅游的绝佳去处。青龙峡是集峰、崖、岭、巅、台、沟、涧、川、瀑、洞等地貌于一体的自然山水型景区。2000年被确定为河南省风景名胜区，总面积108平方公里，由青龙峡、净影峡、影寺盆地、双庙、猕猴谷、马头山和大山脑七大游览区组成，主要景点100多处。 主峰青龙峰海拔高达1323米，站在岭巅，大有"举目四观天下小"之感慨；波澜壮阔的望龙瀑' 神奇独特的倒流泉、妙不可言的七彩潭、堪称一绝的"石上春秋"、独具特色的溶洞景观、再加上天然原始的植物群落、构成了一幅幅极富创意的山水画卷……</p>

```
      </article>
      <br />
      <br />
      <br />
  </section>
  </body>
  </html>
```

03 编写css.css文件。

设置网页中默认文字大小为**13px**，代码如下：

```
*{font-size:13px;}
```

设置网页的背景颜色为浅绿色，代码如下：

```
/*页面背景颜色*/
body{ background-color:"#ddfcca";}
```

设置section区块的属性，代码如下：

```
section{
  width:760px;
  margin:0px auto;    /*实现区块水平居中*/
  padding:0px 20px;
  border: 1px #50ad44 solid;
  }
```

为景点介绍标题设置边距、高度及边框颜色，代码如下：

```
h5{
  margin: 10px 20px;              /*设置外边距的大小*/
  height:23px;                    /*设置标题的高度*/
  border-bottom:3px #50ad44 solid; /*设置下边框的样式*/
  text-indent:2em;                /*设置文本缩进*/
}
```

为景点照片和说明的父对象**figure**设置相关属性，代码如下：

```
figure{
  padding-right:22px;                   /*设置右内边距的大小*/
```

```
    display:block;                   /*使段落生出行内框*/
    float:left;                      /*设置元素向左浮动*/
    width:220px;                     /*设置元素的高度*/
}
```

为article设置相关属性，代码如下：

```
article{
    border-bottom:1px solid #50ad44;    /*设置底部边框样式*/
    line-height:20px;                   /*设置行高的大小*/
    margin-bottom:10px;                 /*设置元素的下外边距*/
}
```

为景点介绍段落p设置相关属性，代码如下：

```
p{
    margin:10px 13px;                /*设置外边距的大小*/
    text-indent:2em;                 /*设置文本缩进*/
}
```

为景点图片说明figcaption设置相关属性，代码如下：

```
figcaption{
    text-align:center;               /*设置段落居中显示*/
    color:#003300;                   /*设置段落的颜色*/
    text-decoration:underline;       /*设置段落下画线效果*/
}
```

为景点图片img设置相关属性，代码如下：

```
img{margin-left:10px;}               /*设置外边距的大小*/
}
```

7.8　新手疑惑解答

问题1：网页的背景图片为什么不显示？
在一般情况下，设置图片路径的代码如下：

```
background-image:url(logo.jpg);
background-image:url(../logo.jpg);
background-image:url(../images/logo.jpg);
```

对于第一种情况"url(logo.jpg)"，要看此图片是不是与CSS文件在同一目录。

对于第二种与第三种情况，极力不推荐使用，因为网页文件可能存在于多级目录中，不同级目录的文件位置注定了相对路径是不一样的。而这样就让问题复杂化了，很可能图片在这个文件中显示正常，换了一级目标，图片就找不到了。

有一种方法可以轻松解决这一问题，建立一个公共文件目录，用来存放一些公用图片文件，例如"image"，将图片文件直接存于该目录中。在CSS文件中，代码如下：

```
url(images/logo.jpg)
```

问题2：网页进行图文排版时，哪些是必须做的？

在进行图文排版时，通常有如下5个方面需要网页设计者考虑：

（1）首行缩进：段落的开头应该空两格。HTML中的空格键起不了作用，当然可以用"nbsp;"来代替一个空格，但这不是理想的方式。应该用CSS中的首行缩进，且大小为2em。

（2）图文混排：在CSS中，可以用float来让文字在没有清理浮动的时候显示在图片以外的空白处。

（3）设置背景色：设置网页背景以增加效果。此内容会在后面介绍。

（4）文字居中：可以CSS的text-align设置文字居中。

（5）显示边框：通过border为图片添加一个边框。

第 **8** 章

网页的定位与布局

网页设计中，能否很好地定位网页中的每个元素是网页整体布局的关键。一个布局混乱、元素定位不准的页面是每个浏览者都不喜欢的。把每个元素都精确定位到合理位置才是构建美观大方页面的前提。本章将详细讲解网页的定为与布局。

8.1 定 位 方 式

在CSS中，定位可以将一个元素精确地放在页面上用户所指定的位置，而布局是将整个页面的元素内容整洁且完美地摆放。定位的实现是布局成功的前提。如果掌握了网页的定位原理，就能够创建多种高级而精确的布局，并会让网页内容更加完美地呈现出来。

8.1.1 定位属性

在网页设计中，定位（Positioning）思想很简单，就是用户精确地定义HTML元素框在页面中的位置，可以是页面的绝对位置，也可以是其上级元素、另一个元素或浏览器窗口的绝对位置。

可以将每个元素都认为包含在一个矩形框内，称为元素框。而元素内容与元素框共同形成了元素块。所谓定位，就是定位元素块的位置和大小。实现CSS 3定位需要依赖定位属性才能够完成。

表8-1列出了CSS 3中全部有关的定位属性。

表8-1 定位属性

定位属性	含　义
position	定义位置
left	指定元素横向距左部的距离
right	指定元素横向距右部的距离
top	指定元素纵向距顶部的距离
bottom	指定元素纵向距底部的距离
z-index	设置元素的层叠顺序

（续表）

定位属性	含　义
width	设置元素框的宽度
height	设置元素框的高度
overflow	内容溢出控制
clip	剪切

表中前6个属性是实际的定位属性，后面的4个有关属性用来设置元素框，或对元素框中的内容进行控制。其中，position属性是主要的定位属性，它既可以定义元素框的绝对位置，又可以定义相对位置，而left、right、top和bottom只在position属性中使用才会发挥作用。

8.1.2　position定位

网页中各种元素需要有自己合理的位置，从而搭建整个页面的结构。在CSS 3中，可以通过position这个属性对页面中元素进行定位。

语法格式如下：

```
position : static | absolute | fixed | relative
```

其参数含义如表8-2所示。

表8-2　position属性参数值

参　数　名	说　明
static	元素定位的默认值，无特殊定位，对象遵循HTML定位规则，不能通过z-index进行层次分级
relative	相对定位，对象不可重叠，可以通过left、right、bottom和top等属性在正常文档中偏移位置，可以通过z-index进行层次分级
absolute	生成绝对定位的元素，相对于static定位以外的第一个父元素进行定位。元素的位置通过left、top、right以及bottom属性进行规定
fixed	fixed生成绝对定位的元素，相对于浏览器窗口进行定位。元素的位置通过left、top、right以及bottom属性进行规定

1．绝对定位absolute

绝对定位是参照浏览器的左上角，配合top、left、bottom和right进行定位的，如果没有设置上述的4个值，就默认依据父级的坐标原点为原始点。绝对定位可以通过上、下、左、右来设置元素，使之处在网页上的任何一个位置。

在父层position属性为默认值时：上、下、左、右的坐标原点以body的坐标原点为起始位置。绝对定位的语法格式如下：

```
position:absolute
```

只要将上面的代码加入样式中，使用样式的元素就能以绝对定位的方式显示。

【例8.1】（实例文件：ch08\8.1.html）

```
<!DOCTYPE html>
<html>
<head>
<title>定位属性</title>
</head>
<body>
<div style="background-color: Black; width:200px; height:200px">
<h2 style=" position:absolute; left:80px; top:80px; width:110px;
height:50px;background-color:Red;">这是绝对定位</h2>
</div>
</body>
</html>
```

在IE 11.0中预览效果，如图8-1所示，可以看到红色元素框依据浏览器左上角为原点，坐标位置为 (80px, 80px)，宽度为110像素，高度为50像素。

图8-1 绝对定位

 使用绝对定位会产生一个问题。目前，大多数的网页都是居中显示的，而且元素与元素之间的布局是紧密排列的。而绝对定位的开始位置是浏览器左上角的0点，当设定各元素块边偏移属性时，由于客户端屏幕分辨率的不同，各元素块的显示可能会有偏差。这是由于页面的显示是随着分辨率的大小而自动适应的，而各元素块在参照绝对定位的位置显示，那么在浏览器的视野范围内，原始页面可以超出或缩小地显示。

优秀的页面设计能够适用各种屏幕的分辨率，并且能够保证正常的网页显示。要解决这个屏幕显示问题，在定位时最好使用相对定位。

2. 相对定位relative

如果对一个元素进行相对定位，首先它将出现在所在的位置上。然后通过设置垂直或水平位置让这个元素"相对于"它的原始起点进行移动。再一点，进行相对定位时，无论是否进行移动，元素仍然占据原来的空间。因此，移动元素会导致它覆盖其他框。

　　绝对定位与相对定位的区别在于：绝对定位的坐标原点为上级元素的原点，与上级元素有关；相对定位的坐标原点为本身偏移前的原点，与上级元素无关。

　　相对定位的语法格式如下：

```
position:relative
```

【例8.2】（实例文件：ch08\8.2.html）

```
<!DOCTYPE html>
<html>
<head>
<style type="text/css">
h2.pos_left
{
position:relative;
left:-20px
}
h2.pos_right
{
position:relative;
left:20px
}
</style>
</head>
<body>
<h2>这是位于正常位置的标题</h2>
<h2 class="pos_left">这个标题相对于其正常位置向左移动</h2>
<h2 class="pos_right">这个标题相对于其正常位置向右移动</h2>
<p>相对定位会按照元素的原始位置对该元素进行移动。</p>
<p>样式 "left:-20px" 从元素的原始左侧位置减去 20 像素。</p>
<p>样式 "left:20px" 向元素的原始左侧位置增加 20 像素。</p>
</body>
</html>
```

　　在IE 11.0中预览效果，如图8-2所示，可以看到页面显示了3个标题，最上面的标题正常显示，下面两个标题分别以正常标题为原点，向左或向右分别移动了20像素。

3．固定定位fixed

　　固定定位和绝对定位比较相似，它是绝对定位的一种特殊形式，固定定位的容器不会随着滚动条的拖动而变化位置。在视线中，固定定位的容器位置是不会改变的。固定定位可以把一些特殊效果固定在浏览器的视线位置。

　　固定定位的参照位置不是上级元素块，而是浏览器窗口。所以可以使用固定定位来设定类似于传统框架样式的布局，以及广告框架或导航框架等。使用固定定位的元素可以脱离页面，无论页面如何滚动，始终处在页面的同一位置上。

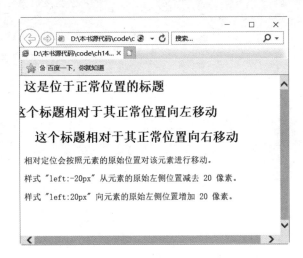

图8-2　相对定位

固定定位语法格式如下：

position:fixed

【例8.3】（实例文件：ch08\8.3.html）

```
<!DOCTYPE html>
<html>
<head>
<title>CSS固定定位</title>
<style type="text/css">...
*{
padding:0;
margin:0;
}
#fixedLayer {
width:100px;
line-height:50px;
background: #FC6;
border:1px solid #F90;
position:fixed;
left:10px;
top:10px;
}
</style>
</head>
<body>
<div id="fixedLayer">固定不动</div>
<p>我动了</p>
<p>我动了</p>
```

```
<p>我动了</p>
<p>我动了</p>
<p>我动了</p>
<p>我动了</p>
<p>我动了</p>
<p>我动了</p>
<p>我动了</p>
<p>我动了</p>
<p>我动了</p>
<p>我动了</p>
</body>
</html>
```

在IE 11.0中预览效果，如图8-3所示，可以看到拉到滚动条时，无论页面内容怎么变化，其黄色框"固定不动"，始终处在页面左上角顶部。

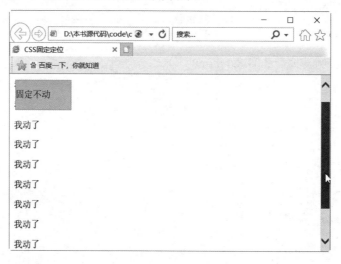

图8-3　固定定位

8.1.3　层叠顺序z-index

对HTML元素进行定位时，可以从其高度、宽度和深度3个方面入手，高度使用height，宽度使用width，深度使用z-index。z-index用来设置元素层叠的次序，其方法是每个元素指定一个数字，数字较大的元素将叠加在数字较小的元素之上。

z-index语法格式如下：

```
z-index : auto | number
```

其参数值auto表示遵循父对象的定位，number是一个无单位的整数值，可以为负值。如果两个决定定位元素的z-index属性具有相同的number值，就依据该元素在HTML文档中声明的顺序进行层叠。如果绝对定位的元素没有指定z-index属性，那么此属性的number值为正数的元素会叠加在该元素之上，而number值为负数的对象在该元素之下。如果将参数设置为null，可以消除此属性。该属性只作用于position属性值为relative或absolute的对象，不能作用在窗口组件上。

【例8.4】（实例文件：ch08\8.4.html）

```
<!DOCTYPE html>
<html>
<head>
<title>Z-index使用</title>
<style>
#big {
    width:800px;
    height:220px;
    padding:6px;
    background-color:#999999;
    position:relative;
}
#Div1 {
    width:160px;
    height:80px;
    background-color:#FFD700;
    padding:6px;
    position:absolute;
    left:9px;
    top:9px;
    z-index:6;
}
#Div2 {
    width:120px;
    height:80px;
    background-color:thistle;
    padding:6px;
    position:absolute;
    left:280px;
    top:90px;
    z-index:4;
}
#Div3 {
    width:140px;
    height:80px;
    background-color:lightskyblue;
    padding:6px;
    position:absolute;
    left:150px;
```

```
        top:25px;
        z-index:5;
}
</style>
</head>
<body>
<div id="big">
<div id="Div1"><br />
  z-index值是6 ; </div>
<div id="Div2"><br />
  z-index值是4 ; </div>
<div id="Div3"><br />
  z-index值是 5 ; </div>
</div>
</body>
</html>
```

在IE 11.0中预览效果，如图8-4所示，可以看到网页中显示了3个层，3个层中数值大小不同，并按从大到小分别在别的层上显示。

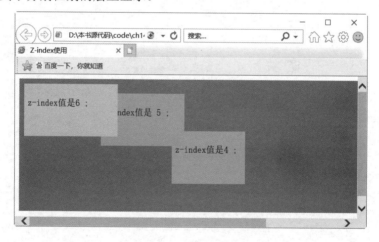

图8-4　z-index效果显示

8.1.4　边偏移属性

边偏移属性包含left、right、top和bottom属性。所谓边偏移属性，就是用来描述元素块与包含元素块最近的边线之间的偏移量的属性。其中left描述元素块最左边与包含其的边框最左边的边线的距离，如果left属性值为正，就会偏向右移；如果为负，就会使它偏向左移，甚至移出边线。其他以此类推。

left、right、top和bottom四个属性取值非常相似，这里以left为例进行介绍。left语法格式如下：

```
left : auto | length
```

上面的参数值中，auto表示系统自动取值，length表示由浮点数字和单位标识符组成的长度值或百分数。直接设定数值用来设置元素的绝对位置，一旦该位置确定，那么该元素将始终处于页面中的该位置。使用百分比设置元素位置，是相对于其上级元素的位置而设定的。如果取值为auto，就在定位中允许元素刚好显示其内容所需的宽度及高度，而不必再指明宽度及高度的值。

【例8.5】（实例文件：ch08\8.5.html）

```
<!DOCTYPE html>
<html>
<head>
<title>定位属性</title>
</head>
<body>
<div style="background-color: Black; width:200px; height:200px">
  <p style=" position:relative; left:50%; right:0; top:50%; bottom:0;
width:100px; height:100px;
    background-color:Red;">边偏移</p>
</div>
</body>
</html>
```

在IE 11.0中预览效果，如图8-5所示，可以看到黄色正方形框在指定位置显示，其下侧和右侧分别和大的矩形框对应部分重合。

图8-5　边偏移效果显示

8.2　float浮动定位

除了使用position进行定位外，还可以使用float定位。float定位只能在水平方向上定位，而不能在垂直方向上定位。float属性表示浮动属性，它用来改变元素块的显示方式。

float语法格式如下：

```
float : none | left |right
```

属性值如表8-3所示。

表8-3　float属性值

属　性　值	说　　明
none	元素不浮动
left	浮动在左面
right	浮动在右面

实际上，使用float可以实现两列布局，也就是让一个元素在左浮动，一个元素在右浮动，并控制好这两个元素的宽度。

【例8.6】（实例文件：ch08\8.6.html）

```
<!DOCTYPE html>
<html>
<head>
<title>float定位</title>
<style>
* {
    padding:0px;
    margin:0px;
}
.big {
    width:600px;
    height:100px;
    margin:0 auto 0 auto;
    border:#332533 1px solid;
}
.one {
    width:300px;
    height:20px;
    float:left;
    border:#996600 1px solid;
}
.two {
    width:290px;
    height:20px;
    float:right;
    margin-left:5px;
    display:inline;
```

```
    border:#FF3300 1px solid;
}
</style>
</head>
<body>
<div class="big">
  <DIV class="one">
  <p>非诚勿扰</p>
  </DIV>
  <DIV class="two">
  <p>中国达人秀</p>
  </DIV>
</div>
</body>
</html>
```

在IE 11.0中预览效果，如图8-6所示，可以看到显示了一个大矩形框，大矩形框中存在两个小的矩形框，并且并列显示。

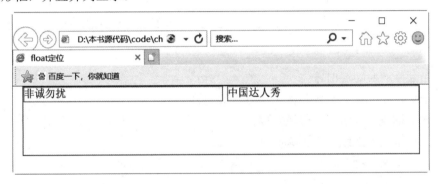

图8-6　float浮动布局

使用float属性不但可以改变元素的显示位置，同时会对相邻内容造成影响。定义了float属性的元素会覆盖在其他元素上，而被覆盖的区域将处于不可见状态。使用该属性能够实现内容环绕图片的效果。

如果不想让float下面的其他元素浮动环绕在该元素周围，可以使用CSS 3属性clear清除这些浮动元素。

clear语法格式如下：

```
clear : none | left |right | both
```

其中，none表示允许两边都可以有浮动对象，both表示不允许有浮动对象，left 表示不允许左边有浮动对象，right表示不允许右边有浮动对象。使用float以后，在必要的时候需要通过clear语句清除float带来的影响，以免出现"其他DIV跟着浮动"的效果。

8.3　overflow溢出定位

如果元素框被指定了大小，而元素的内容不适合该大小，例如元素内容较多，元素框显示不下，此时可以使用溢出属性overflow来控制这种情况。

overflow语法格式如下：

```
overflow : visible | auto | hidden | scroll
```

各属性值及其说明如表8-4所示。

表8-4　overflow属性值

属　性　值	说　　明
visible	若内容溢出，则溢出内容可见
hidden	若内容溢出，则溢出内容隐藏
scroll	保持元素框大小，在框内应用滚动条显示内容
auto	等同于scroll，它表示在需要时应用滚动条

overflow属性适用于以下情况：

（1）当元素有负边界时。

（2）框宽宽于上级元素内容区，换行不被允许。

（3）元素框宽于上级元素区域宽度。

（4）元素框高于上级元素区域高度。

（5）元素定义了绝对定位。

【例8.7】（实例文件：ch08\8.7.html）

```
<!DOCTYPE html>
<html>
<head>
<title>overflow属性</title>
<style >
div{
    position:absolute;
    color:#445633;
    height:200px;
    width: 30%;
    float:left;
    margin: 0px;
    padding: 0px;
    border-right: 2px dotted #cccccc;
```

```
    border-bottom: 2px solid #cccccc;
    padding-right: 10px;
    overflow:auto;
}
</style>
</head>
<body >
<div>
<p>综艺节目排名</p><p>1 非诚勿扰</p><p>2 康熙来</p>
<p>3  快乐大本营</p><p>4  娱乐大风暴</p><p>5天天向上</p><p>6 爱情连连看</p>
<p>7 锵锵三人行</p><p>8 我们约会吧</p>
</div>
</body>
</html>
```

在IE 11.0中预览效果，如图8-7所示，可以看到在一个元素框显示了多个元素，拉动显示的滚动条可以查看全部元素。如果overflow设置的值为hidden，就会隐藏多余的元素。

图8-7　溢出定位

8.4　visibility隐藏定位

visibility属性指定是否显示一个元素生成的元素框。这意味着元素仍占据其本来的空间，不过可以完全不可见，即设定元素的可见性。

visibility语法格式如下：

```
visibility : inherit | visible | collapse | hidden
```

其属性值如表8-5所示。

表8-5　visibility属性值

属　性　值	说　　　明
visible	元素可见
hidden	元素隐藏
collapse	主要用来隐藏表格的行或列。隐藏的行或列能够被其他内容使用。对于表格外的其他对象，其作用等同于hidden

如果元素visibility属性的属性值设定为hidden，表现为元素隐藏，即不可见。但是，元素不可见并不等同于元素不存在，它仍旧会占有部分页面位置，影响页面的布局，就如同可见一样。换句话说，元素仍然处于页面中的相应位置上，只是无法看到它而已。

【例8.8】（实例文件：ch08\8.8.html）

```html
<!DOCTYPE html>
<html>
<head>
<title>float属性</title>
<style type="text/css">
.div{
    padding:5px;
}
.pic{
    float:left;
    padding:20px;
    visibility:visible;
}
h1{
    font-weight:bold;
    text-align:center
}
</style>
</head>
<body>
<h1>插花</h1>
<div class="div">
<div class="pic">
  <img src="08.jpg"  width=150px height=100px /></div>
    <p>插花就是把花插在瓶、盘、盆等容器里，而不是栽在这些容器中。所插的花材，或枝、或花、
或叶，均不带根，只是植物体上的一部分，并且不是随便乱插的，而是根据一定的构思来选材，遵循一定的
创作法则，插成一个优美的形体（造型），借此表达一种主题，传递一种感情和情趣，使人看后赏心悦目，
获得精神上的美感和愉快。</p>
    <p>在我国插花的历史源远流长，发展至今已为人们日常生活所不可缺少。一件成功的插花作品，并
不是一定要选用名贵的花材、高价的花器。一般看来并不起眼的绿叶、一个花蕾，甚至路边的野花野草，常
```

见的水果、蔬菜,都能插出一件令人赏心悦目的优秀作品来。使观赏者在心灵上产生共鸣是创作者唯一的目的,如果不能产生共鸣,那么这件作品也就失去了观赏价值。具体地说,即插花作品在视觉上首先要立即引起一种感观和情感上的自然反应,如果未能立刻产生反应,那么摆在眼前的这些花材将无法吸引观者的目光。在插花作品中引起观赏者情感产生反应的要素有三点:一是创意(或称立意)、指的是表达什么主题,应选什么花材;二是构思(或称构图),指的是这些花材怎样巧妙配置造型,在作品中充分展现出各自的美;三是插器,指的是与创意相配合的插花器皿。三者有机配合,作品便会给人以美的享受。</p>

```
    </div>
    </body>
    </html>
```

在IE 11.0中预览效果,如图8-8所示,可以看到图片在左边显示,并被文本信息所环绕。此时visibility属性为visible,表示图片可以看见。

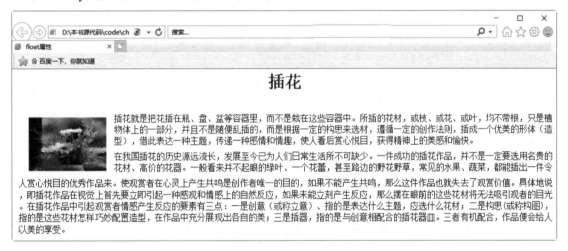

图8-8　隐藏定位显示

8.5　块和行内元素display

在网页设计中,根据需要可以把p段落设置成一个块显示,并带有边框,即类似于DIV层的效果。也可以把多个HTML元素放在同一行显示。本节将介绍这两种实现方式。

8.5.1　块元素

在CSS 3中可以通过display属性控制元素显示(见表8-6),即元素显示方式。
display语法格式如下:

```
display : block | none | inline | compact | marker | inline-table | list-item
| run-in | table |table-caption | table-cell | table-column | table-column-group
| table-footer-group | table-header-group | table-row | table-row-group
```

表8-6　display属性

属　性　值	说　　明
block	以块元素方式显示
inline	以内联元素方式显示
none	元素隐藏
list-item	以列表方式显示
compact	CSS 2分配对象为块对象或基于内容之上的内联对象
marker	CSS 2指定内容在容器对象之前或之后。要使用此参数，对象必须和:after及:before 伪元素一起使用
inline-table	CSS 2将表格显示为无前后换行的内联对象或内联容器
list-item	CSS 1将块对象指定为列表项目，并可以添加可选项目标志
run-in	CSS 2分配对象为块对象或基于内容之上的内联对象
table	CSS 2将对象作为块元素级的表格显示
table-caption	CSS 2将对象作为表格标题显示
table-cell	CSS 2将对象作为表格单元格显示
table-column	CSS 2将对象作为表格列显示
table-column-group	CSS 2将对象作为表格列组显示
table-header-group	CSS 2将对象作为表格标题组显示
table-footer-group	CSS 2将对象作为表格脚注组显示
table-row	CSS 2将对象作为表格行显示
table-row-group	CSS 2将对象作为表格行组显示

display属性的默认值为block，即元素的默认显示方式是以块元素方式显示。常用的段落p、标题h1、表单form、列表ul和列表选项li都可以定义成块元素。一个块元素，其行高、顶部和底部都是可控制的。如果不设置宽度的话，块就会默认为整个容器的100%，如果设定了值，其显示大小就由值决定。

【例8.9】（实例文件：ch08\8.9.html）

```
<!DOCTYPE html>
<html>
<head>
<title>块元素</title>
<style>
.big{
    width:800px;
    height:105px;
    background-image:url(07.jpg);
}
a{
    font-size:12px;
```

```
    display:block;
    width:100px;
    height:20px;
    line-height:20px;
    background-color:#F4FAFB;
    text-align:center;
    text-decoration:none;
    border-bottom:1px dotted #6666FF;
    color:black;
}
a:hover{
    font-size:13px;
    display:block;
    width:100px;
    height:20px;
    line-height:20px;
    text-align:center;
    text-decoration:none;
    color:green;
}
</style>
</head>
<body>
<div class="big">
<p>
<a href="#">管理应用</a><a href="#">财务管理</a><a href="#">在线管理</a>
<a href="#">客户关系管理</a><a href="#">一体化管理</a>
</p>
</div>
</body>
</html>
```

在IE 11.0中预览效果，如图8-9所示，可以看到左边显示了一个导航栏，右边显示了一个图片。其导航栏就是以块元素形式显示的。

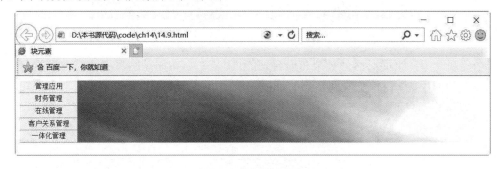

图8-9　块元素显示

8.5.2　行内元素

当display的值被设定为inline时，可以把元素设置为行内元素，并在浏览器中同一行显示。inline元素决定和其他HTML元素在同一行上，其行高、顶部和底部边距可以改变，而宽度是不可以改变的。

【例8.10】（实例文件：ch08\8.10.html）

```html
<!DOCTYPE html>
<html>
<head>
<title>行内元素</title>
<style type="text/css">
.hang {
    display:inline;        //使段落生出行内框
}
</style>
</head>
<body>
<div>
<a href="#" class="hang">这是a标签</a>
<span class="hang">这是span标签</span>
<strong class="hang">这是strong标签</strong>
<img  class="hang" src=6.jpg/>
</div>
</body>
</html>
```

在IE 11.0中预览效果，如图8-10所示，可以看到页面显示的4个HTML元素都在同一行显示，包括超级链接、文本信息和图片。

图8-10　行内显示

8.6　综合实例——定位布局新闻

一个美观大方的页面必然是一个布局合理的页面。左右布局是网页中比较常见的一种方式，即根据信息种类不同，将信息分别在当前页面左右侧显示。本实例将利用前面学习的知识创建一个左右布局的新闻页面。

具体步骤如下：

01 分析需求。

首先需要将整个页面分为左右两个模块，左模块放置一类信息，右模块放置一类信息，可以设定其宽度和高度。

02 创建HTML页面，实现基本列表。

创建HTML页面，同时用DIV在页面中划分左边DIV层和右边DIV层两个区域，并且将信息放入相应的DIV层中，注意DIV层内引用CSS样式名称。

```
<!DOCTYPE html>
<html>
<head>
<title>布局</title>
</head>
<body>
<center>
<div class="big">
  <p class=pp>女人</p>
<div class="left">
  <h1>女人</h1>
  <p> • 六大措施养出好皮肤09:59 </p>
  <p> • 六类食物能有效对抗紫外线11:15 </p>
  <p> • 打造夏美人 受OL追捧的清爽发型10:05 </p>
  <p> • 美丽帮帮忙：别让大油脸吓跑男人09:47 </p>
  <p> • 简约雪纺清凉衫 百元搭出欧美范儿14:51 </p>
  <p> • 花边连衣裙超勾人 7月穿搭出新意11:04 </p>
</div>
<div class="right">
  <h1>健康</h1>
  <p> • 女性养生：让女人老得快的10个原因19:18 </p>
  <p> • 养生盘点：喝豆浆的九大好处和七大禁忌09:14</p>
  <p> • 养生警惕：14个护肤心理"错"觉19:57</p>
  <p> • 柿子番茄骨汤 8种营养师最爱的食物15:16</p>
  <p> • 夏季养生指南："夫妻菜"宜常吃10:48 </p>
  <p> • 10条食疗养生方法，居家宅人的养生经13:54 </p>
</div>
</div>
</center>
</body>
</html>
```

在IE 11.0中预览效果，如图8-11所示，可以看到页面显示了两个模块，分别是"女人"和"健康"，二者上下排列。

03 添加CSS代码，修饰整体样式和DIV层。

```
<style>
* {
    padding:0px;
    margin:0px;
}
body {
    font:"宋体";
    font-size:12px;
}
.big{
    width:570px;
    height:210px;
    border:#C1C4CD 1px solid;
}
</style>
```

在IE 11.0中预览效果，如图8-12所示，可以看到页面中的字体比原来变小，并且大的DIV显示了边框。

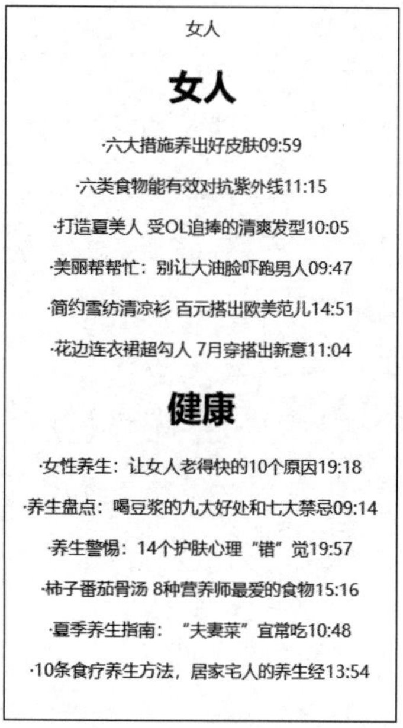

图8-11　上下排列

图8-12　修饰整体样式

04 添加CSS代码，设置两个层左右并列显示。

```
.left{
    width:280px;
    float:right; //设置右边悬浮
    border:#C1C4CD 1px solid;
```

```
}.right{
width:280px;
float:left;//设置左边悬浮
margin-left:6px;
border:#C1C4CD 1px solid;
}
```

在IE 11.0中预览效果，如图8-13所示，可以看到页面中的文本信息左右并列显示，但字体没有发生变化。

05 添加CSS代码，定义文本样式。

```
h1{
    font-size:14px;
    padding-left:10px;
    background-color:#CCCCCC;
    height:20px;
    line-height:20px;
    }
p{
    margin:5px;
    line-height:18px;
    color:#2F17CD;
}
.pp{
    width:570px;
    text-align:left;
    height:20px;
    background-color:D5E7FD;
    position:relative;
    left:-3px;
    top:-3px;
    font-size:16px;
    text-decoration:underline;
}
```

在IE 11.0中预览效果，如图8-14所示，可以看到页面中文本信息左右并列显示，其字体颜色为蓝色，行高为18像素。

图8-13　设置左右悬浮

图8-14　文本修饰样式

8.7　新手疑惑解答

问题1： 块级元素和行内元素的概念是什么，有哪些特点？

块级元素和行内元素是布局基本的两种元素，常见的块级元素有div、p、form、ul、ol、li等，常见的行内元素有span、strong、em等。

块级元素会独占一行，对应display:block，可以设置width、height、margin、padding 属性；行内元素不独占一行，对应display:inline，相邻的行内元素会排列在同一行中，直到排不下才换行，设置width、height属性无效，而margin和padding属性只对设置水平方向的right和left有效。可以通过修改display属性来切换块级元素和行内元素。

display:inline-block是行内的块级元素，拥有块级元素的特点，可以设置 width、height、margin、padding 值，但又可以和其他行内元素排在同一行中。

问题2： 当设置多个div并列时，为什么会撑破整个布局？

很多时候，尤其是容器内有平行布局，例如两三个float的div时，宽度很容易出现问题。在IE中，外层的宽度会被内层更宽的div挤破，一定要用Photoshop或者Firework量取像素级的精度。

第 **9** 章

JavaScript快速入门

JavaScript语言是目前流行的脚本语言，与HTML 5更是密不可分。无论是传统编程语言还是脚本语言都具有数据类型、常量和变量、流程控制语句等基本元素，这些基本元素构成了语言基础，JavaScript语言也不例外。本章将讲解JavaScript语言的基础。

9.1 JavaScript简介

JavaScript最初由网景公司的Brendan Eich设计，是一种动态、弱类型、基于原型的语言，内置支持类。经过近二十年的发展，它已经成为健壮的、基于对象和事件驱动并具有相对安全性的客户端脚本语言。同时也是一种广泛用于客户端Web开发的脚本语言，常用来给HTML网页添加动态功能，比如响应用户的各种操作。

1. JavaScript的特点

（1）语法简单，易学易用

JavaScript语法简单、结构松散，可以使用任何一种文本编辑器来进行编写。JavaScript程序运行时不需要编译成二进制代码，只需要支持JavaScript的浏览器进行解释。

（2）解释性语言

非脚本语言编写的程序通常需要经过编写→编译→链接→运行4个步骤，而脚本语言JavaScript只需要经过编写→运行两个步骤。

（3）跨平台

由于JavaScript程序的运行依赖于浏览器，只要操作系统中安装有支持JavaScript的浏览器即可，因此JavaScript与平台（操作系统）无关，如Windows操作系统、UNIX操作系统、Linux操作系统等，或者用于手机的Android操作系统、iPhone操作系统等。

（4）基于对象和事件驱动

JavaScript把HTML页面中的每个元素都当作一个对象来处理，并且这些对象都具有层次关系，像一棵倒立的树，这种关系被称为文档对象模型（DOM）。在编写JavaScript代码时，会接触到大量对象及对象的方法和属性。可以说学习JavaScript的过程就是了解JavaScript对象及其方法和属性的过程。因为基于事件驱动，所以JavaScript可以捕捉到用户在浏览器中的操作，可以将原来静态的HTML页面变成可以和用户交互的动态页面。

（5）用于客户端

尽管JavaScript分为服务器端和客户端两种，但目前应用最多的还是客户端。

2．JavaScript的作用

JavaScript可以弥补HTML语言的缺陷，实现Web页面客户端的动态效果，其主要作用如下：

（1）动态改变网页内容

HTML语言是静态的，一旦编写，内容是无法改变的。JavaScript可以弥补这种不足，可以将内容动态地显示在网页中。

（2）动态改变网页的外观

JavaScript通过修改网页元素的CSS样式可以动态地改变网页的外观。例如，修改文本的颜色、大小等属性，图片位置的动态改变等。

（3）验证表单数据

为了提高服务器对网页提交信息的处理效率，用户在填写表单时可以先在客户端对数据进行合法性验证，验证成功之后才能提交到服务器上，进而减少服务器的负担和网络带宽的压力。

（4）响应事件

JavaScript是基于事件的语言，因此可以影响用户或浏览器产生的事件。只有事件产生时才会执行某段JavaScript代码，比如，只有在用户单击计算按钮时，程序才显示运行结果。

9.2 在HTML文件中使用JavaScript代码

在HTML文件中使用JavaScript代码主要有两种方法，一种是将JavaScript代码书写在HTML文件中，称为内嵌式；另一种是将JavaScript代码书写在扩展名为.js的文件中，然后在HTML文件中引用，称为外部引用。

9.2.1 JavaScript嵌入HTML文件

将JavaScript代码直接嵌入HTML文件中时，需要使用一对标记<script></script>，告诉浏览器这个位置是脚本语言。<script>标记的使用方法如以下加粗部分代码所示。

```
<!DOCTYPE html>
<html>
<head>
<title> JavaScript嵌入HTML5文件</title>
<script type="text/javascript">
//向页面输入问候语
```

```
document.write("hello");
</script>
</head>
<body>
</body>
</html>
```

在上述代码中，使用type属性来指明脚本的语言类型，还可以使用属性language来表示脚本的语言类型。使用language时可以指明JavaScript的版本。新的HTML标准不建议使用language属性，type属性在早期旧版本的浏览器中不能识别，因此有些开发者会同时使用这两个属性，但是在HTML 5标准中，建议使用type属性或者都省略，如以下加粗部分代码所示。

【例9.1】（实例文件：ch09\9.1.html）

```
<!DOCTYPE html>
<html>
<head>
<title> JavaScript嵌入HTML5文件</title>
<script>
//向页面输入问候语
document.write("落日无情最有情，遍催万树暮蝉鸣。");
</script>
</head>
<body>
</body>
</html>
```

在IE 11.0中预览效果，如图9-1所示。

图9-1　JavaScript嵌入HTML文件

9.2.2　外部JavaScript文件

通过前面的学习，读者会发现，在HTML文件中可以包含CSS代码、JavaScript代码。把这些代码书写在同一个HTML文件中虽然简捷，但是却使HTML代码变得繁杂，并且无法反复使用。为了解决这种问题，可以将JavaScript独立成一个脚本文件（扩展名为.js），在HTML文件中调用该脚本文件，其调用方法如下：

```
<script src=外部脚本文件路径>
</script>
```

175

将上述程序修改为调用外部JavaScript文件，操作步骤如下：

01 新建JavaScript文件hello.js，并在文件中输入如下代码：

```
//JavaScript 文件的内容
//向页面输入问候语
document.write("听来咫尺无寻处，寻到旁边却不声。");
```

02 新建9.2.html文件，代码如下：

```
<!DOCTYPE html>
<html>
<head>
<title>外部JavaScript文件</title>
<script src="hello.js"></script>
</head>
<body>
</body>
</html>
```

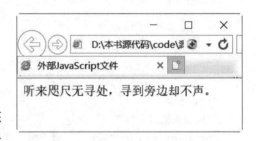

注意，为了能够保证示例的正常运行，请将该文件与hello.js保存于同一位置处。程序的运行结果如图9-2所示。

图9-2　外部JavaScript文件

外部脚本文件的使用大大简化了程序，且提高了复用性，在使用时有以下几点必须注意：

- 在外部脚本文件中，只允许包括JavaScript代码，不允许出现其他代码，初次接触的读者很容易将<script>标记书写在脚本文件中，这是最忌讳的。
- 在引用外部脚本文件的HTML文件中，使用<script>标记的src属性指定外部脚本文件，一定要加上路径，通常使用相对路径，并且文件名要带扩展名。
- 在引用外部脚本文件的HTML文件中，<script>标记和</script>标记之间不可以有任何代码，包括脚本程序代码，且</script>标记不可以省略。
- <script></script>标记可以出现在HTML文档的任何位置，并且可以有多对，在没有特殊要求的情况下，建议放在HTML文档的head部分。

9.3　数据类型与变量

数据类型是对一种数据的描述，任何一种程序语言都可以处理多种数据。有些数据的值是不确定的，在不同的时刻有不同的取值，在JavaScript语言中用变量来处理这些数据。

9.3.1　数据类型

JavaScript中的数据类型主要包括以下3类：

- 简单数据型：JavaScript中常用的3种基本数据类型是数值数据类型（Number）、文本数据类型（String）和布尔数据类型（Boolean）。
- 复合数据类型：复合数据类型主要包括用来保存一组相同或不同数据类型数据的数组；用来保存一段程序，这段程序可以是经常被调用的函数；用来保存一组不同类型的数据和函数等的对象。
- 特殊数据类型：特殊数据类型主要包括没有值存在的空数据类型null，以及没有进行定义的无定义数据类型undefined。

1．基本数据类型

（1）数值数据类型

数值数据类型的值就是数字，例如3、6.9、-7等都是数值类型数据。在JavaScript中没有整数和浮点数之分，无论什么样的数字，都属于数字型，其有效范围为10^{-308}~10^{308}。大于10^{308}的数值超出了数值类型的上限，即无穷大，用Infinity表示；小于10^{-308}的数值超出了数值类型的下限，即无穷小，用-Infinity表示。如果JavaScript在进行数学运算时产生了错误或不可预知的结果，就会返回NaN（Not a Number）。NaN是一个特殊的数字，属于数值型。

（2）字符串数据类型

字符串数据类型是由双引号（""）或单引号（''）引起来的0个或多个字符组成的序列，它可以包含大小写字母、数字、标点符号、其他可显示字符以及特殊字体，也可以包含汉字，一些字符串示例及其解释见表9-1。

表9-1　字符串示例及其解释

字 符 串	解 释
"Hello Howin!"	字符串为：Hello Howin！
"惠文，你好！"	字符串为：惠文，你好！
"z"	含单个字符z的字符串
's'	含单个字符s的字符串
""	不含任何字符的空字符串
" "	由空格构成的字符串
" 'Hello!' I said"	字符串为：'Hello!'I said
' "Hello"! I said'	字符串为："Hello"! I said

在使用字符串时应注意以下几点：

- 作为字符串定界符的引号必须匹配，即字符串前面使用的是双引号（"），那么在后面也必须使用双引号（"），反之，都使用单号（'）。在用双引号（"）作为定界符的字符串中可以直接含有单引号（'），在用单引号（'）作定界符的字符串中也可以直接含有双引号（"）。
- 空字符串中不包含任何字符，用一对引号表示，引号之间不包含任何空格。
- 引号必须是在英文输入法状态下输入的。
- 通过转义字符"\"可以在字符串中添加不可显示的特殊字符，或者防止引号匹配混乱的问题，常用的转义字符如表9-2所示。

表9-2　常用的转义字符及其含义

转义字符	含　　义
\b	退格
\f	换页
\n	换行
\t	Tab符号
\'	单引号
\"	双引号
\\	反斜杠

（3）布尔型

布尔（Boolean）型也就是逻辑型，主要进行逻辑判断，它只有两个值：true和false，分别表示真和假。在JavaScript中，可以用0表示flase，非0整数表示true。

2．复合数据类型

（1）数组

在JavaScript中，数组主要用来保存一组相同或不同数据类型的数据。

（2）函数

在JavaScript中，函数用来保存一段程序，这段程序可以在JavaScript中反复被调用。

（3）对象

在JavaScript中，对象用来保存一组不同类型的数据和函数等。

3．特殊数据类型

（1）无定义数据类型undefined

undefined的意思是"未定义的"，表示没有进行定义，通常只有执行JavaScript代码时才会返回该值。在以下几种情况下通常会返回undefined：

- 在引用一个定义过但没有赋值的变量时会返回undefined。
- 在引用一个不存在的数组元素时会返回undefined。
- 在引用一个不存在的对象属性时会返回undefined。

由于undefined是一个返回值，因此可以对该值进行操作，如输出该值或将其与其他值进行比较。

（2）空数据类型null

null的中文意思是"空"，表示没有值存在，与字符串、数值、布尔值、数组、对象、函数和undefined都不同。在进行比较时，null也不会与以上任何数据类型相等。

9.3.2　变量

变量，顾名思义，在程序运行过程中，其值可以改变。变量是存储信息的单元，它对应于某个内存空间。变量用于存储特定数据类型的数据,用变量名代表其存储空间。程序能在变量中存储值和取出值。可以把变量比作超市的货架(内存),货架上摆放着商品(变量),可以把商品从货架上取出来(读取),也可以把商品放入货架(赋值)。

1. 标识符

在使用JavaScript编写程序时,很多地方都要求用户给定名称,例如,在定义JavaScript中的变量、函数等要素时,都要求给定名称。可以将定义要素时使用的字符序列称为标识符。这些标识符必须遵循如下命名规则:

(1)标识符只能由字母、数字、下画线和美元符号组成,而不能包含空格、标点符号、运算符等其他符号。

(2)标识符的第一个字符不能是数字。

(3)标识符不能与JavaScript中的关键字名称相同,例如if、else等。

例如,下面为合法的标识符:

```
UserName
Int2
_File_Open
Sex
```

例如,下面为不合法的标识符:

```
99BottlesofBeer
Name space
It's-All-Over
```

2. 变量的声名

JavaScript是一种弱类型的程序设计语言,变量可以不声明直接使用。所谓声明变量,即为变量指定一个名称。声明变量后,就可以把它用作存储单元。

(1)声明变量

JavaScript中使用关键字var声明变量,在这个关键字之后的字符串代表一个变量名。其格式为:

```
var 标识符;
```

例如,声明变量username,用来表示用户名,代码如下:

```
var username;
```

另外,一个关键字var也可以同时声明多个变量名,多个变量名之间必须用逗号","分隔。例如,同时声明变量username、pwd、age,分别表示用户名、密码和年龄,代码如下:

```
var username,pwd,age;
```

（2）变量赋值

要给变量赋值，可以使用JavaScript中的赋值运算符，即等于号（=）。

声明变量名时同时赋值，例如，声明变量username，并赋值为"张三"，代码如下：

```
var username="张三";
```

声明变量之后对变量赋值，或者对未声明的变量直接赋值。例如，声明变量age后再为它赋值，或直接对变量count赋值：

```
var age;    //声明变量
age=18;     //对已声明的变量赋值
count=4;    //对未声明的变量直接赋值
```

3．变量的作用范围

所谓变量的作用范围，是指可以访问该变量的代码区域。JavaScript中按变量的作用范围分为全局变量和局部变量。

- 全局变量：可以在整个HTML文档范围中使用的变量，这种变量通常都是在函数体外定义的变量。
- 局部变量：只能在局部范围内使用的变量，这种变量通常都是在函数体内定义的变量，所以只在函数体中有效。

 省略关键字var声明的变量，无论是在函数体内，还是在函数体外，都是全局变量。

9.4　流程控制语句

无论是传统的编程语言还是脚本语言，构成程序的基本结构无外乎于顺序结构、选择结构和循环结构3种。

顺序结构是最基本，也是最简单的程序，一般由定义常量和变量语句、赋值语句、输入/输出语句、注释语句等构成。顺序结构在程序执行过程中按照语句的书写顺序从上至下依次执行，但大量实际问题需要根据条件判断，以改变程序执行顺序或重复执行某段程序，前者称为选择结构，后者称为循环结构。本节将对选择结构和循环结构进行详细阐述。

9.4.1　注释语句和语句块

1．注释

注释通常用来解释程序代码的功能（增加代码的可读性）或阻止代码的执行（调试程序），不参于程序的执行。在JavaScript中，注释分为单行注释和多行注释两种。

（1）单行注释语句

在JavaScript中，单选注释以双斜杠"//"开始，直到这一行结束。单行注释"//"可以放在行的开始或一行的末尾，无论放在哪里，只要从"//"符号开始到本行结束为止的所有内容都不会执行。在一般情况下，如果"//"位于一行的开始，就用来解释下一行或一段代码的功能；如果"//"位于一行的末尾，就用来解释当前行代码的功能。如果用来阻止一行代码的执行，也常将"//"放在一行的开始，如以下加粗代码所示。

```
<!DOCTYPE html>
<html>
<head>
<title>date对象</title>
<script>
function disptime()
{
  //创建日期对象now，并实现当前日期的输出
  var now= new Date();
  //document.write("<h1>河南旅游网</h1>");
  document.write("<H2>今天日期:"+now.getYear()+"年"+(now.getMonth()+1)+"月
"+now.getDate()+"日</H2>");    //在页面上显示当前年月日
}
</script>
<body onload="disptime()">
</body>
</html>
```

以上代码中，共使用了三个注释语句。第一个注释语句将"//"符号放在了行首，通常用来解释下面代码的功能与作用。第二个注释语句放在了代码的行首，阻止了该行代码的执行。第三个注释语句放在了行的末尾，主要对该行的代码进行解释说明。

（2）多行注释

单行注释语句只能注释一行代码,假设在调试程序时希望有一段代码不被浏览器执行或者对代码的功能说明一行书写不完，就需要使用多行注释语句。多行注释语句以/*开始，以/*结束，可以注释一段代码。

2．语句块

语句块是一些语句的组合，通常语句块都会被一对大括号括起来。在调用语句块时，JavaScript会按书写次序执行语句块中的语句。JavaScript会把语句块中的语句看成是一个整体全部执行，语句块通常用在函数中或流程控制语句中。

9.4.2　选择语句

在现实生活中，经常需要根据不同的情况做出不同的选择。例如，如果今天下雨，体育课

改为室内体育课，如果不下雨，体育课在室外进行。在程序中，要实现这些功能，就需要使用选择结构语句。JavaScript语言提供的选择结构语句有if语句、if…else语句和switch语句。

1．if语句

单if语句用来判断所给定的条件是否满足，根据判定结果（真或假）决定所要执行的操作。if语句的一般表示形式为：

```
if(条件表达式)
{
    语句块；
}
```

关于if语句语法格式的几点说明：

（1）if关键字后的一对圆括号不能省略。圆括号内的表达式要求结果为布尔型或可以隐式转换为布尔型的表达式、变量或常量，即表达式返回的一定是布尔值true或false。

（2）if表达式后的一对大括号是语句块的语法。程序中的多个语句放在一对大括号内将可构成语句块。如果if语句中的语句块是一个语句，大括号可以省略，一个以上的语句，大括号一定不能省略。

（3）if语句表达式后一定不要加分号，如果加上分号，就代表条件成立后执行空语句，在VS 2008中调试程序不会报错，只会警告。

（4）当if语句的条件表达式返回true值时，程序执行大括号里的语句块，当条件表达式返回false值时，将跳过语句块，执行大括号后面的语句，如图9-3所示。

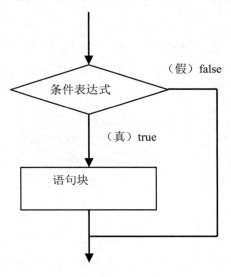

图9-3　if语句执行流程

【例9.2】设计程序，实现银行汇款手续费金额的收取。假设银行汇款手续费为汇款金额的1%，手续费最低为2元。在第一个文本框中输入汇款金额，单击【确定】按钮，在第二个文本框中显示汇款手续费，如图9-4和图9-5所示。

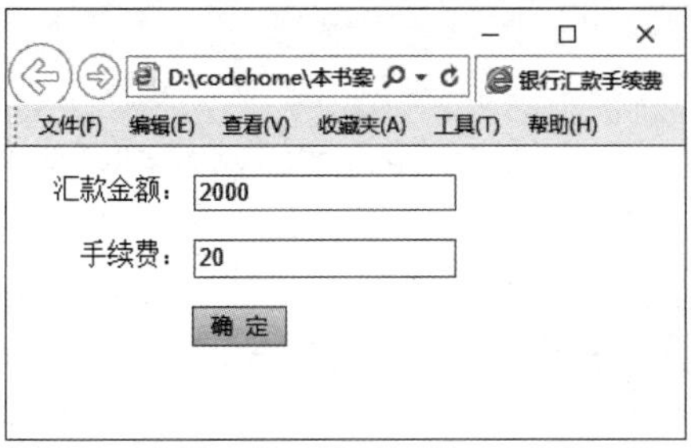

图9-4 显示手续费

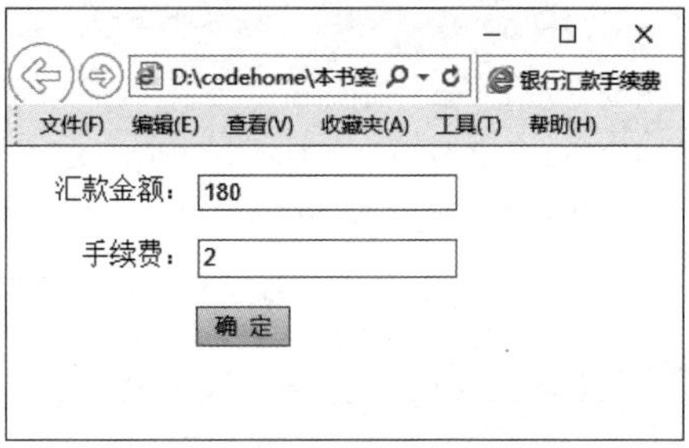

图9-5 手续费不足2元

具体操作步骤如下：

01 创建文件9.3.html，代码如下：

```html
<!DOCTYPE html>
<html>
<head>
<title>银行汇款手续费</title>
<style>
label{
    width:100px;
    text-align:right;
    display:block;
    float:left;
}
section{
    width:260px;
    text-align:center;
}
</style>
</head>
<body>
<section>
  <form name="myForm" action="" method="get">
  <P><label>汇款金额: </label><input type="text" name="txtRemittance" /></P>
  <p><label>手续费: </label><input type="text" name="txtFee" readonly/></p>
  <p><input type="button" value="确  定"></p>
  </form>
</scetion>
</body>
</html>
```

HTML文件中包含两个对section标记和label标记修饰的样式表。为了保证下面的代码正确执行，请务必注意form标记、input标记的name属性值一定要同本例一致。

02 在HTML文件的head部分输入JavaScript代码，如下所示：

```
<script>
function calc(){
  var Remittance=document.myForm.txtRemittance.value;//将输入的汇款金额赋值给变量
  var Fee=Remittance*0.01;      //计算汇款手续费
  if(Fee<2)
  {
    Fee=2;  //小于2元时，手续费为2元
  }
  document.myForm.txtFee.value=Fee;
}
</script>
```

03 为"确定"按钮添加单击（onclick）事件，调用计算（calc）函数。将HTML文件中，<p><input type="button" value="确　定"></p>这一行代码修改成如下代码：

```
<p><input type="button" value="确　定" onclick="calc()"></p>
```

2．if…else语句

单if语句只能对满足条件的情况进行处理，但是在实际应用中，需要对两种可能都做处理，即满足条件时执行一种操作，不满足条件时执行另一种操作。可以利用JavaScript语言提供的if…else语句来完成上述要求。if…else语句的一般表示形式为：

```
if(条件表达式)
{
    语句块1；
}
else
{
    语句块2；
}
```

if…else语句可以理解为中文的"如果…就…，否则…"。上述语句可以表示为假设if后的条件表达式为true，就执行语句块1，否则执行else后面的语句块2，执行流程如图9-6所示。

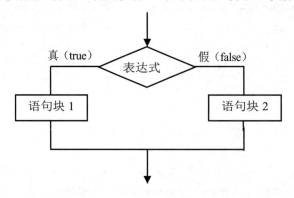

图9-6　if…else语句执行流程

例如，给定一个分数，判断是否及格并将结果显示在弹出的窗口中，可以使用如下代码：

```
var double score =60;
if(score<60)
{
  alert("不及格");
}
else
{
  alert("及格");
}
```

3．选择嵌套语句

在实际应用中，一个判断语句存在多种可能的结果时，可以在if…else语句中再包含一个或多个if语句。这种表示形式称为if语句嵌套。常用的嵌套语句为if…else语句，一般表示形式为：

```
if(表达式1)
{
    if(表达式2)
    {
       语句块1;          //表达式2为真时执行
    }
    else
    {
       语句块2;          //表达式2为假时执行
    }
}
else
{
    if(表达式3)
    {
       语句块3;          //表达式3为真时执行
    }
    else
    {
       语句块4;          //表达式3为假时执行
    }
}
```

首先执行表达式1，如果返回值为true，再判断表达式2，如果表达式2返回值为true，就执行语句块1，否则执行语句块2；如果表达式1返回值为false，再判断表达式3，如果表达式3返回值为true，则执行语句块3，否则执行语句块4。

【例9.3】利用if…else嵌套语句实现按分数划分等级。90分以上为优秀，80～89分为良好，70～79分为中等，60～69分为及格，60分以下为不及格。在文本框中输入分数，单击【判断】按钮，在弹出的窗口中显示等级，如图9-7所示。

图9-7　根据分数判断等级

具体操作步骤如下：

01　创建HTML文件，代码结构如下：

```html
<!DOCTYPE html>
<html>
<head>
<title>学生成绩等级划分</title>
</head>
<body>
  <form name="myForm" action="" method="get">
  <P>
  <label>成绩: </label><input type="text" name="txtScore" />
  <input type="button" value="判  断">
  </P>
  </form>
</body>
</html>
```

02　在HTML文件的head部分输入如下代码：

```javascript
<script>
function Verdict(){
    var Score=document.myForm.txtScore.value;
  if(Score<60)
  {
    alert("不及格");
  }
  else
    if(Score<=69){alert("及格");}
```

```
  else
    if(Score<=79){alert("中等");}
    else
      if(Score<=89){alert("良好");}
      else{alert("优秀");}
}
</script>
```

03 为判断按钮添加单击（onclick）事件，调用计算（Verdict）函数。将HTML文件中，<input type="button" value="判　断">这一行代码修改成如下代码：

```
<input type="button" value="判　断" onclick="Verdict()">
```

4．switch分支结构语句

switch语句与if语句类似，也是选择结构的一种形式，一个switch语句可以处理多个判断条件。一个switch语句相当于一个if…else嵌套语句，因此它们相似度很高，几乎所有的switch语句都能用if…else嵌套语句表示。它们之间最大的区别在于：if…else嵌套语句中的条件表达式是一个逻辑表达式的值，即结果为true或false，而switch语句后的表达式值为整型、字符型或字符串型并与case标签中的值进行比较。switch语句的表示形式如下：

```
switch(表达式)
{
case 常量表达式1:语句块1;break;
case 常量表达式2:语句块2;break;
...
case 常量表达式n:语句块n;break;
[default:语句块n+1;break;]
}
```

首先计算表达式的值，当表达式的值等于常量表达式1的值时，执行语句块1；当表达式的值等于常量表达式2的值时，执行语句块2……当表达式的值等于常量表达式n的值时，执行语句块n，否则执行default后面的语句块n+1，当执行到break语句时，跳出switch结构。

使用switch分支结构语句时主要注意的问题如下：

（1）switch关键字后的表达式结果只能为整型、字符型或字符串类型。

（2）case标记后的值必须为常量表达式，不能使用变量。

（3）case和default标记后以冒号而非分号结束。

（4）case标记后的语句块无论是一句还是多句，大括号"{}"都可以省略。

（5）default标记可以省略，甚至可以把default子句放在最前面。

（6）break语句为可选项，如果没有break语句，程序会执行满足条件case后的所有语句，将会达不到多选一的效果，因此建议不要省略break。

【例9.4】 使用switch语句实现【例9.4】中同样的效果，将判断函数修改为如下代码：

```
<script>
function Verdict(){
    var Score=parseInt(document.myForm.txtScore.value/10); //将输入的成绩除以10取整，
以缩小判断范围
    switch(Score){
        case 10:
        case 9:alert("优秀");break;
        case 8:alert("良好");break;
        case 7:alert("中等"); break;
        case 6:alert("及格");break;
        default:alert("不及格");break;
    }
}
</script>
```

可见上述代码清晰明了，但是switch比较适合做枚举值，不能直接表示某个范围，如果希望表示范围，使用if语句比较方便。

9.4.3　循环语句

在实际应用中，往往会遇到一行或几行代码需要执行多次的情况。例如，判断一个数是否为素数，就需要从2到比它本身小1的数反复求余。几乎所有的程序都包含循环，循环是一组重复执行的指令，重复次数由条件决定。其中给定的条件称为循环条件，反复执行的程序段称为循环体。要保证一个正常的循环，必须有4个基本要素：循环变量初始化、循环条件、循环体和改变循环变量的值。JavaScript语言提供了以下语句实现循环：while语句、do…while语句、for语句、foreach语句等。

1．while语句

while循环语句根据循环条件的返回值来判断执行零次或多次循环体。当逻辑条件成立时，重复执行循环体，直到条件不成立时终止。因此，在循环次数不固定时，while语句相当有效。while循环语句表示形式如下：

```
while(布尔表达式)
{
    语句块；
}
```

当遇到while语句时，首先计算布尔表达式，当布尔表达式的值为true时，执行一次循环体中的语句块，循环体中的语句块执行完毕时，将重新查看是否符合条件，若表达式的值还返回true，将再次执行相同的代码，否则跳出循环。while循环语句的特点是先判断条件，后执行语句。

循环变量的初始化应放在while语句的前面，循环条件即while关键字后的布尔表达式，循环体是大括号内的语句块，其中改变循环变量的值也是循环体中的一部分。

【例9.5】设计程序，实现100以内的自然数求和，即1+2+3+…+100。网页预览效果如图9-8所示。

图9-8　程序运行结果

新建文件9.6.html，并输入JavaScript代码，文档结构如下：

```html
<!DOCTYPE html>
<html>
<head>
<meta charset="utf-8"/>
<title>while语句实现100以内正整数之和</title>
<script>
  var i=1,sum =0;  //声明变量i和sum
  while(i<=100)
  {
    sum+=i;
    i++;
  }
    document.write("1+2+3+...+100="+sum);  //向页面输入运算结果
</script>
</head>
<body>
</body>
</html>
```

2．do…while语句

do…while语句和while语句的相似度很高，只是考虑问题的角度不同。while语句是先判断循环条件，再执行循环体。do…while语句则是先执行循环体，再判断循环条件。do…while和while就好比在两个不同的餐厅吃饭，一个餐厅是先付款后吃饭，一个餐厅是先吃饭后付款。do…while语句的语法格式如下：

```
do
{
语句块;
}
while(布尔表达式);
```

程序遇到关键字do，执行大括号内的语句块，语句块执行完毕后，再执行while关键字后的布尔表达式，如果表达式的返回值为true，就向上执行语句块，否则结束循环，执行while关键字后的程序代码。

do…while语句和while语句的主要区别如下：

（1）do…while语句是先执行循环体，再判断循环条件，while语句是先判断循环条件，再执行循环体。

（2）do…while语句的最小执行次数为1次，while语句的最小执行次数为0次。

【例9.6】利用do…while循环语句实现【例9.6】的功能。HTML文档部分不再显示代码，下述代码为JavaScript部分代码。

```
<script>
 var i=1,sum=0;  //声明变量i和sum
 do
 {
   sum+=i;
   i++;
 }
 while(i<=100);
   document.write("1+2+3+...+100="+sum);  //向页面输入运算结果
</script>
```

3．for语句

for语句和while语句、do…while语句一样，可以循环重复执行一个语句块，直到指定的循环条件返回值为假。for语句的语法格式为：

```
for(表达式1;表达式2;表达式3)
{
 ·。。。。。
0.。。。。。。。。。。。。。。。。。。。。。。。。。。。。。。。。。。。。。。。。。。。。。。。。。。。。。。
。。。。。。。。。。。。。。。。。。。。。。。。。。。。。。。。。。。。。。。。。。。。。。。。。。。。。。。。
语句块;
 }
```

- 表达式1为赋值语句，如果有多个赋值语句，可以用逗号隔开，形成逗号表达式，这里用于初始化循环变量。
- 表达式2为布尔型表达式，用于检测循环条件是否成立。
- 表达式3为赋值表达式，用来更新循环控制变量，以保证循环能正常终止。

for语句的执行过程如下：

（1）首先计算表达式1，为循环变量赋初值。

（2）然后计算表达式2，检查循环控制条件，若表达式2的值为true，则执行一次循环体语句；若为false，则终止循环。

（3）循环完一次循环体语句后，计算表达式3，对循环变量进行增量或减量操作，再重复第（2）步操作，判断是否要继续循环，执行流程如图9-9所示。

JavaScript语言允许省略for语句中的3个表达式，但两个分号不能省略，并保证在程序中有起同样作用的语句。

【例9.7】利用for循环语句实现【例9.6】的功能。HTML文档部分不再显示代码，下述代码为JavaScript部分代码。

```
<script>
  var sum=0;
  for(var i=1;i<=100;i++)
  {
    sum+=i;
  }
  document.write("1+2+3+...+100="+sum);  //向
页面输入运算结果
</script>
```

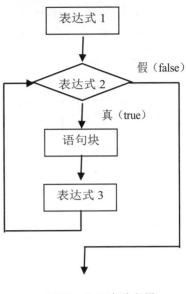

图9-9　for语句流程图

通过上述实例可以发现，while、do…while语句和for语句有很多相似之处，几乎所有的循环语句使用这3种语句都可以互换。

9.5　函　数

函数是执行特定任务的语句块，通过调用函数的方式可以让这些语句块反复执行。本节将讲解函数的定义、使用及系统函数的功能与使用方法。

9.5.1　函数简介

所谓函数，是指在程序设计中可以将一段经常使用的代码"封装"起来，在需要时直接调用，这种"封装"叫函数。JavaScript中可以使用函数来响应网页中的事件。函数有很多种分类方法，常用的分类方法有以下几种：

- 按参数个数划分：有参数函数和无参数函数。
- 按返回值划分：有返回值函数和无返回值函数。
- 按编写函数的对象划分：预定义函数（系统函数）和自定义函数。

综上所述，函数有以下几个优点：

- 代码灵活性较强。通过传递不同的参数可以让函数的应用更广泛。例如，在对两个数据进行运算时，运算结果取决于运算符，如果把运算符当作参数，那么不同的用户在使用函数时，只需要给定不同的运算符，就能得到自己想要的结果。

- 代码利用性强。函数一旦定义，任何地方都可以调用，而无须再次编写。
- 响应网页事件。JavaScript中的事件模型主要通过函数和事件配合使用。

9.5.2　定义函数

使用函数前必须先定义函数，定义函数使用关键字function。JavaScript中定义函数常用的方法有两种，下面分别介绍。

1. 不指定函数名

函数其实就是语句的集体，即语句块。通过前面的讲解，可以了解到，读句块就是把一个语句或多个语句使用一对大括号包裹。创建无名函数非常简单，只需要使用关键字function和可选参数，后面跟一对大括号即可，大括号内的语句称为函数体，语法格式如下：

```
function([参数1,参数2...]){
    //函数体语句
}
```

细心的读者会发现，上面的语句在定义函数时没有给函数命名（没有函数名），这样的语法是不能直接写成JavaScript代码的。对于不指明函数名的函数，一般应用在下面的场合。

（1）把函数直接赋值给变量

```
var myFun=function([参数1,参数2...]){
    //函数体语句
};
```

其中，变量myFun将作为函数的名字，这种方法的本质是把函数当作数据赋值给变量，正如前面所说的，函数是一种复合数据类型。把函数直接赋值给变量的代码如下：

```
<!DOCTYPE html>
<html>
<head>
<title>函数直接赋值给变量</title>
<script>
var myFun=function(){
    document.write("这是一个没有函数名的函数")
}
//执行函数
myFun();
</script>
</head>
<body>
</body>
</html>
```

（2）网页事件直接调用函数

```
window.onload= function([参数1,参数2...]){
  //函数体语句
};
```

其中，window.onload是指网页加载时触发的事件，即加载网页时将执行后面函数中的代码，但这种方法的明显缺陷是函数不能反复使用。

定义函数时，不指定函数名这种方法比较简单，一般适应于网页事件直接调用函数。

2．指定函数名

指定函数名定义函数是应用最广泛，也是最常用的方法，语法格式如下：

```
function 函数名([参数1,参数2...]){
  //函数体语句
  [return 表达式]
}
```

说明：

- function为关键字，在此用来定义函数。
- 函数名必须是唯一的，命名要通俗易懂，最好能看名知意。
- [ ]括起来的是可选部分，可有可无。
- 可以使用return将值返回。
- 参数是可选的，可以一个参数不带，也可以带多个参数，多个参数之间用逗号隔开。即使不带参数，也要在方法名后加一对圆括号。

（1）函数参数的使用

函数的参数主要是为了提高函数的灵活性和可重用性。在定义函数方法时，函数名后面的圆括号中的变量名称为"形参"；在使用函数时，函数名后面圆括号中的表达式称为"实参"。由此可知，形参和实参都是函数的参数，它们的区别是一个表示声明时的参数，相当于定义的变量，另一个表示调用时的参数，调用带参数的函数时实现了实参为形参赋值的过程。

关于形参与实参的几点注意事项说明如下：

- 在未调用函数时，形参并不占用存储单元。只有在发生方法调用时，才会给函数中的形参分配内存单元。在调用结束后，形参所占的内存单元自动释放。
- 实参可以是常量、变量或表达式；形参必须是声明的变量，由于JavaScript是弱类型语言，因此不需要指定类型。
- 在函数调用中，实参列表中参数的数量、类型和顺序与形参列表中的参数可以不一致。如果形参个数大于实参个数，那么多出的形参值为undefind，反之，多出的实参将忽略。
- 实参对形参的数据传递是单向传递，即只能由实参传给形参，而不能由形参传回给实参。

（2）函数返回值

如果希望函数执行完毕后返回一个值给调用函数者，可以使用return语句。如果函数没有使用return语句返回一个值，就默认返回undefined。当程序执行到return语句时，将会结束函数，因此return语句一般都位于函数体内的最后一行。return语句的格式如下：

```
return [返回值]
```

return语句中的返回值可以是常量、变量、表达式等，并且类型可以是前面介绍的任意类型。如果省略返回值，就代表结束函数。

【例9.8】编写函数calcF，实现输入一个值，计算其一元二次方程式的结果。$f(x)=4x^2+3x+2$，单击【计算】按钮，通过提示对话框输入x的值，然后单击【确定】按钮，即可在弹出的对话框中显示相应的计算结果，如图9-10所示。

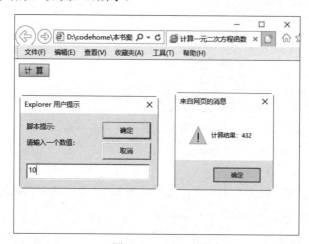

图9-10　显示计算结果

具体操作步骤如下：

01 创建文档9.10.html，结构如下：

```html
<!DOCTYPE html>
<html>
<head>
<title>计算一元二次方程函数</title>
</head>
<body>
<input type="button" value="计  算">
</body>
</html>
```

02 在HTML文档的head部分增加如下JavaScript代码：

```javascript
<script>
function calcF(x){
```

```
  var result;  //声明变量，存储计算结果
  result=4*x*x+3*x+2;  //计算一元二次方程值
  alert("计算结果："+result);  //输出运算结果
}
</script>
```

03 为计算判断按钮添加单击（onclick）事件，调用计算（calcF）函数。将HTML文件中，<input type="button" value="计　算">这一行代码修改如下：

```
<input type="button" value="计　算" onclick="calcF(prompt('请输入一个数值：'))">
```

本例主要用到了参数，增加了参数之后，就可以计算任意数的一元二次方程值。试想一下，如果没有该参数，函数的功能将会非常单一。prompt方法是系统内置的一个调用输入对话框的方法，该方法可以带参数，也可以不带参数。

9.5.3　调用函数

定义函数的目的是为了在后续的代码中使用函数。函数自己不会执行，必须调用函数，函数体内的代码才会执行。在JavaScript中调用函数的方法有直接调用、在表达式中调用、在事件中调用和其他函数调用4种。

1. 直接调用

直接调用函数的方式一般比较适合没有返回值的函数。此时，相当于执行函数中的语句集合。直接调用函数的语法格式如下：

```
函数名([实参1,...])
```

调用函数时的参数取决于定义该函数时的参数，如果定义时有参数，就需要增加实参。

如果希望【例9.8】的例子加载页面时就开始计算，可以修改成如下代码（注意加粗部分代码）：

```
<script>
function calcF(x){
  var result;                  //声明变量，存储计算结果
  result=4*x*x+3*x+2;          //计算一元二次方程值
  alert("计算结果："+result);   //输出运算结果
}
var inValue=prompt('请输入一个数值：')
calcF(inValue);
</script>
```

2. 在表达式中调用

在表达式中调用函数的方式一般比较适合有返回值的函数，函数的返回值参与表达式的计算。通常该方式还会和输出（alert、document等）语句配合使用，下面看一段代码，注意加粗字体的代码。

```
<!DOCTYPE html>
<html>
<head>
<title>在表达式中使用函数</title>
<script>
//函数isLeapYear判断给定的年分是否为闰年，如果是，就返回指定年份为闰年的字符串，否则返回平年字符串
function isLeapYear(year){
  //判断闰年的条件
   if(year%4==0&&year%100!=0||year%400==0)
   {
       return year+"年是闰年";
   }
   else
   {
       return year+"年是平年";
   }
}
document.write(isLeapYear(2010));
</script>
</head>
<body>
</body>
</html>
```

3．在事件中调用

JavaScript是基于事件模型的程序语言，页面加载、用户单击、移动光标都会产生事件。当事件产生时，JavaScript可以调用某个函数来响应这个事件。在事件中调用函数的方法如下：

```
<!DOCTYPE html>
<html>
<head>
<title>在表达式中使用函数</title>
<script>
function showHello()
{
  var count=document.myForm.txtCount.value;        //在文本框中输入的显示次数
  for(i=0;i<count;i++){
    document.write("<H2>HelloWorld</H2>");          //按指定次数输出HelloWorld
  }
}
</script>
</head>
<body>
```

```
<form name="myForm">
  <input type="text" name="txtCount"/>
  <input type="submit" name="Submit" value="显示HelloWorld" onclick="showHello()">
</form>
</body>
</html>
```

9.6　综合实例——购物简易计算器

本节编写一个具有对两个操作数进行加、减、乘、除运算功能的简易计算器，加法运算效果如图9-11所示，减法运算效果如图9-12所示，乘法运算效果如图9-13所示，除法运算效果如图9-14所示。本例中涉及本章所学的数据类型、变量、流程控制语句、函数等知识，请读者注意，该实例中还涉及少量后续章节的知识，如事件模型。不过，前面的实例中也有使用，请读者先掌握其用法，详见第10章。

图9-11　加法运算　　图9-12　减加法运算　　图9-13　乘法运算　　图9-14　除法运算

具体操作步骤如下：

01 新建HTML文档，输入代码如下：

```
<!DOCTYPE html>
<html>
<head>
<meta charset="utf-8"/>
<title>购物简易计算器</title>
<style>
/*定义计算器块信息*/
section{
    background-color:#C9E495;
    width:260px;
    height:320px;
```

```
        text-align:center;
        padding-top:1px;
    }
    /*细边框的文本输入框*/
    .textBaroder
    {
        border-width:1px;
        border-style:solid;
    }

    </STYLE>
    </head>
    <body>
    <section>
    <h1><img src="images/logo.gif" width="240" height="31" >欢迎您来淘宝！</h1>
     <form action="" method="post" name="myform" id="myform">
    <h3><img src="images/shop.gif" width="54" height="54">购物简易计算器</h3>
        <p>第一个数<input name="txtNum1" type="text" class="textBaroder" id="txtNum1"
size="25"></p>
        <p>第二个数<input name="txtNum2" type="text" class="textBaroder" id="txtNum2"
size="25"></p>
        <p><input name="addButton2" type="button" id="addButton2" value="  +  "
onclick="compute('+')">
    <input name="subButton2" type="button" id="subButton2" value="  -  ">
    <input name="mulButton2" type="button" id="mulButton2" value="  ×  ">
    <input name="divButton2" type="button" id="divButton2" value="  ÷  ">
        <p>计算结果<INPUT name="txtResult" type="text" class="textBaroder" id="txtResult"
size="25"></p>
    </form>
    </section>
    </body>
```

02 保存HTML文件，选择相应的保存位置，文件名为"综合实例——购物简易计算器.html"。

03 在HTML文档的head部分输入如下代码：

```
<script>
 function compute(op)
 {
 var num1,num2;
    num1=parseFloat(document.myform.txtNum1.value);
    num2=parseFloat(document.myform.txtNum2.value);
    if (op=="+")
     document.myform.txtResult.value=num1+num2;
if(op=="-")
```

```
        document.myform.txtResult.value=num1-num2;
    if(op=="*")
        document.myform.txtResult.value=num1*num2;
    if(op=="/" && num2!=0)
        document.myform.txtResult.value=num1/num2;
    }
</script>
```

04 修改"+"按钮、"-"按钮、"×"按钮、"÷"按钮，代码如下：

```
    <input name="addButton2" type="button" id="addButton2" value="  +  " onclick=
"compute('+')">
    <input name="subButton2" type="button" id="subButton2" value="  -  " onclick=
"compute('-')">
    <input name="mulButton2" type="button" id="mulButton2" value="  ×  " onclick=
"compute('*')">
    <input name="divButton2" type="button" id="divButton2" value="  ÷  " onclick=
"compute('/')">
```

05 保存网页，然后即可预览效果。

9.7　新手疑惑解答

问题1：JavaScript代码的执行顺序如何？

JavaScript代码的执行顺序与书写顺序相同，先写的JavaScript代码先执行，后写的JavaScript代码后执行。执行JavaScript代码的方式有以下3种：

（1）直接调用函数。

（2）在对象事件中使用javascript调用JavaScript程序，例如，<input type="button" name="Submit" value="显示HelloWorld" onclick="javascript:alert('1233')">。

（3）通过事件激发JavaScript程序。

问题2：如果浏览器不支持JavaScript，如何不影响网页的美观？

现在的浏览器种类、版本繁多，不同浏览器对JavaScript代码的支持度均不一样。为了保证浏览器因为不支持某些代码的功能而影响网页的美观，可以使用HTML注释语句将其注释，这样便不会在网页中输出这些代码。HTML注释语句使用"<!--"符号和"-->"标记JavaScript代码。

第 10 章

JavaScript对象编程

JavaScript是一种基于对象的编程语言，它包含许多对象，例如字符串对象、数组对象、文档对象、窗口对象和表单对象等，利用这些对象可以很容易地实现JavaScript编程速度并增强程序的功能。本章将重点讲解JavaScript对象的使用方法。

10.1　字符串对象

字符串类型是JavaScript中的基本数据类型之一。在JavaScript中，可以将字符串直接看成字符串对象，不需要任何转换。在对字符串对象操作时，不会改变字符串中的内容。

10.1.1　字符串对象的创建

字符串对象有两种创建方法。

1. 直接声明字符串变量

通过前面学习的声明字符串变量的方法，把声明的变量看作字符串对象，语法格式如下：

```
[var] 字符串变量=字符串
```

说明：var是可选项。例如，创建字符串对象myString，并对其赋值，代码如下：

```
var myString="This is a sample";
```

2. 使用new关键字来创建字符串对象

使用new关键字创建字符串对象的方法如下：

```
[var] 字符串对象=new String(字符串)
```

说明：var是可选项，字符串构造函数String()的第一个字母必须为大写字母。

例如，通过new关键字创建字符串对象myString，并对其赋值，代码如下：

```
var myString=new String("This is a sample");
```

上述两种语句的效果是一样的，因此声明字符串时可以采用new关键字，也可以不采用new关键字。

10.1.2 字符串对象的常用属性

字符串对象的属性比较少，常用的属性为length，字符串对象的属性及其说明见表10-1。

表10-1 字符串对象的属性及说明

属　　性	说　　明
Constructor	字符串对象的函数模型
length	字符串长度
prototype	添加字符串对象的属性

对象属性的使用格式如下：

```
对象名.属性名              //获取对象属性值
对象名.属性名=值          //为属性赋值
```

例如，声明字符串对象myArcticle，输出其包含的字符个数：

```
var myArcticle= "千里始足下,高山起微尘,吾道亦如此,行之贵日新。——白居易"
document.write(myArcticle.length);    //输出字符串对象字符的个数
```

 测试字符串长度时，空格也占一个字符位。一个汉字占一个字符位，即一个汉字长度为1。

10.1.3 字符串对象的常用函数

字符串对象是内置对象之一，也是常用的对象。在JavaScript中，经常会在字符串对象中查找、替换字符。为了方便字符串操作，JavaScript中内置了大量的方法，用户只需要直接使用这些方法即可完成相应操作。在JavaScript中，字符串对象常用函数如表10-2所示。为了方便示例，示例中声明了字符串对象stringObj="HTML5从入门到精通—JavaScript部分"，字符串中第0个位置的字符是"H"，第1个位置的字符是"T"，以此类推。

表10-2 字符串对象常用函数

函　　数	说　　明	示　　例
charAt(位置)	字符串对象在指定位置处的字符	stringObj.charAt(3)结果为"L"
charCodeAt(位置)	字符串对象在指定位置处字符的Unicode值	stringObj.charAt(3)结果为数值76
indexOf(要查找字符串,[起始位置])	从字符串对象的指定位置开始，从前到后查找子字符串在字符串对象中的位置	stringObj.indexOf("a")结果为13
lastIndexOf(要查找字符串)	从后到前查找子字符串在字符串对象中的位置	stringObj.indexOf("a")结果为15

201

（续表）

函　　数	说　　明	示　　例
subStr(开始位置[，长度])	从字符串对象指定的位置开始，按照指定的数量截取字符，并返回截取的字符串	stringObj.substr(2,5)结果为"ML5从入"
subString(开始位置,结束位置)	从字符串对象指定的位置开始，截取字符串至结束位置，并返回截取的字符串	stringObj.substring(2,5)　结果为"ML5"
split([分隔符])	分隔字符串到一个数组中	var s="good morning evering"，var b=s.split(" ")结果a[0]= "good", a[1]= " morning", a[2]="evering"
replace(需替代的字符串，新字符串)	在字符串对象中，将指定的字符串替换成新的字符串	stringObj.replace("HTML5","网页设计")结果为"网页设计从入门到精通—JavaScript部分"
toLowerCase()	字符串对象中的字符变为小写字母	stringObj.toLowerCase()结果为"html5从入门到精通—JavaScript部分"
toUpperCase()	字符串对象中的字符变为大写字母	stringObj.toUpperCase()　结果为"HTML5从入门到精通——JavaScript部分"

　　【例10.1】设计程序，在文本框中输入字符串，单击【检查】按钮，检查字符串是否为有效字符串（字符串是否由大小写字母、数字、下画线_和连字符-构成），如图10-1所示。如果有效，弹出提示信息"你的字符串合法"，如图10-2所示；如果无效，弹出提示信息"你的字符串不合法"，如图10-3所示。

图10-1　判断字符串是否合法

图10-2　输入合法字符串

图10-3　输入不合法字符串

　　具体操作步骤如下：

01　创建文件10.1.html，代码如下：

```
<!DOCTYPE html>
<html>
<head>
```

```
<title>判断字符串是否合法</title>
</head>
<body>
 <form action="" method="post" name="myform" id="myform">
  <input type="text" name="txtString">
  <input type="button" value="检　查">
 </form>
</body>
</html>
```

[02]　在HTML文件的head部分输入JavaScript代码，如下所示：

```
<script>
function isRight(subChar)
{
  var findChar="abcdefghijklmnopqrstuvwxyz1234567890_-";    //字符串中出现的字符
  for(var i=0;i<subChar.length;i++)                         //逐个判断字符串的字符
  {
    if(findChar.indexOf(subChar.charAt(i))==-1) //在findChar中查找输入字符串中的字符
    {
      alert("你的字符串不合法");
      return;
    }
  }
  alert("你的字符串合法");
}
</script>
```

[03]　为"检查"按钮添加单击（onclick）事件，调用计算（isRight）函数。在HTML文件中，把
　　　<input type="button" value="检　查">这一行代码修改如下：

```
<input type="button" value="检　查" onclick="isRight(document.myform.txtString.
value)">
```

[04]　保存网页，浏览最终效果。

10.2　数组对象

　　数组是有序数据的集合，JavaScript中的数组元素允许属于不同的数据类型。使用数组名和下标可以唯一确定数组中的元素。

10.2.1　数组对象的创建

在实际应用中，往往会遇到具有相同属性又与位置有关的一批数据。例如，40个学生的数学成绩，对于这些数据当然可以声明M1，M2，…，M40等变量来分别代表每个学生的数学成绩，其中M1代表第1个学生的成绩，M2代表第2个学生的成绩，……，M40代表第40个学生的成绩，其中M1中的1表示其所在的位置序号。这里的M1，M2，…，M40通常称为下标变量。显然，如果用简单变量来处理这些数据会很麻烦，而用一批具有相同名字、不同下标的下标变量来表示同一属性的一组数据，不仅很方便，而且能更清楚地表示它们之间的关系。

数组是具有相同数据类型的变量集合，这些变量都可以通过索引进行访问。数组中的变量称为数组的元素，数组能够容纳元素的数量称为数组的长度。数组中的每个元素都具有唯一的索引（或称为下标）与其相对应，在JavaScript中，数组的索引从零开始。

数组对象使用Array，创建数组对象有3种方法。

（1）新建一个长度为零的数组

```
var 数组名=new Array( );
```

例如，声明数组为myArr1，长度为0，代码如下：

```
var myArr1=new Array();
```

（2）新建一个长度为n的数组

```
var 数组名=new Array( n );
```

例如，声明数组为myArr2，长度为6，代码如下：

```
var myArr2=new Array(6);
```

（3）新建一个指定长度的数组并赋值

```
var 数组名=new Array(元素1,元素2,元素3,...);
```

例如，声明数组为myArr3，并且分别赋值为1、2、3、4，代码如下：

```
var myArr3=new Array(1,2,3,4);
```

上面这一行代码创建了一个数组myArr3，并且包含4个元素myArr3[0]、myArr3[1]、myArr3[2]、myArr3[3]，这4个元素值分别为1、2、3、4。

10.2.2　数组对象的操作

1. 数组元素的长度

数组对象的属性非常少，常用的属性length可以返回数组对象的长度，也就是数组中元素的个数。length的取值随着数组元素的增减而变化，并且用户还可以修改length属性值。假设有一个长度为4的数组，那么数组对象的length属性值将会是4。如果用户将length属性赋值为3，那么数组中的最后一个数组元素将会被删除，并且数组的长度也会改为3。如果将该数组的

length属性值设置为7，那么该数组的长度将会变成7，而数组中的第3个、第4个和第5个元素的值为undefined。因此，length还具有快速添加和删除数组元素的功能，但是添加和删除只能从数组尾部进行，并且添加的元素值都为undefined。例如，声明长度为3的数组对象myArr，并赋值"a","b","c"，输出其长度，并将长度修改为2，代码如下：

```
vvar myArr=new Array("a","b","c");          //创建数组
document.write("数组长度为:"+myArr.length);     //输出数组长度
myArr.length=2;                             //修改长度为2
```

2．访问数组

引用数组元素是通过数组的序列号。在JavaScript数组中，元素序列号是从0开始计算的，然后依次加1。可以对数组元素赋值或取值，其语法规则如下：

```
数组变量[i]=值;         //为数组元素赋值
变量名=数组变量[i];      //使用数组元素为变量赋值
```

其中，i为数组元素序列号。

例如下面的例子，创建长度为3的数组myArr，并且对第1个元素赋值，分别输出第一个元素和第二个元素。

【例10.2】（实例文件：ch10\10.2.html）

```
<!DOCTYPE html>
<html>
<head>
<title>创建日期对象</title>
<script>
var myArr=new Array(3);             //创建数组
myArr[0]=6;                         //给下标为0的元素赋值
//输出第1个元素和第2个元素值
document.write("第1个元素值为: "+myArr[0]+"<br />第2个元素值为: "+myArr[1]);
</script>
</head>
<body>
</body>
</html>
```

程序段中为第1个元素赋值6，第2个元素和第3个元素没有赋值，此时默认值为undefined。网页预览效果如图10-4所示。

如果希望对数组对象的元素进行读取或赋值操作，即遍历数组，可以使用前面学习的for语句或for…in语句。for语句的使用请参阅前面的章节，for…in语句的格式如下：

图10-4　数组元素的赋值与读取

```
for(var 变量名 in 数组名){
    //循环体语句
}
```

例如，分别使用for...in语句和for语句遍历数组元素并输出，代码如下：

```
var arr=new Array("good",3,-6.5,true);
/*使用for...in语句遍历数组元素*/
for(var s in arr)
{
    document.write(arr[s]+"<br/>");  //输出元素值
}
/*使用for语句遍历数组元素*/
for(var i=0;i<arr.length;i++)
{
    document.write(arr[i]+"<br/>");
}
```

上述代码中，使用for...in语句和for语句遍历数组元素的结果是一致的，但是for语句使用时必须借助数组的length属性才能完成遍历。相对而言，for...in语句在遍历数组时较for语句容易。

3．添加数组元素

C#、Java等语言定义的数组，其长度是固定不变的，而JavaScript语言与它们不同，数组的长度可以随时修改。在JavaScript中，可以为数组随意增加元素，增加数组元素有两种方法。

（1）修改数组的length属性

假设现有数组的长度为3，通过修改length属性为5会将数组增加两个元素。新增加的这两个元素值为undefined。

（2）直接为元素赋值

假设现有数组arr，长度为3，那么它包含的元素是arr[0]、arr[1]、arr[2]。如果增加代码arr[4]=10，那么将为数组增加两个元素，即arr[3]和arr[4]，其中arr[3]的值为undefined，arr[4]的值为10。

4．删除数组元素

通过修改数组的length属性可以从尾部删除数组元素。例如，假设有长度为5的数组，删除尾部两个元素，只需要将数组长度设置为3即可。

JavaScript提供的delete运算符可以删除任意位置的数组元素。但是，该运算符并不是真正删除数组元素，而是将元素值修改成undefined，数组的长度不会发生改变。假设一个数组中有3个元素，使用delete运算符删除第2个元素之后，数组的length属性还是会返回3，只是第2个元素赋值为undefined。以下代码实现了尾部元素的删除和非尾部元素的删除：

```
var myArr=new Array("a","b","c","d","e");   //创建数组
myArr.length=3;                              //设置数组长度为3，即删除值为"d"和"e"的元素
document.write(myArr.length);                //输出数组长度，结果为3
delete myArr[1];                             //删除下标为1的元素
document.write(myArr.length);                //输出数组长度，结果为3
document.write(myArr[1]);                    //输出元素myArr[1]，结果为undefined
```

真正删除非尾部元素需要借助splice函数，这个函数在下一小节会详细讲解。

10.2.3 数组对象的常用方法

在JavaScript中，有大量数组常用操作，例如合并数组、删除数组元素、添加数组元素、数组元素排序等。数组对象的函数如表10-3所示。

表10-3 数组对象的常用函数

函　　数	说　　明
concat(数组2,数组3,…)	合并数组
join(分隔符)	将数组转换为字符串
pop()	删除最后一个元素，返回最后一个元素
push (元素1,元素2,…)	添加元素，返回数组的长度
shift()	删除第一个元素，返回第一个元素
unshift(元素1,元素2,…)	添加元素至数组开始处
slice(开始位置[,结束位置])	从数组中选择元素组成新的数组
splice(位置,多少[,元素1,元素2,…])	从数组中删除或替换元素
sort()	排序数组
reverse()	倒序数组
toString	返回一个字符串，该字符串包含数组中的所有元素，各个元素间用逗号分隔

1．数组的合并及数组元素的增加、删除

JavaScript提供的concat函数可以合并数组，pop函数和shift函数可以删除元素，push函数和unshift函数可以增加数组元素。

【例10.3】新建数组MyArr并赋值"A""B""C"新建数组MyArr2并赋值"J""K""L"，将数组MyArr和MyArr2合并为MyArr3并输出MyArr3数据到页面，删除MyArr3中第一个元素和最后一个元素并输出MyArr3数据到页面。网页程序预览效果如图10-5所示。

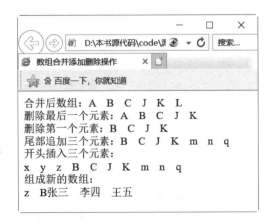

图10-5 网页程序预览效果

具体操作步骤如下：

01 创建文件10.3.html，代码如下：

```
<!DOCTYPE html>
<html>
<head>
<title>数组合并添加删除操作</title>
<script src=1.js></script>
</head>
<body>
</body>
</html>
```

02 新建JavaScript文件，保存文件名为1.js，保存在与HTML文件相同的位置。在1.js文件中输入如下代码：

```
var myArr=new Array("A","B","C");          //创建数组myArr
var myArr2=new Array("J","K","L");          //创建数组myArr2
var myArr3=new Array();                      //创建数组myArr3
myArr3=myArr3.concat(myArr,myArr2);        //数组myArr和myArr2合并，并赋给数组myArr3
/*输出合并后数组myArr3的元素值*/
document.write("合并后数组：");
for(i in myArr3)
{
    document.write(myArr3[i]+"  ");
}
myArr3.pop();                               //删除myArr3数组的最后一个元素
/*输出删除最后一个元素后的数组*/
document.write("<br />删除最后一个元素：");
for(i in myArr3)
{
    document.write(myArr3[i]+"  ");
}
myArr3.shift();                             //删除myArr3数组的第一个元素
/*输出删除第一个元素后的数组*/
document.write("<br />删除第一个元素：");
for(i in myArr3)
{
    document.write(myArr3[i]+"  ");
}
myArr3.push("m","n","q");                   //尾部追加三个元素
/*输出在尾部追加元素后的数组*/
document.write("<br />尾部追加三个元素：");
for(i in myArr3)
```

```
    {
        document.write(myArr3[i]+" ");
    }
    myArr3.unshift("x","y","z");                    //在数组开头添加三个元素
    /*输出在开头添加元素后的数组*/
    document.write("<br />开头插入三个元素: <br />");
    for(i in myArr3)
    {
        document.write(myArr3[i]+" ");
    }
    var myArr4=myArr3.slice(2,4);  //在第二个位置删除4个数组元素,并将修改后的数组赋值给新数组
myArr4
    //输出组成的新数组
    document.write("<br />组成新的数组: <br />");
    var s=myArr4.join(" ");         //将数组转换成字符串,用空格分隔
    document.write(s);              //输出字符串
    var s2="张三,李四,王五";        //声明字符串
    var myArr5=s2.split(",");       //以逗号符将字符串s2分隔到数组myArr5
    /*输出数组myArr5*/
    for(i in myArr5)
    {
        document.write(myArr5[i]+" ");
    }
```

2. 排序数组和反转数组

JavaScript提供了数组排序的方法sort([比较函数名]),如果没有比较函数,元素就按照ASCII字符顺序升序排列;如果给出比较函数,就根据函数进行排序。

例如,下述代码使用sort函数对数组arr进行排序。

```
var arr=new Array(1,20,8,12,6,7);
arr.sort();
```

数组排序后将得到结果:1,12,20,6,7,8。

上述没有使用比较函数的sort方法,是按字符的ASCII值排序的。先从第一个字符比较,如果第1个字符相等,再比较第2个字符,以此类推。

对于数值型数据,如果按字符比较,得到的结果并不是用户所需要的,因此需要借助比较函数。比较函数有两个参数,分别代表每次排序时的两个数组项。sort()排序时每次比较两个数组项都会执行这个参数,并把两个比较的数组项作为参数传递给这个函数。当函数返回值大于0的时候就交换两个数组的顺序,否则就不交换,即函数返回值小于0,表示升序排列,函数返回值大于0,表示降序排列。

【例10.4】新建数组x并赋值1,20,8,12,6,7,使用sort方法排序数组并输出x数组到页面。网页程序预览效果如图10-6所示。

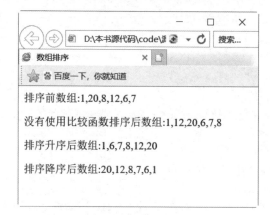

图10-6　网页程序预览效果

具体操作步骤如下：

01　创建文件10.4.html，代码如下：

```
<!DOCTYPE html>
<html>
<head>
<title>数组排序</title>
<script src=2.js></script>
</head>
<body>
</body>
</html>
```

02　新建JavaScript文件，保存文件名为2.js，保存在与HTML文件相同的位置。在1.js文件中输入如下代码：

```
var x=new Array(1,20,8,12,6,7);   //创建数组
document.write("排序前数组:"+x.join(",")+"<p>"); //输出数组元素
x.sort();   //按字符升序排列数组
document.write("没有使用比较函数排序后数组:"+x.join(",")+"<p>");   //输出排序后的数组
x.sort(asc);  //有比较函数的升序排列
/*升序比较函数*/
function asc(a,b)
{
    return a-b;
}
document.write("排序升序后数组:"+x.join(",")+"<p>");//输出排序后的数组
x.sort(des); //有比较函数的降序排列
/*降序比较函数*/
function des(a,b)
{
```

```
    return b-a;
}
document.write("排序降序后数组:"+x.join(","));          //输出排序后的数组
```

10.3　文档对象模型

HTML DOM是HTML Document Object Model（文档对象模型）的缩写，HTML DOM是专门用于HTML/XHTML文档的对象模型。可以将HTML DOM理解为网页的API，它将网页中的各个元素都看作一个对象，从而使网页中的元素也可以被计算机语言获取或者编辑。例如，JavaScript就可以利用HTML DOM动态地修改网页。

10.3.1　文档对象模型介绍

DOM是W3C组织推荐的处理HTML/XML的标准接口。DOM实际上是以面向对象的方式描述对象模型的，它定义了表示和修改文档所需要的对象、这些对象的行为和属性以及这些对象之间的关系。

各种语言可以按照DOM规范去实现这些接口，给出解析文件的解析器。DOM规范中所指的文件相当广泛，其中包括XML文件以及HTML文件。DOM可以看作是一组API（Application Program Interface，应用编程接口），它把HTML文档、XML文档等看作一个文档对象，在接口中存放着大量方法，其功能是对这些文档对象中的数据进行存取，并且利用程序对数据进行相应处理。DOM技术并不是首先用于XML文档，对于HTML文档来说，其早已可以使用DOM来读取里面的数据了。

DOM可以由JavaScript实现，它们两者之间的结合非常紧密，甚至可以说如果没有DOM，在使用JavaScript时遇到的困难是不可想象的，因为我们每解析一个节点、一个元素都要耗费很多精力，DOM本身是设计为一种独立的程序语言，以一致的API存取文件的结构表述。

在使用DOM解析HTML对象的时候，首先在内存中构建起一棵完整的解析树，借此实现对整个XML文档的全面、动态的访问。也就是说，它的解析是有层次的，即将所有的HTML中的元素都解析成树上层次分明的节点，然后我们可以对这些节点执行添加、删除、修改及查看等操作。

目前W3C提出了3个DOM规范，分别是DOM Level1、DOM Level2、DOM Level3。

10.3.2　在DOM模型中获得对象的方法

在DOM结构中，其根节点由document对象表示，对于HTML文档而言，实际上就是\<html>元素。当使用JavaScript脚本语言操作HTML文档时，document即指向整个文档，\<body>、\<table>等节点类型即为Element，Comment类型的节点则是指文档的注释。在使用DOM操作XML和HTML文档时，经常要使用document对象。document对象是一棵文档树的根，该对象可为我们提供对文档数据最初（或最顶层）的访问入口。

【例10.5】（实例文件：ch10\10.5.html）

```html
<!DOCTYPE html>
<html>
<head>
<title>解析HTML对象</title>
<script type="text/javascript">
window.onload = function(){
    var zhwHtml = document.documentElement; //通过docuemnt.documentElement获取
根节点
    alert(zhwHtml.nodeName);                //打印节点名称
    var zhwBody = document.body;            //获取body标签节点
    alert(zhwBody.nodeName);                //打印BODY节点的名称
    var fH = zhwBody.firstChild;            //获取body的第一个子节点
    alert(fH+"body的第一个子节点");
    var lH = zhwBody.lastChild;             //获取body的最后一个子节点
    alert(lH+"body的最后一个子节点");
    var ht = document.getElementById("zhw"); //通过id获取<h1>
    alert(ht.nodeName);
    var text = ht.childNodes;
    alert(text.length);
    var txt = ht.firstChild;
    alert(txt.nodeName);
    alert(txt.nodeValue);
    alert(ht.innerHTML);
    alert(ht.innerText+"Text");
}
</script>
</head>
<body>
<h1 id="zhw">我是一个内容节点</h1>
</body>
</html>
```

在上面的代码中，首先获取HTML文件的根节点，即使用document.documentElement语句获取，接下来分别获取了body节点、body的第一个节点、最后一个子节点。语句document. getElementById("zhw")表示获得指定节点，并输出节点名称和节点内容。

在IE 11.0中预览效果，如图10-7所示，可以看到当页面显示的时候，JavaScript程序会依次将HTML的相关节点输出，例如输出HTML、Body和H1等节点。

图10-7　输入DOM对象中的节点

10.3.3　事件驱动

　　JavaScript是基于对象（Object Based）的语言，而基于对象的基本特征就是采用事件驱动（Event Driver），它是在用图形界面的环境下使得一切输入变得简单化。通常鼠标或热键的动作称为事件（Event），而由鼠标或热键引发的一连串程序的动作称为事件驱动。对事件进行处理的程序或函数称为事件处理程序（Event Handler）。

　　要使事件处理程序能够启动，必须先告诉对象，如果发生了什么事件，要启动什么处理程序，否则这个流程就不能进行下去。事件的处理程序可以是任意JavaScript语句，但是一般用特定的自定义函数来处理事件。

　　事件定义了用户与页面交互时产生的各种操作，例如单击超链接或按钮时就会产生一个单击（click）事件，click事件触发标记中的onclick事件处理。浏览器在程序运行的大部分时间都在等待交互事件的发生，并在事件发生时自动调用事件处理函数来完成事件处理过程。

　　事件不仅可以在用户交互过程中产生，而且浏览器自己的一些动作也可以产生事件。例如，当载入一个页面时就会发生load事件，卸载一个页面时就会发生unload事件。归纳起来，必需使用的事件有以下三大类：

- 引起页面之间跳转的事件，主要是超链接事件。
- 事件浏览器自己引起的事件。
- 事件在表单内部同界面对象的交互。

【例10.6】（实例文件：ch10\10.6.html）

```
<!DOCTYPE html>
<html>
<head>
<title>JavaScript事件驱动</title>
<script language="javascript">
function countTotal(){
  var elements = document.getElementsByTagName("input");
  window.alert("input类型节点总数是:" + elements.length);
}
function anchorElement(){
  var element = document.getElementById("ss");
  window.alert("按钮的value是:" + element.value);
}
</script>
</head>
<body>
<table width="364" border="1" cellpadding="0" cellspacing="0">
<form action="" name="form1" method="post">
<tr>
    <td width="20%"> 用户名</td>
```

```
            <td width="80%"> <input type="text" name="input1" value=""></td>
    </tr>
    <tr>
        <td> 密码</td>
        <td> <input type="password" name="password1" value=""></td>
    </tr>
    <tr>
        <td> </td>
        <td><input id="ss" type="submit" name="Submit" value="提交"></td>
    </tr>
    </form>
    </table>
    <a href="javascript:void(0);" onClick="countTotal();">
    统计input子节点总数</a>
    <a href="javascript:void(0);" onClick="anchorElement();">获取提交按钮内容</a>
    </body>
    </html>
```

在上面的HTML代码中创建了两个超链接，并给这两个超链接添加了单击事件，即onclick事件，当单击超链接时，会触发countTotal和anchorElement()函数。在JavaScript代码中，创建了countTotal和anchorElement()函数。在countTotal函数中，使用"document.getElementsByTagName ("input");"语句获取节点名称为input的所有元素，并将它存储到一个数组中，然后将这个数组长度输出；在anchorElement()函数中，使用"document.getElementById("submit")"获取按钮节点对象，并将此对象的值输出。

在IE 11.0中预览效果，如图10-8所示，可以看到当页面显示的时候，单击【统计input子节点总数】和【获取提交按钮内容】超链接会分别显示input的子节点数和提交按钮的value内容。从执行结果来看，当单击超链接时会触发事件处理程序，即调用JavaScript函数。JavaScript函数执行时，会根据相应程序代码完成相关操作，例如本实例的统计节点数和获取按钮value内容等。

图10-8　事件驱动显示

10.4　窗口（window）对象

window对象在客户端JavaScript中扮演重要的角色，它是客户端程序的全局（默认）对象，还是客户端对象层次的根。window对象是JS中最大的对象，描述的是一个浏览器窗口，一般在引用它的属性和方法时不需要使用"Window.XXX"这种形式，而是直接使用"XXX"。一个框架页面也是一个窗口，window对象表示浏览器中打开的窗口。

10.4.1　窗口介绍

window对象表示一个浏览器窗口或一个框架。在客户端JavaScript中，window对象是全局对象，所有的表达式都在当前的环境中计算。也就是说，要引用当前窗口，根本不需要特殊的语法，可以把当前窗口的属性作为全局变量来使用。例如，可以只写document，而不必写window.document。同样，可以把当前窗口对象的方法当作函数来使用，如只写alert()，而不必写window.alert()。

window对象还实现了核心JavaScript所定义的所有全局属性和方法。window对象的window属性和self属性引用的都是它自己。windows对象属性如表10-4所示。

表10-4　window对象属性

属性名称	说　明
Closed	一个布尔值，当窗口被关闭时此属性为true，默认为false
defaultStatus, status	一个字符串，用于设置在浏览器状态栏显示的文本
Document	对Document对象的引用，该对象表示在窗口中显示的HTML文件
Frames[]	window对象的数组，代表窗口的各个框架
history	对history对象的引用，该对象代表用户浏览器窗口的历史
innerHight, innerWidth, outerHeight, outerWidth	它们分别表示窗口的内外尺寸
location	对location对象的引用，该对象代表在窗口中显示的文档的URL
Locationbar,menubar,scrollbars, statusbar,toolbar	对窗口中各种工具栏的引用，如地址栏、工具栏、菜单栏、滚动条等。这些对象分别用来设置浏览器窗口中各个部分的可见性
Name	窗口的名称，可被HTML标记<a>的target属性使用
Opener	对打开当前窗口的window对象的引用。如果当前窗口被用户打开，那么它的值为null
pageXOffset, pageYOffset	在窗口中滚动到右边和下边的数量
parent	如果当前的窗口是框架，它就是对窗口中包含这个框架的引用
self	自引用属性，是对当前window对象的引用，与window属性相同

（续表）

属性名称	说　明
Top	如果当前窗口是一个框架，它就是对包含这个框架顶级窗口的window对象的引用。注意，对于嵌套在其他框架中的框架来说，top不等同于parent
Window	自引用属性，是对当前Window对象的引用，与self属性相同

window对象常用函数如表10-5所示。

表10-5　window对象常用函数

函数名称	说　明
close()	关闭窗口
Find(), home(), print(), stop()	执行浏览器中的查找、主页、打印和停止按钮的功能，就像用户单击了窗口中这些按钮一样
Focus(), blur()	请求或放弃窗口的键盘焦点。Focus()函数还将把窗口置于最上层，使窗口可见
moveBy(), moveTo()	移动窗口
resizeBy(), resizeTo()	调整窗口大小
scrollBy(), scrollTo()	滚动窗口中显示的文档
setInterval(), clearInterval()	设置或者取消重复调用的函数，该函数在两次调用之间有指定的延迟
setTimeout(), clearTimeout()	设置或者取消在指定的若干秒后调用一次函数

【例10.7】（实例文件：ch10\10.7.html）

```
<!DOCTYPE html>
<html>
<head>
<title>window属性</title>
</head>
<body>
<script language="JavaScript">
function shutwin(){
  window.close();
  return;
}
</script>
<a href="javascript:shutwin();">关闭本窗口</a>
</body>
</html>
```

在上面的代码中，创建了一个超链接并为超链接添加了一个事件，即单击超链接时会调用函数shutwin。在函数shutwin中，使用window对象的函数close关闭了当前窗口。

在IE 11.0中预览效果，如图10-9所示，当单击超链接【关闭本窗口】时，会弹出一个对话框询问是否关闭当前窗口，如果选择【是】，就会关闭当前窗口，否则不关闭当前窗口。

图10-9 预览效果

10.4.2 对话框

对话框的作用是和浏览者进行交流，有提示、选择和获取信息的功能。JavaScript提供了3个标准的对话框，分别是弹出对话框、选择对话框和输入对话框。这3个对话框都是基于window对象产生的，即作为window对象的方法使用。

window对象中的对话框如表10-6所示。

表10-6 window对象中的对话框

对 话 框	说 明
alert()	弹出一个只包含【确定】按钮的对话框
confirm()	弹出一个包含【确定】和【取消】按钮的对话框，要求用户做出选择。如果用户单击【确定】按钮，就返回true值，如果单击【取消】按钮，就返回false值
Prompt()	弹出一个包含【确定】和【取消】按钮和一个文本框的对话框，要求用户在文本框输入一些数据。如果用户单击【确定】按钮，就返回文本框中已有的内容，如果单击【取消】按钮，就返回null值，如果指定<初始值>，文本框中就会有默认值

【例10.8】（实例文件：ch10\10.8.html）

```
<!DOCTYPE html>
<html>
<head>
<script type="text/javascript">
function display_alert()
{
  alert("我是弹出对话框")
}
function disp_prompt()
{
  var name=prompt("请输入名称","")
```

```
  if (name!=null && name!="")
  {
    document.write("你好 " + name + "!")
  }
}
function disp_confirm()
{
  var r=confirm("按下按钮")
  if (r==true)
  {
    document.write("单击确定按钮")
  }
  else
  {
    document.write("单击返回按钮")
  }
}
</script>
</head>
<body>
<input type="button" onclick="display_alert()" value="弹出对话框" />
<input type="button" onclick="disp_prompt()" value="输入对话框" />
<input type="button" onclick="disp_confirm()"  value="选择对话框" />
</body>
</html>
```

在HTML代码中，创建了3个表单按钮，并分别为3个按钮添加了单击事件，即单击不同的按钮时调用了不同的JavaScript函数。在JavaScript代码中，创建了3个JavaScript函数，这3个函数分别调用window对象的alert、confirm和prompt函数创建不同形式的对话框。

在IE 11.0中预览效果，如图10-10所示，单击3个按钮时会显示不同的对话框类型，例如弹出对话框、选择对话框和输入对话框。

图10-10　对话框显示

10.4.3 窗口操作

上网的时候会遇到这样的情况，当进入首页或者单击一个链接或按钮时会弹出一个窗口，窗口中通常会显示一些注意事项、版权信息、警告、欢迎光顾之类的话，或者其他需要特别提示的信息。实现弹出窗口非常简单，只需要使用window对象的open函数即可实现。

open()函数提供了很多可供用户选择的参数，它的用法是：

```
open(<URL字符串>, <窗口名称字符串>, <参数字符串>);
```

其中，各个参数的含义如下：

- <URL字符串>：指定新窗口要打开网页的URL地址，如果为空（''），就不打开任何网页。
- <窗口名称字符串>：指定被打开新窗口的名称（window.name），可以使用'_top'、'_blank'等内置名称。这里的名称跟<a href="..." target="...">中的target属性是一样的。
- <参数字符串>：指定被打开新窗口的外观。如果只需要打开一个普通窗口，该字符串留空（''）；如果要指定新窗口，就在字符串中写上一到多个参数，参数之间用逗号隔开。

open()函数第3个参数有如下几个可选值：

- top=0：窗口顶部离开屏幕顶部的像素数。
- left=0：窗口左端离开屏幕左端的像素数。
- width=400：窗口的宽度。
- height=100：窗口的高度。
- menubar=yes|no：窗口是否有菜单，取值yes或no。
- toolbar= yes|no：窗口是否有工具栏，取值yes或no。
- location= yes|no：窗口是否有地址栏，取值yes或no。
- directories= yes|no：窗口是否有连接区，取值yes或no。
- scrollbars= yes|no：窗口是否有滚动条，取值yes或no。
- status= yes|no：窗口是否有状态栏，取值yes或no。
- resizable= yes|no：窗口是否可以调整大小，取值yes或no。

例如，打开一个宽500、高200的窗口，语句如下：

```
open('','_blank','width=500,height=200,menubar=no,toolbar=no,location=no,
     directories=no,status=no,scrollbars=yes,resizable=yes')
```

【例10.9】（实例文件：ch10\10.9.html）

```
<!DOCTYPE html>
<html>
<head>
<title>打开新窗口</title>
</head>
<body>
<script language="JavaScript">
```

```
<!--
function setWindowStatus()
{
  window.status="Window对象的简单应用案例，这里的文本是由status属性设置的。";
}
function NewWindow() {
  msg=open("","DisplayWindow","toolbar=no,directories=no,menubar=no");
  msg.document.write("<HEAD><TITLE>新窗口</TITLE></HEAD>");
  msg.document.write("<CENTER><h2>这是由Window对象的Open方法所打开的新窗
口!</h2></CENTER>");
  }
</script>
<body onload="setWindowStatus()">
<input type="button" name="Button1" value="打开新窗口" onclick="NewWindow()">
</body>
</html>
```

在代码中，使用onload加载事件，调用JavaScript函数setWindowStatus设置状态栏的显示信息，创建了一个按钮并为按钮添加了单击事件，其事件处理程序在NewWindow函数中使用open打开了一个新的窗口。

在IE 11.0中预览效果，如图10-11所示，当单击页面中的【打开新窗口】按钮时，会显示新窗口。在新窗口中没有显示地址栏和菜单栏等信息。

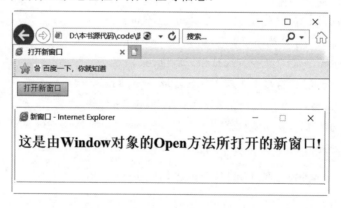

图10-11　使用open函数打开新窗口

10.5　文档（document）对象

document对象是客户端使用最多的JavaScript对象。document对象除了常用的write()函数之外，还定义了文档整体信息属性，比如文档URL、最后修改日期、文档要链接到的URL、显示颜色等。

10.5.1 文档的属性

window对象具有document属性，该属性表示在窗口中显示HTML文件的document对象。客户端JavaScript可以把静态HTML文档转换成交互式的程序，因为document对象提供交互访问静态文档内容的功能。除了提供文档整体信息的属性外，document对象还有很多重要的属性，这些属性提供文档内容的信息。

document对象有很多函数，其中包括以前程序中经常看到的document.write()，如表10-7所示。

表10-7　document对象的函数

函数名称	说　　明
close()	关闭或结束open()函数打开的文档
open()	产生一个新文档，并清除已有文档的内容
write()	输入文本到当前打开的文档
writeln()	输入文本到当前打开的文档，并添加一个换行符
document.createElement(Tag)	创建一个HTML标记对象
document.getElementById(ID)	获得指定ID值的对象
document.getElementsByName(Name)	获得指定Name值的对象

表10-8中列出了document对象中定义的常用属性。

表10-8　document对象中常用的属性

属性名称	说　　明
alinkColor , linkColor,vlinkColor	这些属性描述了超链接的颜色。linkColor指未访问过的链接的正常颜色，vlinkColor指访问过的链接的颜色，alinkColor指被激活的链接的颜色。这些属性对应HTML文档中body标记的属性：alink、link和vlink
anchors[]	anchor对象的一个数组，该对象保存着代表文档中锚的集合
applets[]	applet对象的一个数组，该对象代表文档中的Java小程序
bgColor, fgColor	文档的背景色和前景色，这两个属性对应HTML文档中body标记的bgcolor和text属性
cookie	一个特殊属性，允许JavaScript脚本读写HTTP cookie
domain	该属性使处于同一域中的相互信任的Web服务器在网页间交互时能协同忽略某项案例性限制
forms[]	form对象的一个数组，该对象代表文档中form标记的集合
images[]	image对象的一个数组，该对象代表文档中<img>标记的集合
lastModified	一个字符串，包含文档的最后修改日期
links[]	link对象的一个数组，该对象代表文档的链接<a>标记的集合
location	等价于属性URL

（续表）

属性名称	说　明
referrer	文档的URL，包含把浏览器带到当前文档的链接
title	当前文档的标题，即<title>和</title>之间的文本
URL	一个字符串。声明装载文件的URL，除非发生了服务器重定向，否则该属性的值与window对象的Location.href相同

一个HTML文档中的每个<form>标记都会在document对象的forms[]数组中创建一个元素，同样，每个<img>标记也会创建一个images[]数组的元素。同时，这一规则还适用于<a>和<applet>标记，它们分别对应于links[]和applets[]数组的元素。

在一个页面中，document对象具有form、image和applet子对象。通过在对应的HTML标记中设置name属性，就可以使用名字来引用这些对象。包含有name属性时，它的值将被用作document对象的属性名，用来引用相应的对象。

【例10.10】（实例文件：ch10\10.10.html）

```
<!DOCTYPE html>
<html>
<head>
<title>使用document属性</title>
</head>
<body>
<div>
<H2>在文本框中输入内容，注意第二个文本框变化：</H2>
<form>
内容：<input type=text onChange="document.my.elements[0].value=this.value;">
</form>
<form name="my">
结果：<input type=text
onChange="document.forms[0].elements[0].value=this.value;">
</form>
</div>
</body>
</html>
```

在上面的代码中，document.forms[0]引用了当前文档中的第一个表单对象，document.my则引用了当前文档中name属性为my的表单。完整的document.forms[0].elements[0].value引用了第一个表单中第一个文本框的值，而document.my.elements[0].value引用了名为my的表单中第一个文本框的值。

在IE 11.0中预览效果，如图10-12所示，当在第一个文本框输入内容时，鼠标放到第二个文本框时会显示第一个文本框输入的内容。在第一个表单的文本框中输入内容，然后触发了onChange事件（当文本框的内容改变时触发），使第二个文本框中的内容与此相同。

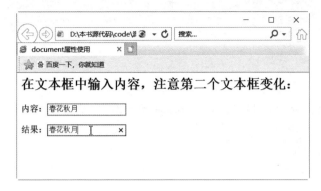

图10-12　document对象的使用

10.5.2　文档中的图片

如果要使用JavaScript代码对文档中的图像标记<img>进行操作，就需要使用到document对象。document对象提供了多种访问文档中标记的方法，下面以图像标记为例进行介绍。

（1）通过集合引用

```
document.images                 //对应页面上的<img>标记
document.images.length          //对应页面上<img>标记的个数
document.images[0]              //第1个<img>标记
document.images[i]             //第i-1个<img>标记
```

（2）通过name属性直接引用

```
<img name="oImage">
<script language="javascript">
document.images.oImage    //document.images.name属性
</script>
```

（3）引用图片的src属性

```
document.images.oImage.src  //document.images.name属性.src
```

【例10.11】（实例文件：ch10\10.11.html）

```
<html>
<head>
<title>文档中的图片</title>
</head>
<body>
<p>下面显示了一幅图片</p>
<img name=image1 width=200 height=120>
<script language="javascript">
   var image1
   image1=new image()
   document.images.image1.src="12.jpg"
```

223

```
</script>
</body>
</html>
```

上面的代码中，首先创建了一个<img>标记，此标记没有使用src属性。在JavaScript代码中创建了一个image1对象，该对象使用new image函数声明，然后使用document属性设置<img>标记的src属性。

在IE 11.0中预览效果，如图10-13所示，会显示一个图片和段落信息。

图10-13　在文档中设置图片

10.5.3　文档中的超链接

文档对象document中有一个links属性，该属性返回页面中所有链接标记所组成的数组，同样可以用于进行一些通用的链接标记处理。例如，在Web标准的strict模式下，链接标记的target属性是被禁止的，使用时无法通过W3C关于网页标准的验证。若要在符合strict标准的页面中让链接在新建窗口中打开，可以使用如下代码：

```
var links=document.links;
for(var i=0;i<links.length;i++){
  links[i].target="_blank";
}
```

【例10.12】（实例文件：ch10\10.12.html）

```
<!DOCTYPE html>
<html>
<head>
<title>显示页面的所有链接</title>
<script language="JavaScript1.2">
function extractlinks(){
  var links=document.all.tags("A")
  var links=document.links;
```

```
var total=links.length
var win2=window.open("","","menubar,scrollbars,toolbar")
win2.document.write("<font size='2'>一共有"+total+"个链接</font><br />")
for(i=0;i<total;i++){
    win2.document.write("<font size='2'>"+links[i].outerHTML+"</font><br />")
}
}
</script>
</head>
<body>
<input type="button" onclick="extractlinks()" value="显示所有的链接">
<p>  </p>
<p><a target="_blank" href="http://www.sohu.com/">搜狐</a></p>
<p><a target="_blank" href="http://www.sina.com/">新浪</a></p>
<p><a target="_blank" href="http://www.163.com/">163</a></p>
<p>连接1</p>
<p>连接1</p>
<p>连接1</p>
<p>连接1</p>
</body>
</html>
```

在HTML代码中，创建了多个标记，例如表单标记input、段落标记和3个超链接标记。在JavaScript函数中，函数extractlinks的功能就是获取当前页面中的所有超链接，并在新窗口中输出。其中document.links就是获取当前页面所有链接并存储到数组中，其功能和语句document.all.tags("A")功能相同。

在IE 11.0中预览效果，如图10-14所示，在页面中单击【显示所有的链接】按钮，会弹出一个新的窗口，并显示原来窗口中所有的超链接，如图10-15所示。当单击按钮时，就触发了一个按钮单击事件，并调用了事件处理程序，即函数。

图10-14　获取所有链接

图10-15　超链接新窗口

225

10.6　表　单　对　象

每一个form对象都对应着HTML文档中的一个<form>标记。通过form对象可以获得表单中的各种信息，也可以提交或重置表单。由于表单中还包括很多表单元素，因此form对象的子对象还可以对这些表单元素进行引用，以完成更具体的应用。

10.6.1　form对象

form对象代表一个HTML表单。在HTML文档中，<form>标记每出现一次，form对象就会被创建。在使用单独的表单form对象之前，首先要引用form对象。form对象由网页中的<form></form>标记对创建，相似地，form中的元素也是由<input>等标记创建的，它们被存放在数组elements中。

一个表单隶属于一个文档，对于表单对象的引用可以通过隶属文档的表单数组进行引用，即使在只有一个表单的文档中，表单也是一个数组的元素，其引用形式如下：

```
document.forms(0)
```

需要注意的是，表单数组引用是采用form的复数形式forms，数组的下标总是从0开始。

在对表单命名后，也可以简单地通过名称进行引用，比如，如果表单的名称是MForm，那么引用形式如下：

```
document.MForm
```

【例10.13】（实例文件：ch10\10.13.html）

```html
<!DOCTYPE html>
<html>
<head>
<title>form表单长度</title>
</head>
<body>
<form id="myForm" method="get">
名称: <input type="text" size="20" value="" /><br />
密码: <input type="text" size="20" value="" />
<input type=submit value="登录">
</form>
<script type="text/javascript">
document.write("表单中所包含的子元素");
document.write(document.getElementById('myForm').length);
</script>
</body>
</html>
```

上面的HTML代码中创建了一个表单对象,其ID名称为myForm。在JavaScript程序代码中,使用document.getElementById('myForm')语句获取当前的表单对象,最后使用length属性显示表单元素长度。

在IE 11.0中预览效果,如图10-16所示,会显示一个表单信息,表单中包含两个文本输入框和一个按钮。在表单的下面有一个段落,该段落显示表单元素中包含的子元素。

图10-16 使用form属性

10.6.2 form对象的属性与方法

表单允许客户端的用户以标准格式向服务器提交数据。表单的创建者为了收集所需的数据,使用各种控件设计表单,如input或select。查看表单的用户只需填充数据并单击"提交"按钮,即可向服务器发送数据,服务器上的脚本会处理这些数据。

表单元素的常用属性如表10-9所示。

表10-9　from对象的常用属性

属　　性	说　　明
action	设置或返回表单的action属性
enctype	设置或返回表单用来编码内容的MIME类型
id	设置或返回表单的id
length	返回表单中的元素数目
method	设置或返回将数据发送到服务器的HTTP方法
name	设置或返回表单的名称
target	设置或返回表单提交结果的frame或window名

表单元素的常用方法如表10-10所示。

表10-10　from对象的常用方法

方　　法	说　　明
reset()	把表单的所有输入元素重置为它们的默认值
submit()	提交表单

【例10.14】（实例文件：ch10\10.14.html）

```
<!DOCTYPE html>
<html>
<head>
<script type="text/javascript">
function formSubmit()
{
    document.getElementById("myForm").submit()
}
</script>
</head>
<body>
<form id="myForm" action="1.jsp" method="get">
姓名: <input type="text" name="name" size="20"><br />
住址: <input type="text" name="address" size="20"><br />
<br />
<input type="button" onclick="formSubmit()" value="提交">
</form>
</body>
</html>
```

在HMTL代码中，创建了一个表单，其ID名称为myForm，其中包含文本域和按钮。在JavaScript程序中，使用document.getElementById("myForm")语句获取当前表单对象，并利用表单方法submit执行提交操作。

在IE 11.0中预览效果，如图10-17所示，在页面中的表单输入相关信息后，单击【提交】按钮，会将文本域信息提交给服务器程序。通过表单的按钮触发了JavaScript的提交事件。

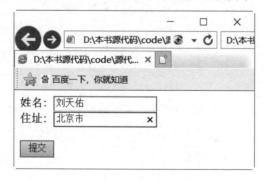

图10-17　form表单提交

10.6.3　单选与复选的使用

在表单元素中，单选按钮是常用的元素之一，在浏览器对象中，可以将单选按钮对象看作是一个对象。radio对象代表HTML表单中的单选按钮。在HTML表单中，<input type="radio">每出现一次，一个radio对象就会被创建。单选按钮表示一组互斥选项按钮中的一个。当一个

228

按钮被选中时，之前选中的按钮就变为非选中。当单选按钮被选中或不选中时，该按钮就会触发onclick事件句柄。

同样，表单元素中的复选框在JavaScript程序中也可以作为一个对象处理，即checkbox对象。checkbox对象代表一个HTML表单中的一个选择框。在HTML文档中，<input type="checkbox">每出现一次，checkbox对象就会被创建。可以通过遍历表单的elements[]数组来访问某个选择框，或者使用document.getElementById()。

在JavaScript程序中，单选按钮、复选框对象常用的方法属性与HTML标记radio、checkbox的方法属性一致，这里就不再重复介绍了。

【例10.15】（实例文件：ch10\10.15.html）

```html
<!DOCTYPE html>
<html>
<head>
<script type="text/javascript">
function check(){
  document.getElementById("check1").checked=true
}
function uncheck(){
  document.getElementById("check1").checked=false
}
function setFocus(){
  document.getElementById('male').focus()
}
function loseFocus(){
  document.getElementById('male').blur()
}
</script>
</head>
<body>
<form>
男: <input id="male" type="radio" name="Sex" value="男" />
女: <input id="female" type="radio" name="Sex" value="女" /><br />
<input type="button" onclick="setFocus()" value="设置焦点" />
<input type="button" onclick="loseFocus()" value="失去焦点" />
<br /><hr>
<input type="checkbox" id="check1"/>
<input type="button" onclick="check()" value="选中复选框" />
<input type="button" onclick="uncheck()" value="取消复选框" />
</form>
</body>
</html>
```

在上面的JavaScript代码中，创建了4个JavaScript函数，用于设置单选按钮和复选框的属性。前两个函数使用checked属性设置复选框状态，后两个函数使用focus和blur方法设置单选按钮的行为。

在IE 11.0中预览效果，如图10-18所示，在该页面中可以通过按钮来控制单选按钮和复选框的相关状态，例如使用【设置焦点】和【失去焦点】设置单选按钮的焦点，使用【选中复选框】和【不选中复选框】设置复选框的选中状态。上述操作都是使用JavaScript程序完成的。

图10-18　设置单选按钮和复选框的状态

10.6.4　使用下拉菜单

下拉菜单是表单中必不可少的元素之一，在浏览器对象中，下拉菜单可以看作是一个select对象，每一个select对象代表HTML表单中的一个下拉列表。在HTML表单中，<select>标记每出现一次，一个select对象就会被创建。可通过遍历表单的elements[]数组来访问某个select对象，或者使用document.getElementById()。select对象常用的方法属性和<select>标记的属性一样，这里就不再介绍了。

【例10.16】（实例文件：ch10\10.16.html）

```
<!DOCTYPE html>
<html>
<head>
<script type="text/javascript">
function getIndex()
{
  var x=document.getElementById("mySelect")
  alert(x.selectedIndex)
}
</script>
</head>
<body>
<form>
选择自己喜欢的水果:
<select id="mySelect">
  <option>苹果</option>
  <option>香蕉</option>
  <option>橘子</option>
  <option>梨</option>
</select>
<br /><br />
```

```
<input type="button" onclick="getIndex()"
value="弹出选择项的序号">
</form>
</body>
</html>
```

在HTML代码中，创建了一个下拉菜单，其ID名称为mySelect。当单击按钮时，会调用getIndex函数。在getIndex函数中，使用语句document.getElementById("mySelect")获取下拉菜单对象，然后使用selectedIndex属性显示当前选中项的索引。

在IE 11.0中预览效果，如图10-19所示，单击【弹出选择项的序号】按钮，可以显示下拉菜单中当前被选中项的索引，例如页面中的提示对话框。注意：这里的序号是从0开始的。

图10-19　获取下拉菜单选中项的序号

10.7　综合实例——设计省市联动效果

在网页注册时，有时为了增加页面效果和减少浏览者输入的工作量，往往会使用一个菜单的级联效果，即第一个下拉菜单的内容改变，此时第二个下拉菜单的内容改变；如果第二个下拉菜单的内容改变，则第三个下拉菜单的内容改变。本实例实现一个省市联动效果：当选择省时，显示该省的市；当选择市时，会显示不同的区。

具体实现步骤如下：

01 分析需求。

实现一个省市联动效果，首先需要确定下拉菜单的个数，这里设定了3个菜单个数，即省、市和区。然后为3个菜单添加相应的数据项，最后使用JavaScript完成级联效果。

02 创建HTML页面，实现基本下拉菜单。

创建HTML页面，在里面实现3个下拉菜单，这3个下拉菜单都包含在一个表单中。其代码如下：

231

```
<!DOCTYPE html>
<html>
<head>
<title>省市联动</title>
</head>
<body>
<div align="center">省市联动</div>
<div align="center">
<form name="isc">
<table border="0" cellspacing="0" cellpadding="0">
<tr align="center">
<td nowrap height="11">
<select name="example" size="1" onChange="redirect(this.options.
selectedIndex)">
<option selected>请选择</option>
<option>河南省</option>
<option>山东省</option>
</select>
<br />
 <select name="stage2" size="1" onChange="redirect1(this.options.
selectedIndex)">
<option value=" " selected>所在市</option>
</select>
<br />
<select name="stage3" size="1">
<option value=" " selected>所在区</option>
</select></table>
</form></div>
</body>
</html>
```

在IE 11.0中预览效果，如图10-20所示，页面上显示了3个下拉菜单，其中第一个下拉菜单可以选择，其他两个没有相关数据项选择。

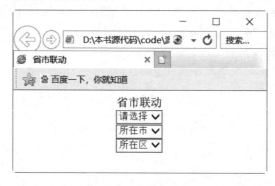

图10-20　设定下拉菜单

03 添加JavaScript代码，实现级联效果。

下拉菜单实现后，需要为下面两个菜单添加相应的数据选项，并且还需要实现相应的级联效果，即在第一个下拉菜单选择后，则第二个下拉菜单的内容改变，其代码如下：

```JavaScript
<script language="JavaScript">
var groups=document.isc.example.options.length;
var group=new Array(groups);
for(i=0; i<groups;i++)
  group[i]=new Array()
  group[0][0]=new Option("所在市"," ");
  group[1][0]=new Option("请选择河南省的所在市","");
  group[1][1]=new Option("郑州","11");
  group[1][2]=new Option("新乡","12");
  group[1][3]=new Option("开封","13");
  group[2][0]=new Option("请选择山东省所在市","");
  group[2][1]=new Option("青岛","21");
  group[2][2]=new Option("济南","22");
  var temp=document.isc.stage2
function redirect(x)
{
  for(m=temp.options.length-1;m>0;m--)
  temp.options[m]=null;
  for(i=0;i<group[x].length;i++)
  {
  temp.options[i]=new Option(group[x][i].text,group[x][i].value);
  }
  temp.options[0].selected=true;
  redirect1(0);
}
var secondGroups=document.isc.stage2.options.length;
var secondGroup=new Array(groups);
for(i=0; i<groups;i++)
{
  secondGroup[i]=new Array(group[i].length);
  for(j=0; j<group[i].length;j++)
  {
  secondGroup[i][j]=new Array();
  }
}
secondGroup[0][0][0]=new Option("所在区"," ");
secondGroup[1][0][0]=new Option("所在区"," ");
secondGroup[1][1][0]=new Option("郑州"," ");
secondGroup[1][1][1]=new Option("管城区","111");
```

```
secondGroup[1][1][2]=new Option("金水区","112");
secondGroup[1][1][3]=new Option("二七区","113");
secondGroup[1][2][0]=new Option("新乡"," ");
secondGroup[1][2][1]=new Option("红旗区","121");
secondGroup[1][2][2]=new Option("牧野区","122");
secondGroup[1][2][3]=new Option("凤泉区","123");
secondGroup[1][3][0]=new Option("开封"," ");
secondGroup[1][3][1]=new Option("龙亭区","131");
secondGroup[1][3][2]=new Option("鼓楼区","132");
secondGroup[2][0][0]=new Option("所在区"," ");
secondGroup[2][1][0]=new Option("青岛"," ");
secondGroup[2][1][1]=new Option("崂山区","211");
secondGroup[2][1][2]=new Option("四方区","212");
secondGroup[2][1][3]=new Option("城阳区","213");
secondGroup[2][2][0]=new Option("济南"," ");
secondGroup[2][2][1]=new Option("天桥区","221");
secondGroup[2][2][2]=new Option("长清区","222");
var temp1=document.isc.stage3;
function redirect1(y)
{
  for(m=temp1.options.length-1;m>0;m--)
  temp1.options[m]=null;
  for(i=0;i<secondGroup[document.isc.example.options.
selectedIndex][y].length;i++)
  {
  temp1.options[i]=new Option(secondGroup[document.isc.example.options.
selectedIndex][y][i].text,secondGroup [document.isc.example.options.
selectedIndex][y][i].value);
  }
  temp1.options[0].selected=true;
}
</script>
```

在IE 11.0中预览效果，如图10-21所示，选择
第一个下拉菜单的内容，则第二个下拉菜单的内
容会发生变化；选择第二个下拉菜单的内容，则
第三个下拉菜单的内容会发生变化。

图10-21　级联效果实现

234

10.8　新手疑惑解答

问题1：Firefox浏览器不支持通过showModalDialog和showModelessDialog打开模态和非模态窗口，怎么办？

IE浏览器可以通过showModalDialog和showModelessDialog打开模态和非模态窗口，但是Firefox不支持。解决办法是：直接使用 window.open(pageURL,name,parameters)方式打开新窗口。如果需要传递参数，那么可以使用frame或者iframe。

问题2：在JavaScript中定义各种对象变量名时需要注意什么问题？

在JavaScript中定义各种对象变量名时，尽量使用id，避免使用name。在IE中，HTML对象的id可以作为document的下属对象变量名直接使用。在Firefox中不能，所以在平常使用时请尽量使用id，避免只使用name不使用id的情况。

第11章

JavaScript操纵CSS

JavaScript和CSS有一个共同特点，二者都是在浏览器上解析并运行的。CSS可以设置网页上的样式和布局，增加网页静态特效。JavaScript是一种脚本语言，可以直接在网页上被浏览器解释运行。如果将JavaScript的程序和CSS的静态效果二者结合起来，就可以创建出大量的动态特效。

11.1 DHTML简介

DHTML又称为动态HTML，它并不是一门独立的新语言。通常来说，DHTML实际上是JavaScript、HTML DOM、CSS以及HTML/XHTML的结合应用。可以说，DHTML是一种制作网页的方式，而不是一种网络技术（就像JavaScript和ActiveX），它也不是一个标记、一个插件或者一个浏览器。DHTML可以通过JavaScript、VBScript、HTML DOM、Layers或者CSS来实现。这里需要注意的是，同一效果的DHTML在不同的浏览器中，被实现的方式是不同的。

下面将着重介绍DHTML的3部分内容。

（1）客户端脚本语言

使用客户端脚本语言（例如JavaScript和VBScript）来改变HTML代码已经有很长一段时间。当用户把鼠标指针放在一幅图片上时，该幅图片改变显示效果，这就是一个DHTML的例子。Microsoft和Netscape浏览器都允许用户使用脚本语言改变HTML语言中大多数的元素，而这些能够被脚本语言改变的页面元素叫作文本对象模型（Document Object Model）。

（2）DOM

DOM是DHTML中的核心内容，它使得HTML代码能够被改变。DOM包括一些有关环境的信息，例如当前时间和日期、浏览器的版本号、网页URL以及HTML中的元素标记（例如<p>标记、<div>标记或者表格标记）。通过开放这些DOM给脚本语言，浏览器就允许用户来改变这些元素了。相对来说，还有一些元素不能被直接改变，但是用户能通过脚本语言改变一些其他元素来改变它们。

在DOM中有一部分内容专门用来指定什么元素能够改变，这就是事件模型。所谓事件，就是把鼠标指针放在一个页面元素上（onmouseover）、加载一个页面（onload）、提交一个表单（onsubmit）、在表单文字的输入部分用鼠标单击一下（onfocus）等。

（3）CSS

脚本语言能够改变CSS中的一些属性。通过改变CSS，用户能够改变页面中的许多显示效果。这些效果包括颜色、字体、对齐方式、位置以及大小。

11.2　前台动态网页效果

JavaScript和CSS的结合运用对于喜爱网页特效的浏览者来说是一大喜讯。作为一个网页设计者，通过JavaScript操作CSS可以创作出大量的网页特效，例如动态内容、动态样式等。

11.2.1　动态内容

JavaScript和CSS相结合可以动态改变HTML页面元素的内容和样式，这种效果是JavaScript常用的功能之一。其实现也比较简单，只需要利用innerHTML属性即可。

几乎所有的元素都有innerHTML属性，它是一个字符串，用来设置或获取位于对象起始标记和结束标记内的HTML。

【例11.1】（实例文件：ch11\11.1.html）

```
<!DOCTYPE html>
<html>
<head>
<title>改变内容</title>
<script type="text/javascript">
function changeit(){
  var html=document.getElementById("content");
  var html1=document.getElementById("content1");
  var t=document.getElementById("tt");
  var temp="<br /><style>#abc {color:red;font-size:36px;}</style>"+
html.innerHTML;
    html1.innerHTML=temp;
}
</script>
</head>
<body>
<div id="content">
<div id="abc">
祝祖国生日快乐！
</div>
```

```
</div>
<div id="content1">
</div>
<input type="button" onclick="changeit()"  value="改变HTML内容">
</body>
</html>
```

在上面的HTML代码中，创建了几个DIV层，层下面有一个按钮并且为按钮添加了一个单击事件，即调用changeit函数。在JavaScript程序的函数changeit中，首先使用getElementById方法获取HTML对象，然后使用innerHTML属性设置html1层的显示内容。

在IE 11.0中预览效果，如图11-1所示，在显示页面中有一个段落和按钮。当单击按钮时，会显示如图11-2所示的窗口，会发现段落内容和样式发生了变化，即增加了一个段落，并且字体变大，颜色为红色。

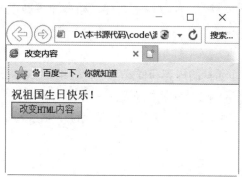
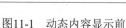

图11-1　动态内容显示前

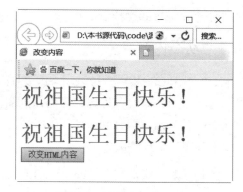

图11-2　动态内容显示后

11.2.2　动态样式

JavaScript不但可以改变动态内容，还可以根据需要动态改变HTML元素的显示样式，例如显示大小、颜色和边框等。如果要动态改变HTML元素的显示样式，首先需要获取要改变的HTML对象，然后利用对象的相关样式属性设定不同的显示样式。

在实现过程中，需要用到styleSheets属性，它表示当前HTML网页上的样式属性集合，可以数组形式获取；属性rules 表示是第几个选择器；属性cssRules表示是第几条规则。

【例11.2】（实例文件：ch11\11.2.html）

```
<!DOCTYPE html>
<html>
<head>
<link rel="stylesheet" type="text/css" href="11.2.css" />
<script>
function fnInit(){
  // 访问styleSheet中的一条规则，修改backgroundColor 的值
  var oStyleSheet=document.styleSheets[0];
  var oRule=oStyleSheet.rules[0];
```

```
oRule.style.backgroundColor="#D2B48C";
oRule.style.width="200px";
oRule.style.height="120px";
}
</script>
<title>动态样式</title>
</head>
<body>
</head>
<div class="class1">
我会改变颜色
</div>
<a href=# onclick="fnInit()">改变背景色</a>
<body>
</html>
```

上面的HTML代码中定义了一个DIV层，其样式规则为class1，接下来创建了一个超链接，并且为超链接定义了一个单击事件，当被单击时会调用fnInit函数。在JavaScript程序的fnInit函数中，首先使用document.styleSheets[0]语句获取当前的样式规则集合，然后使用rules[0]获取第一条样式规则元素，最后使用oRule.style样式对象分别设置背景色、宽度和高度的样式。

【例11.2】（实例文件：ch11\11.2.css）

```
.class1
{
  width:100px;
  background-color:#9BCD9B;
  height:80px;
}
```

此选择器比较简单，定义了宽度、高度和背景色。

在IE 11.0中预览效果，如图11-3所示，网页显示了一个DIV层和超链接。当单击超链接时，会显示如图11-4所示的页面，此时DIV层背景色发生了变化，并且层高度和宽度变大。

图11-3　动态样式改变前　　　　　　　　　图11-4　动态样式改变后

11.2.3　动态定位

　　JavaScript程序结合CSS样式属性可以动态地改变HTML元素所在的位置。如果要动态地改变HTML元素的坐标位置，就需要重新设定当前HTML元素的坐标位置。此时需要使用新的元素属性pixelLeft和pixelTop。其中，pixelLeft属性返回定位元素左边界偏移量的整数像素值，因为属性的非像素值返回的是包含单位的字符串，例如30px。利用这个属性可以单独处理以像素为单位的数值。pixelTop属性以此类推。

　　【例11.3】（实例文件：ch11\11.3.html）

```
<!DOCTYPE html>
<html>
<head>
<style type="text/css">
#d1{
position: absolute;
width: 300px;
height: 300px;
visibility: visible;
color: #fff;
background: #EE6363;
    }
    #d2{
position: absolute;
width: 300px;
height: 300px;
visibility: visible;
color: #fff;
background: #EED2EE;
    }
    #d3{
position: absolute;
width: 150px;
height: 150px;
visibility: visible;
color: #fff;
background: #9AFF9A;
    }
</style>
<script>
var d1,d2,d3,w,h;
window.onload=function(){
  d1=document.getElementById('d1');
  d2=document.getElementById('d2');
```

240

```
      d3=document.getElementById('d3');
      w=window.innerWidth;
      h=window.innerHeight;
    }
    function divMoveTo(d,x,y){
      d.style.pixelLeft=x;
      d.style.pixelTop=y;
    }
    function divMoveBy(d,dx,dy){
      d.style.pixelLeft +=dx;
      d.style.pixelTop +=dy;
    }
</script>
</head>
<body id="bodyId">
<form name="form1">
<h3>移动定位</h3>
<p>
<input type="button" value="移动d2" onclick="divMoveBy(d2,100,100)"><br />
<input type="button" value="移动d3到d2(0,0)" onclick="divMoveTo(d3,0,0)">
<br />
<input type="button" value="移动d3到d2(75,75)"
onclick="divMoveTo(d3,75,75)"><br />
</p>
</form>
<div id="d1">
<b>d1</b>
</div>
<div id="d2">
<b>d2</b><br /><br />
d2包含d3
<div id="d3">
<b>d3</b><br /><br />
d3是d2的子层
</div>
</div>
</body>
</html>
```

　　在上面的HTML代码中定义了3个按钮，并为3个按钮添加了不同的单击事件，即可以调用不同的JavaScript函数。下面定义了3个DIV层，分别为d1、d2和d3，d3是d2的子层。在<style>标记中，分别使用ID选择器定义了3个层的显示样式，例如绝对定位、是否显示、背景色、宽度和高度。在JavaScript代码中，使用window.onload = function()语句表示页面加载时执行这个函数，函数内使用语句getElementById获取不同的DIV对象。在divMoveTo函数和divMoveBy函数内都重新定义了新的坐标位置。

在IE 11.0中预览效果，如图11-5所示，页面显示了3个按钮，每个按钮执行不同的定位操作。下面显示了3个层，其中d2层包含d3层。当单击第二个按钮时，可以重新动态定位d3的坐标位置，其显示效果如图11-6所示。对于其他按钮，有兴趣的读者可以自行测试。

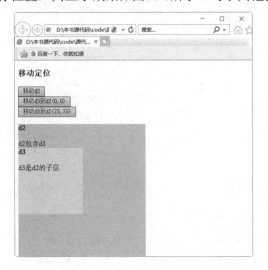

图11-5　动态定位前　　　　　　　　　　　　　　图11-6　动态定位后

11.2.4　显示与隐藏

有的网站有时根据需要会自动或手动隐藏一些层，从而为其他层节省显示空间。实现层手动隐藏或展开需要CSS代码和JavaScript代码结合使用。实现该实例需要用到display属性，通过该属性值可以设置元素以块显示，或者不显示。

【例11.4】（实例文件：ch11\11.4.html）

```
<!DOCTYPE html>
<html>
<head>
<title>隐藏和显示</title>
<script language="JavaScript" type="text/JavaScript">
function toggle(targetid){
  if(document.getElementById){
    target=document.getElementById(targetid);
      if(target.style.display=="block"){
        target.style.display="none";
      } else{
        target.style.display="block";
      }
  }
}
```

```
</script>
<style type="text/css">
.div{ border:1px #06F solid;height:50px;width:150px;display:none;}
a {width:100px; display:block}
</style>
</head>
<body>
<a href="#" onclick="toggle('div1')">显示/隐藏</a>
<div id="div1" class="div">
<img src=11.jpg>
<p>市场价：390元</p>
<p>购买价：190元</p>
</div>
</body>
</html>
```

在代码中创建了一个超链接和一个DIV层div1，DIV层中包含图片和段落信息。在类选择器div中定义了边框样式、高度和宽带，并使用display属性设定层不显示。JavaScript代码首先根据id名称targetid判断display的当前属性值，如果值为block，就设置为none；如果值为none，就设置为block。

在IE 11.0中预览效果，如图11-7所示，页面显示了一个超链接。当单击【显示/隐藏】超链接时，会显示如图11-8所示的效果，此时显示一个DIV层，层里面包含图片和段落信息。

图11-7 动态显示前

图11-8 动态显示后

11.3 JavaScript控制表单背景色和文字提示

在CSS样式规则中，可以使用鼠标悬浮特效来定义超链接的显示样式。同样，利用这个特效还可以定义表单的显示样式，即当鼠标指针放在表单元素的上面时，可以实现表单背景色和文字提示，这里不是使用鼠标悬浮特效完成的，而是使用JavaScript语句完成的。

具体实现步骤如下：

01 分析需求。

要实现鼠标指针放在表单元素上时其样式发生变化，需要使用JavaScript事件完成，即鼠标onmouseover事件，触发了这个事件后，就可以定义指定元素的显示样式。

02 创建HTML，实现基本表单。

```
<!DOCTYPE html>
<html>
<head>
<title>鼠标移上背景变色和文字提示
</title>
</head>
<body>
<h1 align=center>密码修改页面</h1>
<ol id="need">
    <li><label class="old_password">原始密码：</label> <input name=''
type='password' id='' /></li>
    <li><label class="new_password">新的密码：</label> <input name=''
type='password' id='' /><dfn>（密码长度为6~20字节。不想修改请留空）</dfn></li>
    <li><label class="rePassword">重复密码：</label> <input name=''
type='password' id='' /></li>
    <li><label class="email">邮箱设置：</label> <input name='' type='text' id=''
/><dfn>（承诺绝不会给您发送任何垃圾邮件。）
</dfn></li>
    </ol>
    </body>
    </html>
```

上面的代码中，创建了一个无序列表，无序列表中包含一个表单，其表单中包含多个表单元素。

在IE 11.0中预览效果，如图11-9所示，可以看到页面显示了4个输入文本框，每个文本框前面都带有序号，其中第二个和第四个文本框后带有注解。

图11-9　表单元素显示

03 添加CSS代码，完成各种样式设置。

```
<style>
#need{margin: 20px auto 0;width: 610px;}
#need li{height: 26px;width: 600px;font: 12px/26px Arial, Helvetica,
sans-serif;background: #FFD;border-bottom: 1px dashed #E0E0E0;display:
block;cursor: text;padding: 7px 0px 7px 10px!important;padding: 5px 0px 5px 10px;}
#need li:hover,#need li.hover {background: #FFE8E8;}
#need input{line-height: 14px;background: #FFF;height: 14px;width:
200px;border: 1px solid #E0E0E0;vertical-align: middle;padding: 6px;}
#need label{padding-left: 30px;}
#need label.old_password{background-position: 0 -277px;}
#need label.new_password{background-position: 0 -1576px;}
#need label.rePassword{background-position: 0 -1638px;}
#need label.email{background-position: 0 -429px;}
#need dfn{display: none;}
#need li:hover dfn, #need li.hover dfn {display:inline;margin-left: 7px;color:
#676767;}
</style>
```

上面的CSS代码定义了表单元素的显示样式，例如表单基本样式、有序列表中的列表项、鼠标悬浮时、表单元素等显示样式。

在IE 11.0中预览效果，如图11-10所示，可以看到页面表单元素带有背景色，并且有序列表前面的序号被CSS代码去掉，表单元素后面的注解也去掉了。

图11-10　CSS样式定义表单

04 添加JavaScript代码，控制页面背景色。

```
<script type="text/javascript">
function suckerfish(type, tag, parentId){
  if(window.attachEvent){
    window.attachEvent("onload", function(){
    var sfEls= (parentId==null)?document.getElementsByTagName(tag):
document.getElementById(parentId).getElementsByTagName(tag);
```

```
      type(sfEls);
    });
  }
}
hover=function(sfEls){
  for(var i=0; i<sfEls.length; i++){
    sfEls[i].onmouseover=function(){
      this.className+=" hover";
    }
    sfEls[i].onmouseout=function(){
      this.className=this.className.replace(new RegExp(" hover\\b"), "");
    }
  }
}
suckerfish(hover, "li");
</script>
```

上面的JavaScript代码定义了鼠标放到表单上时，表单背景色和提示信息发生变化。这些变化都是使用JavaScript事件完成的，此处共调用了onload加载事件、onmouseover事件等。

在IE 11.0中预览效果，如图11-11所示，可以看到当鼠标指针放到第二个输入文本框上时，其背景色变为浅红色，并且在文本框后会出现注解。

图11-11　JavaScript实现表单特效

11.4　综合实例——实现即时验证效果

在使用JavaScript验证数据时，有的HTML元素要求立即显示验证效果，即在激活下一个HTML元素时，就会显示验证效果，例如对电子邮件、数据的验证。完成表单元素的即时验证需要利用JavaScript事件完成。此实例主要判断数据是否带有两个小数点，如果没有，就不允许输入。

具体实现步骤如下：

01 分析需求。

实现数据的即时验证需要利用onblur事件，即当前文本框失去焦点时，就会触发验证处理程序对当前数据进行验证。首先获取输入数据，然后利用if条件语句判断当前数据的格式，最后判断数据是否符合格式。

02 创建HTML，实现基本表单元素。

```html
<!DOCTYPE html>
<html>
<head>
<title>数字即时验证</title>
</head>
<body >
 <h3>数字即时验证</h3>
<form name="myForm">
金额:
<input type="text" id="aaa" name="aaa" value="0.00"
onblur="checkDecimal(this);"><br /></br>
合计:
<input type="text" id="bbb" name="bbb" ><br /></br>
</form>
</body>
</html>
```

在HTML代码中创建了一个表单，表单中包含两个文本输入框，其中第一个文本输入框定义了onblur事件，即失去焦点事件。

在IE 11.0中预览效果，如图11-12所示，可以看到页面显示了一个表单，包含两个文本域。此时在第一个文本框输入信息，无任何提示。

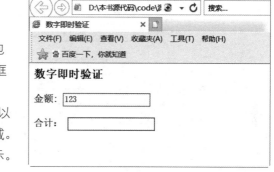

图11-12　验证前显示

03 添加JavaScript，实现基本数据验证。

```javascript
<script type="text/javascript">
function checkDecimal(element){
  var tmp=element.value.split(".")
  if(!isNaN(element.value)){
    if(tmp.length!=2||tmp[1].length!=2){
      document.myForm.aaa.focus();
      //document.getElementByName("name").focus();
      alert("输入金额请保留2位小数！");
      document.getElementById('aaa').value='0.00';
      return false;
    }
```

```
    }
  else{
    alert("输入金额必须是数字类型！");
    document.getElementById('aaa').focus();
    document.getElementById('aaa').value='0.00';
    return false;
  }
}
</script>
```

在上面的代码中，函数checkDecimal第一个语句element.value.split(".")表示获取当前第一个HTML元素的输入值，并对这个值进行拆分，其分隔符为"."。接下来使用if语句判断第一个HTML元素的输入值是否为数字，如果不为数字，就提示重新输入，焦点保留在一个文本框中。如果为数字，就判断temp数组的值，即temp[1]的值长度是否为2，如果长度为2，格式就正确，否则提示重新输入。

在IE 11.0中预览效果，如图11-13所示，可以看到在第一个文本框输入值123后，如果鼠标指针放到第二个文本框会弹出一个对话框，提示当前输入的值不符合格式。

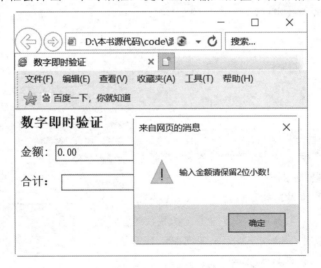

图11-13　数据即时验证

11.5　新手疑惑解答

问题1：在JavaScript中，innerHTML与innerText的用法有什么区别？
假设现在有一个DIV层，如下所示：

```
<div id="test">
  <span style="color:red">test1</span> test2
</div>
```

innerText属性表示从起始位置到终止位置的内容，但它去除HTML标记。例如上面示例中的innerText的值就是"test1 test2"，其中span标记去除了。

innerHTML属性除了全部内容外，还包含对象标记本身。例如上面示例中的text.outerHTML的值就是<div id="test">test1 test2</div>。

问题2：JavaScript如何控制换行？

无论使用哪种引号创建字符串，字符串中间不能包含强制换行符。

```
var temp='<h2 class="a">A list</h2>
<ol>
</ol>';
```

上面的写法是错误的。正确写法是使用反斜杠来转义换行符。

```
var temp='<h2 class="a">A list</h2>\
<ol>\
</ol>'
```

第 12 章

地理定位、离线Web应用和Web存储

在HTML 5中，由于地理定位、离线Web应用和Web存储技术的出现，用户可以查找网站访问者的当前位置。在线时可以快速地存储网站的相关信息，当用户再次访问网站时，将大大提升访问速度，即使网站脱机，仍然可以访问站点。本章将讲解上述新技术的原理和使用方法。

12.1　获取地理位置

在HTML 5网页代码中，通过一些有用的API可以查找访问者当前的位置。下面将详细讲解地理位置获取的方法。

12.1.1　地理地位的原理

由于访问者浏览网站的方式不同，可以通过以下方式确定其位置：

（1）如果网站浏览者使用计算机上网，通过获取浏览者的IP地址，从而确定其具体位置。

（2）如果网站浏览者通过手机上网，通过获取浏览者的手机信号接收塔，从而确定其具体位置。

（3）如果网站浏览者的设备上具有GPS硬件，通过获取GPS发出的载波信号可以获取其具体位置。

（4）如果网站浏览者通过无线网络上网，可以通过无线网络连接获取其具体位置。

API是应用程序的编程接口，是一些预先定义的函数，目的是提供应用程序与开发人员基于某软件或硬件访问一组例程的能力，而又无须访问源码，无须理解内部工作机制的细节。

12.1.2　地理定位的函数

通过地理定位可以确定用户当前的位置，并能获取用户地理位置的变化情况。其中，最常用的就是API中的getCurrentpositong函数。

getCurrentpositong函数的语法格式如下：

```
void getCurrentPosition(successCallback, errorCallback, options);
```

其中，successCallback参数是指在位置成功获取时用户想要调用的函数名称；errorCallback参数是指在位置获取失败时用户想要调用的函数名称；options参数用于指出地理定位时的属性设置。

 访问用户位置是耗时的操作，同时出于隐私问题，还要取得用户的同意。

如果地理定位成功，新的Position对象将调用displayOnMap函数，显示设备的当前位置。

那么Positon对象的含义是什么呢？作为地理定位的API，Position对象包含位置确定时的时间戳（timestamp）和包含位置的坐标（coords），具体语法格式如下：

```
Interface position
{
  readonly attribute Coordinates coords;
  readonly attribute DOMTimeStamp timestamp;
};
```

12.1.3 指定纬度和经度坐标

对地理定位成功后，将调用displayOnMap函数。此函数如下：

```
function displayOnMap(position)
{
  var latitude=positon.coords.latitude;
  var longitude=postion.coords.longitude;
}
```

其中第一行函数从Position对象获取coordinates对象，主要由API传递给程序调用；第三行和第四行中定义了两个变量，latitude和longitude属性存储在定义的两个变量中。

为了在地图上显示用户的具体位置，可以利用地图网站的API。下面以使用百度地图为例进行讲解，需要使用Baidu Maps JavaScript API。在使用此API前，需要在HTML 5页面中添加一个引用，具体代码如下：

```
<--baidu maps API>
<script type="text/javascript"scr="http://api.map.baidu.com/api?key=
*&v=1.0&services=true">
</script>
```

其中*代表注册到key。注册key的方法为：在http：//openapi.baidu.com/map/index.html网页中注册百度地图API，然后输入需要内置百度地图页面的URL地址，生成API密钥，然后将key文件复制保存。

虽然已经包含Baidu Maps JavaScript API，但是页面中还不能显示内置的百度地图，还需要添加HTML语言，地图从程序转化为对象还需要加入以下源代码：

```
01  <script type="text/javascript"scr="http://api.map.baidu.com/api?key=
    *&v=1.0&services=true">
02  </script>
03  <div style="width:600px;height:220px;border:1px solid gary; margin-top:15px;"
    id="container">
04  </div>
05  <script type="text/javascript">
06  var map=new BMap.Map("container");
07  map.centerAndZoom(new BMap.Point(***,***),17);
08  map.addControl(new BMap.NavigationControl());
09  map.addControl(new BMap.ScaleControl());
10  map.addControl(new BMap.OverviewMapControl());
11  var local=new BMap.LocalSearch(map,
12  {
13    enderOptions:{map: map}
14  }
15  );
16  local.search("输入搜索地址");
17  </script>
```

上述代码分析如下：

（1）其中前两行主要是把baidu Maps JavaScript API程序植入源码中。

（2）第3行在页面中设置一个标记，包括宽度和长度，用户可以自己调整；border=1pxt用于定义外框的宽度为1像素，solid为实线，gray为边框显示颜色，margin-top为该标记与上部的距离。

（3）第7行为地图中自己位置的坐标。

（4）第8～10行为植入地图缩放控制工具。

（5）第11～16行为地图中自己的位置，只需在local search后填入自己的位置名称即可。

12.1.4 目前浏览器对地理定位的支持情况

不同的浏览器版本对地理定位技术的支持情况不同，表12-1所示是常见的浏览器对地理定位的支持情况。

表12-1 常见的浏览器对地理定位的支持情况

浏览器名称	支持Web存储技术的版本
Internet Explorer	Internet Explorer 9及更高版本
Firefox	Firefox 3.5及更高版本
Opera	Opera 10.6及更高版本
Safari	Safari 5及更高版本
Chrome	Chrome 5及更高版本
Android	Android 2.1及更高版本

12.2　HTML 5离线Web应用

为了能在离线的情况下访问网站，可以采用HTML 5的离线Web功能。下面来学习Web应用程序如何缓存。

12.2.1　新增的本地缓存

在HTML 5中新增了本地缓存（也就是HTML离线Web应用），主要是通过应用程序缓存整个离线网站的HTML、CSS、JavaScript、网站图像和资源。当服务器没有和Internet建立连接的时候，也可以利用本地缓存中的资源文件来正常运行Web应用程序。

另外，如果网站发生了变化，应用程序缓存将重新加载变化的数据文件。

12.2.2　本地缓存的管理者——manifest文件

客户端的浏览器是如何知道应该缓存哪些文件的呢？这就需要依靠manifest文件来管理。manifest文件是一个简单的文本文件，在该文件中以清单的形式列举了需要被缓存或不需要被缓存的资源文件的文件名称以及这些资源文件的访问路径。

manifest文件把指定的资源文件分为3类，分别是CACHE、NETWORK和FALLBACK。这3个类别的含义分别如下：

（1）CACHE类别：该类别指定需要被缓存在本地的资源文件。这里需要特别注意的是，为某个页面指定需要本地缓存的资源文件时，不需要把这个页面本身指定在CACHE类型中，因为如果一个页面具有manifest文件，浏览器会自动对这个页面进行本地缓存。

（2）NETWORK类别：该类别为不进行本地缓存的资源文件，这些资源文件只有当客户端与服务器端建立连接的时候才能访问。

（3）FALLBACK类别：该类别中指定两个资源文件，其中一个资源文件为能够在线访问时使用的资源文件，另一个资源文件为不能在线访问时使用的备用资源文件。

以下是一个简单的manifest文件的内容。

```
CACHE MANIFEST
#文件的开头必须是CACHE MANIFEST
CACHE:
123.html
myphoto.jpg
12.php
NETWORK:
http://www.baidu.com/xxx
feifei.php
FALLBACK:
```

```
online.js locale.js
```

上述代码含义分析如下：

（1）指定资源文件时，文件路径可以是相对路径，也可以是绝对路径。指定时每个资源文件为独立的一行。

（2）第一行必须是CACHE MANIFEST，此行的作用是告诉浏览器需要对本地缓存中的资源文件进行具体设置。

（3）每一个类型都必须出现，而且同一个类别可以重复出现。如果文件开头没有指定类别而直接书写资源文件，浏览器就会把这些资源文件视为CACHE类别。

（4）在manifest文件中，注释行以"#"开始，主要用于进行一些必要的说明或解释。

为单个网页添加manifest文件时，需要在Web应用程序页面上的html元素的manifest属性中指定manifest文件的URL地址。具体的代码如下：

```
<html manifest="123.manifest">
</html>
```

添加上述代码后，浏览器就能够正常地阅读该文本文件。

 用户可以为每一个页面单独指定一个mainifest文件，也可以对整个Web应用程序指定一个总的manifest文件。

上述操作完成后，即可实现资源文件缓存到本地。当要对本地缓存区的内容进行修改时，只需要修改manifest文件。文件被修改后，浏览器可以自动检查manifest文件，并自动更新本地缓存区中的内容。

12.2.3　浏览器网页缓存与本地缓存的区别

浏览器网页缓存与本地缓存的主要区别如下：

（1）浏览器网页缓存主要是为了加快网页加载的速度，所以会对每一个打开的网页都进行缓存操作；而本地缓存是为整个Web应用程序服务的，只缓存那些指定缓存的网页。

（2）在网络连接的情况下，浏览器网页缓存一个页面的所有文件，但是一旦离线，用户单击链接时，将会得到一个错误消息；而本地缓存在离线时仍然可以正常访问。

（3）对于网页浏览者而言，浏览器网页缓存了哪些内容和资源，这些内容是否安全可靠等都不知道；而本地缓存的页面是编程人员指定的内容，所以在安全方面相对可靠许多。

12.2.4　目前浏览器对Web离线应用的支持情况

不同的浏览器版本对Web离线应用技术的支持情况不同，表12-2所示是常见的浏览器对Web离线应用的支持情况。

表12-2　常见的浏览器对Web离线应用的支持情况

浏览器名称	支持Web存储技术的版本情况
Internet Explorer	Internet Explorer 9及更低版本目前尚不支持
Firefox	Firefox 3.5及更高版本
Opera	Opera 10.6及更高版本
Safari	Safari 4及更高版本
Chrome	Chrome 5及更高版本
Android	Android 2.0及更高版本

12.3　Web　存　储

在HTML 5标准之前，Web存储信息需要Cookie来完成，但是Cookie不适合大量数据的存储，因为它们由每个对服务器的请求来传递，这使得Cookie速度很慢，而且效率也不高。为此，在HTML 5中，Web存储API为用户如何在计算机或设备上存储用户信息做了数据标准的定义。

12.3.1　本地存储和Cookies的区别

本地存储和Cookies扮演着类似的角色，但是它们有根本的区别。

（1）本地存储是仅存储在用户的硬盘上并等待用户读取，而Cookies是在服务器上读取。

（2）本地存储仅供客户端使用，如果需要服务器端根据存储数值做出反映，就应该使用Cookies。

（3）读取本地存储不会影响网络带宽，但是使用Cookies将会发送到服务器，这样会影响网络带宽，无形中增加了成本。

（4）从存储容量来看，本地存储可存储多达5MB的数据，而Cookies最多只能存储4KB的数据信息。

12.3.2　在客户端存储数据

在HTML 5标准中，提供了以下两种在客户端存储数据的新函数。

（1）sessionStorage：针对一个session的数据存储，也被称为会话存储。让用户跟踪特定窗口中的数据，即使同时打开的两个窗口是同一站点，每个窗口也有自己独立的存储对象，但是用户会话的持续时间只是限定在用户打开浏览器窗口的时间，一旦关闭浏览器窗口，用户会话将结束。

（2）localStorage：没有时间限制的数据存储，也被称为本地存储。和会话存储不同，本地存储将在用户计算机上永久保持数据信息。关闭浏览器窗口后，如果再次打开该站点，将可以检索所有存储在本地上的数据。

在HTML 5中，数据不是由每个服务器请求传递的，而是只有在请求时使用数据，这样的话，存储大量数据时不会影响网站性能。对于不同的网站，数据存储于不同的区域，并且一个网站只能访问其自身的数据。

 HTML 5使用JavaScript来存储和访问数据，为此，建议用户多了解一下JavaScript的基本知识。

12.3.3　sessionStorage函数

sessionStorage函数针对一个session进行数据存储。如果用户关闭浏览器窗口，数据就会被自动删除。

创建一个sessionStorage函数的基本语法格式如下：

```
<script type="text/javascript">
sessionStorage.abc=" ";
</script>
```

【例12.1】（实例文件：ch12\12.1.html）

```
<!DOCTYPE HTML>
<html>
<body>
<script type="text/javascript">
sessionStorage.name="我们的公司是:英达科技文化公司";
document.write(sessionStorage.name);
</script>
</body>
</html>
```

在Firefox 62.0中预览效果，如图12-1所示，可以看到sessionStorage函数创建的对象内容显示在网页中。

下面继续使用sessionStorage函数来实现一个实例，主要制作记录用户访问网站次数的计数器。

【例12.2】（实例文件：ch12\12.2.html）

```
<!DOCTYPE HTML>
<html>
<body>
<script type="text/javascript">
if(sessionStorage.count)
{
sessionStorage.count=Number(sessionStorage.count)+1;
}
else
{
```

```
sessionStorage.count=1;
}
document.write("您访问该网站的次数为: "+sessionStorage.count);
</script>
</body>
</html>
```

在Firefox 62.0中预览效果，如图12-2所示。如果用户刷新一次页面，那么计数器的数值将加1。

图12-1 sessionStorage函数创建对象的效果

图12-2 sessionStorage函数创建计数器的效果

 如果用户关闭浏览器窗口，再次打开该网页，计数器将重置为1。

12.3.4 localStorage函数

与seessionStorage函数不同，localStorage函数存储的数据没有时间限制。也就是说，网页浏览者关闭网页很长一段时间后，再次打开此网页时，数据依然可用。

创建一个localStorage函数的基本语法格式如下：

```
<script type="text/javascript">
localStorage.abc="  ";
</script>
```

【例12.3】（实例文件：ch12\12.3.html）

```
<!DOCTYPE HTML>
<html>
<body>
<script type="text/javascript">
localStorage.name="学习HTML5最新的技术：Web存储";
document.write(localStorage.name);
</script>
</body>
</html>
```

在Firefox 62.0中预览效果，如图12-3所示。可以看到localStorage函数创建的对象内容显示在网页中。

下面仍然使用localStorage函数来制作记录用户访问网站次数的计数器。用户可以清楚地看到localStorage函数和sessionStorage函数的区别。

【例12.4】（实例文件：ch12\12.4.html）

```
<!DOCTYPE HTML>
<html>
<body>
<script type="text/javascript">
if (localStorage.count)
{
localStorage.count=Number(localStorage.count)+1;
}
else
{
localStorage.count=1;
}
document.write("您访问该网站的次数为："+localStorage.count");
</script>
</body>
</html>
```

在IE 11.0中预览效果，如图12-4所示。如果用户刷新一次页面，计数器的数值将进行加1；如果用户关闭浏览器窗口，再次打开该网页，计数器会继续上一次计数，而不会重置为1。

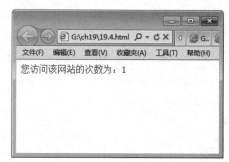

图12-3　localStorage函数创建对象的效果　　　　图12-4　localStorage函数创建计数器的效果

12.3.5　目前浏览器对Web存储的支持情况

不同的浏览器版本对Web存储技术的支持情况不同，表12-3所示是常见的浏览器对Web存储的支持情况。

表12-3　常见的浏览器对Web存储的支持情况

浏览器名称	支持Web存储技术的版本
Internet Explorer	Internet Explorer 8及更高版本
Firefox	Firefox 3.6及更高版本

（续表）

浏览器名称	支持Web存储技术的版本
Opera	Opera 10.0及更高版本
Safari	Safari 4及更高版本
Chrome	Chrome 5及更高版本
Android	Android 2.1及更高版本

12.4　新手疑惑解答

问题1：不同的浏览器可以读取同一个Web中存储的数据吗？

在Web存储时，不同的浏览器将存储在不同的Web存储库中。例如，如果用户使用的是IE浏览器，那么Web存储工作时将所有数据存储在IE的Web存储库中，如果用户再次使用火狐浏览器访问该站点，将不能读取IE浏览器存储的数据，可见每个浏览器的存储是分开并独立工作的。

问题2：离线存储站点时是否需要浏览者同意？

和地理定位类似，在网站使用manifest文件时，浏览器会提供一个权限提示，提示用户是否将离线设为可用，但不是每一个浏览器都支持这样的操作。

第 13 章

熟悉jQuery Mobile

针对不同移动设备上显示界面统一的问题，jQuery又推出了新的函数库jQuery Mobile。本章将重点讲解jQuery Mobile的基础知识。

13.1 认识jQuery Mobile

jQuery Mobile是jQuery在手机上和平板设备上的版本。jQuery Mobile不仅会给主流移动平台带来jQuery核心库，而且会发布一个完整统一的jQuery移动UI框架。通过jQuery Mobile制作出来的网页，能够支持全球主流的移动平台，而且在浏览网页时能够拥有操作应用软件一样的触碰和滑动效果。

jQuery Mobile的优势如下：

（1）简单易用：jQuery Mobile简单易用。页面开发主要使用标记，无须或仅需很少的JavaScript。jQuery Mobile通过HTML 5标记和CSS 3规范来配置和美化页面，对于已经熟悉HTML 5和CSS 3的读者来说上手非常容易、架构非常清晰。

（2）跨平台：目前大部分移动设备浏览器都支持HTML 5标准和jQuery Mobile，所以可以实现应用跨不同的移动设备，例如Android、Apple iOS、BlackBerry、Windows Phone、Symbian和MeeGo等。

（3）提供丰富的函数库：常见的键盘、触碰功能等，开发人员不用编写代码，只需要经过简单的设置就可以实现需要的功能，大大减少了程序员开发的时间。

（4）丰富的布景主题和ThemeRoller工具：jQuery Mobile提供了布局主题，通过这些主题可以轻松、快速地创建绚丽多彩的网页。通过使用jQuery UT的ThemeRoller在线工具，只需要在下拉菜单中进行简单的设置，就可以制作出丰富多彩的网页风格，并且可以将代码下载下来应用。

jQuery Mobile的操作流程如下：

（1）创建HTML 5文件。
（2）载入jQuery、jQuery Mobile和jQuery Mobile CSS链接库。
（3）使用jQuery Mobile定义的HTML标准编写网页架构和内容。

13.2 跨平台移动设备网页jQuery Mobile

学习移动设备的网页设计开发遇到最大的难题是跨浏览器支持的问题。为了解决这个问题，jQuery推出了新的函数库jQuery Mobile，主要用于统一当前移动设备的用户界面。

13.2.1 移动设备模拟器

网页制作完成后，需要在移动设备上预览最终的效果。为了方便预览效果，用户可以使用移动设备模拟器，常见的移动设备模拟器是Opera Mobile Emulator。

Opera Mobile Emulator是一款针对计算机桌面开发的模拟移动设备的浏览器，几乎完全重现Opera Mobile手机浏览器的使用效果，可自行设置需要模拟的不同型号的手机和平板电脑配置，然后在计算机上模拟各类移动设备访问网站的效果。

Opera Mobile Emulator的下载网址：http://www.opera.com/zh-cn/developer/mobile-emulator/，根据不同的系统选择不同的版本，这里选择Windows系统下的版本，如图13-1所示。

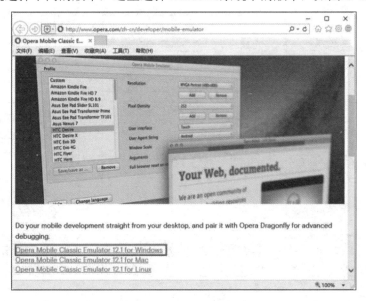

图13-1　Opera Mobile Emulator的下载页面

下载并安装之后启动Opera Mobile Emulator，打开如图13-2所示的窗口，在【资料】列表中选择移动设备的类型，这里选择LG Optimus 3D选项，单击"启动"按钮。

打开欢迎界面，用户可以单击不同的链接查看该软件的功能，如图13-3所示。

单击"接受"按钮，打开手机模拟器窗口，在"输入网址"文本框中输入需要查看网页效果的地址即可，如图13-4所示。

例如，这里直接单击"当当网"图标，即可查看当当网在该移动设备模拟器中的效果，如图13-5所示。

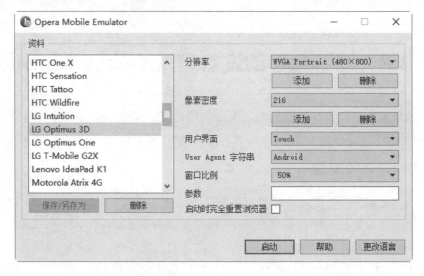

图13-2　参数设置界面

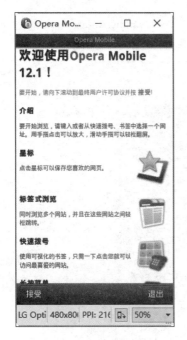

图13-3　欢迎界面　　　　　　图13-4　手机模拟器窗口　　　　　图13-5　查看预览效果

　　Opera Mobile Emulator不仅可以查看移动网页的效果，还可以任意调整窗口的大小，从而可以查看不同屏幕尺寸的效果，这一点也是Opera Mobile Emulator与其他移动设备模拟器相比而体现出来的最大优势。

13.2.2　jQuery Mobile的安装

　　想要开发jQuery Mobile网页，必须引用JavaScript函数库（.js）、CSS样式表和配套的jQuery函数库文件。下面介绍常见的两种引用方法。

1. 直接引用jQuery Mobile库文件

从jQuery Mobile的官网下载该库文件（网址是http://jquerymobile.com/download/），如图13-6所示。

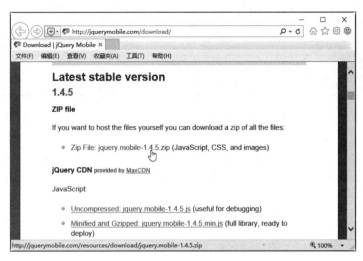

图13-6　下载jQuery Mobile库文件

下载完成即可解压，然后直接引用文件即可，代码如下：

```
<head>
<meta name="viewport" content="width=device-width, initial-scale=1">
<link rel="stylesheet" href="jquery.mobile-1.4.5.css">
<script src="jquery.js"></script>
<script src="jquery.mobile-1.4.5.js"></script>
</head>
```

 将下载的文件解压到和网页位于同一目录下，否则会因为无法引用而报错。

细心的读者会发现，在<script>标签中没有插入type="text/javascript"，这是什么原因呢？因为所有的浏览器中HTML 5的默认脚本语言都是JavaScript，所以在HTML 5中已经不再需要该属性。

2. 从CDN中加载jQuery Mobile

CDN（Content Delivery Network，内容分发网络）的基本思路是尽可能避开互联网上有可能影响数据传输速度和稳定性的瓶颈和环节，使内容传输得更快、更稳定。

使用CDN中加载的jQuery Mobile，用户不需要在计算机上安装任何东西。用户只需要在网页中加载层叠样式（.css）和JavaScript库（.js）就能够使用jQuery Mobile。

用户可以从jQuery Mobile官网中查找引用路径，网址是：http://jquerymobile.com/download/，进入该网站后，找到jQuery Mobile的引用链接，然后将其复制后添加到HTML文件的<head>标记中即可，如图13-7所示。

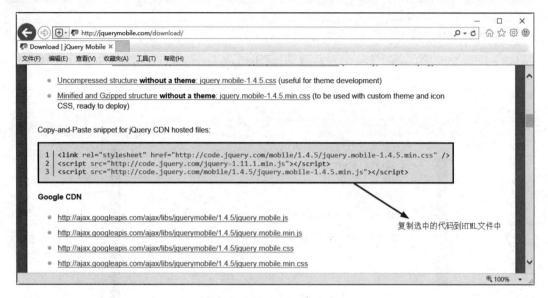

图13-7　下载jQuery Mobile库文件

将代码复制到<head>标记块内，代码如下：

```
<head>
<!-- meta使用viewport以确保页面可自由缩放 -->
<meta name="viewport" content="width=device-width, initial-scale=1">
<!-- 引入 jQuery Mobile 样式 -->
 <link rel="stylesheet"
href="http://code.jquery.com/mobile/1.4.5/jquery.mobile-1.4.5.min.css">
    <!-- 引入 jQuery 库 -->
 <script src="http://code.jquery.com/jquery-1.11.3.min.js"></script>
    <!-- 引入 jQuery Mobile 库 -->
 <script src="http://code.jquery.com/mobile/1.4.5/jquery.mobile-
1.4.5.min.js"></script>
    </head>
```

 由于jQuery Mobile函数库仍然在开发中，因此引用的链接中的版本号可能会与本书不同，请使用官方提供的新版本，只要按照上述方法将代码复制下来引用即可。

13.2.3　jQuery Mobile网页的架构

　　jQuery Mobile网页是由header、content与footer 3个区域组成的架构，利用<div>标记加上HTML 5自定义属性data-*来定义移动设备网页组件样式，基本的属性data-role可以用来定义移动设备的页面架构，语法格式如下：

```
<div data-role="page">
<!-开始一个page-->
  <div data-role="header">
    <h1>这个是标题</h1>
```

```
  </div>
  <div data-role="main" class="ui-content">
    <p>这里是内容</p>
  </div>
  <div data-role="footer">
    <h1>底部文本</h1>
  </div>
</div>
```

模拟器中的预览效果如图13-8所示。

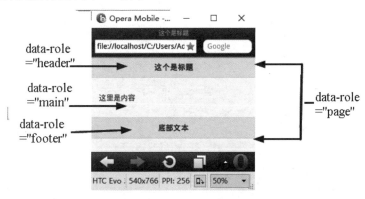

图13-8　程序预览效果

从结果可以看出，jQuery Mobile网页以页（page）为单位，一个HTML网页可以放一个页面，也可以放多个页面，只是浏览器每次只会显示一页，如果有多个页面，就需要在页面中添加超链接，从而实现多个页面的切换。

【实例分析】

（1）data-role="page"：是在浏览器中显示的页面。
（2）data-role="header"：是在页面顶部创建的工具条，通常用于标题或者搜索按钮。
（3）data-role="main"：定义了页面的内容，比如文本、图片、表单、按钮等。
（4）"ui-content"：用于在页面添加内边距和外边距。
（5）data-role="footer"：用于创建页面底部工具条。

13.3　创建多页面的jQuery Mobile网页

本实例将使用 jQuery Mobile制作一个多页面的jQuery Mobile网页，并创建多个页面。使用不同的id属性来区分不同的页面。

【例13.1】（实例文件：ch13\13.1.html）

```html
<!DOCTYPE html>
<html>
<head>
<meta name="viewport" content="width=device-width, initial-scale=1">
<link rel="stylesheet" href="jquery.mobile/jquery.mobile-1.4.5.min.css">
  <script src="jquery.min.js"></script>
  <script src="jquery.mobile/jquery.mobile-1.4.5.min.js"></script> </head>
<body>
<div data-role="page" id="first">
  <div data-role="header">
    <h1>古诗欣赏</h1>
  </div>
  <div data-role="main" class="ui-content">
    <p>几回花下坐吹箫，银汉红墙入望遥。</p>
    <a href="#second">下一页</a>
  </div>
  <div data-role="footer">
    <h1>清代诗人</h1>
  </div>
</div>
<div data-role="page" id="second">
  <div data-role="header">
    <h1>古诗欣赏</h1>
  </div>
  <div data-role="main" class="ui-content">
    <p>似此星辰非昨夜，为谁风露立中宵。</p>
    <a href="#first">上一页</a>
  </div>
  <div data-role="footer">
    <h1>清代诗人</h1>
  </div>
</div>
</body>
</html>
```

模拟器中的预览效果如图13-9所示。单击"下一页"超链接，即可进入第二页，如图13-10所示。单击"上一页"超链接，即可返回第一页中。

图13-9 程序预览效果

图13-10 第二页预览效果

13.4 将页面作为对话框使用

对话框用于显示页面信息或者表单信息的输入。jQuery Mobile通过在链接中添加如下属性即可将页面作为对话框使用：

```
data-dialog="true"
```

【例13.2】（实例文件：ch13\13.2.html）

```
<!DOCTYPE html>
<html>
<head>
<meta name="viewport" content="width=device-width, initial-scale=1">
<link rel="stylesheet" href="jquery.mobile/jquery.mobile-1.4.5.min.css">
  <script src="jquery.min.js"></script>
  <script src="jquery.mobile/jquery.mobile-1.4.5.min.js"></script>
</head>
<body>
<div data-role="page" id="first">
  <div data-role="header">
    <h1>古诗鉴赏</h1>
  </div>
  <div data-role="main" class="ui-content">
    <p>浩荡离愁白日斜，吟鞭东指即天涯。落红不是无情物，化作春泥更护花。</p>
    <a href="#second">查看详情</a>
  </div>
  <div data-role="footer">
    <h1>清代诗词</h1>
```

```
    </div>
</div>
<div data-role="page" data-dialog="true" id="second">
  <div data-role="header">
    <h1>诗词鉴赏</h1>
  </div>
  <div data-role="main" class="ui-content">
    <p>这首诗是《己亥杂诗》的第五首，写诗人离京的感受。虽然载着"浩荡离愁"，却表示仍然要
为国为民尽自己最后一份心力。</p>
    <a href="#first">上一页</a>
  </div>
  <div data-role="footer">
    <h1>清代诗词</h1>
  </div>
</div>
</body>
</html>
```

模拟器中的预览效果如图13-11所示。单击"查看详情"超链接，即可打开一个对话框，
如图13-12所示。

从结果可以看出，对话框与普通页面不同，它显示在当前页面上，但又不会填充完整的页
面，顶部图标 ❌ 用于关闭对话框，单击"上一页"链接也可以关闭对话框。

图13-11　程序预览效果

图13-12　对话框预览效果

13.5　绚丽多彩的页面切换效果

jQuery Mobile提供了各种页面切换到下一个页面的效果，主要通过设置data-transition属性
来完成各种页面切换效果，语法规则如下：

```
<a href="#link" data-transition="切换效果">切换下一页</a>
```

其中切换效果有很多，如表13-1所示。

表13-1　页面切换效果

页面效果参数	含　义
fade	默认的切换效果，淡入到下一页
none	无过渡效果
flip	从后向前翻转到下一页
flow	抛出当前页，进入下一页
pop	像弹出窗口那样转到下一页
slide	从右向左滑动到下一页
slidefade	从右向左滑动并淡入到下一页
slideup	从下到上滑动到下一页
slidedown	从上到下滑动到下一页
turn	转向下一页

注意：在jQuery Mobile的所有链接上，默认使用淡入淡出的效果。

例如，设置页面从右向左滑动到下一页，代码如下：

```
<a href="#second" data-transition="slide">切换下一页</a>
```

上面的所有效果都支持后退行为。例如，用户想让页面从左向右滑动，添加data-direction属性为reverse值即可，代码如下：

```
<a href="#second" data-transition="slide" data-direction="reverse">切换下一页</a>
```

【例13.3】（实例文件：ch13\13.3.html）

```
<!DOCTYPE html>
<html>
<head>
<meta name="viewport" content="width=device-width, initial-scale=1">
<link rel="stylesheet" href="jquery.mobile/jquery.mobile-1.4.5.min.css">
  <script src="jquery.min.js"></script>
  <script src="jquery.mobile/jquery.mobile-1.4.5.min.js"></script>
 </head>
<body>
<div data-role="page" id="first">
  <div data-role="header">
    <h1>古诗欣赏</h1>
  </div>
```

```
    <div data-role="main" class="ui-content">
      <p>老农家贫在山住，耕种山田三四亩。</p>
<!--实现从右到左切换到下一页 -->
      <a href="#second" data-transition="slide" >下一页</a>
    </div>
    <div data-role="footer">
      <h1>野老歌</h1>
    </div>
  </div>
  <div data-role="page" id="second">
    <div data-role="header">
      <h1>古诗欣赏</h1>
    </div>
    <div data-role="main" class="ui-content">
      <p>岁暮锄犁傍空室，呼儿登山收橡实。</p>
<!--实现从左到右切换到下一页 -->
      <a href="#first" data-transition="slide" data-direction="reverse">上一页
</a>
    </div>
    <div data-role="footer">
      <h1>野老歌</h1>
    </div>
  </div>
  </body>
  </html>
```

模拟器中的预览效果如图13-13所示。单击"下一页"超链接，即可从右到左滑动进入第二页，如图13-14所示。单击"上一页"超链接，即可从左到右滑动返回第一页。

图13-13　程序预览效果　　　　　　　　　　　图13-14　第二页预览效果

13.6　综合案例——设计弹出表单效果

弹出表单可以让页面内容更加突出，下面讲解如何设计弹出表单效果。要实现弹出表单效果，只需要将表单放入弹出的div容器即可。

【例13.4】（实例文件：ch13\13.4.html）

```
<!DOCTYPE html>
<html>
<head>
  <meta charset="UTF-8">
  <meta name="viewport" content="width=device-width, initial-scale=1">
  <link rel="stylesheet" href="jquery.mobile/jquery.mobile-1.4.5.min.css">
  <script src="jquery.min.js"></script>
  <script src="jquery.mobile/jquery.mobile-1.4.5.min.js"></script>
</head>
<body>
<div data-role="page">
  <div data-role="header">
    <h1>弹出表单效果</h1>
  </div>
  <div data-role="content">
    <a href="#shangpin" data-transition="pop" data-rel="popup"
data-position-to="window">请您留言</a>
    <div style="width: 250px;" id="shangpin" data-role="popup" >
      <form>
        <div class="ui-field-contain">
          <label for="fullname">请输入的您的姓名：</label>
          <input type="text" name="fullname" id="fullname">
          <label for="email">请输入您的联系邮箱：</label>
          <input type="email" name="email" id="email" placeholder="输入您的电
子邮箱">
          <label for="info">请您输入具体的建议：</label>
          <textarea name="addinfo" id="info"></textarea>
        </div>
        <input type="submit" data-inline="true" value="提交">
      </form>
    </div>
  </div>
</div>
</body>
</html>
```

在Opera Mobile Emulator模拟器中预览效果，如图3-15所示。单击"请您留言"链接，即可弹出表单。

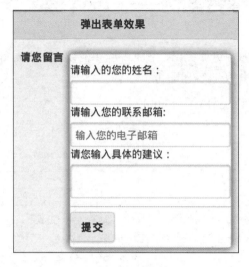

图13-15　表单弹出效果

13.7　新手疑惑解答

问题1：如何在模拟器中查看做好的网页效果？

HTML文件制作完成后，要想在模拟器中测试，可以在地址栏中输入文件的路径，例如输入如下：

```
file://localhost/ch16/16.2.html
```

为了防止输入错误，可以直接将文件拖曳到地址栏中，模拟器会自动帮助用户添加完整路径。

问题2：jQuery Moblie都支持哪些移动设备？

目前市面上移动设备非常多，如果想查询jQuery Moblie都支持哪些移动设备，可以参照jQuery Moblie网站的各厂商支持表，还可以参考维基百科网站对jQuery Moblie说明中提供的Mobile Browser Support一览表。

第 14 章

jQuery Mobile UI组件

jQuery Mobile针对用户界面提供了各种可视化的标签，包括按钮、复选框、选择菜单、列表、弹窗、工具栏、面板、导航和布局等。这些可视化标签与HTML 5标记一起使用，即可轻轻松松地开发出绚丽多彩的移动网页。本章将重点讲解这些标签的使用方法和技巧。

14.1　套用UI组件

jQuery Mobile提供很多可视化的UI组件，只要套用之后，就可以生成绚丽并且适合移动设备使用的组件。jQuery Mobile中各种可视化的UI组件与HTML 5标记大同小异。下面介绍常用的组件的用法，其中按钮、列表等功能变化比较大的组件后面会详细介绍。

14.1.1　表单组件

jQuery Mobile使用CSS自动为HTML表单添加样式，让它们看起来更具吸引力，触摸起来更具友好性。

在jQuery Mobile中，经常使用的表单控件如下：

1. 文本输入框

文本输入框的语法规则如下：

```
<input type="text" name="fname" id="fname" value=" ">
```

其中，value属性是文本框中显示的内容，也可以使用placeholder来指定一个简短的描述，用来描述输入内容的含义。

【例14.1】（实例文件：ch14\14.1.html）

```
<!DOCTYPE html>
<html>
<head>
<meta name="viewport" content="width=device-width, initial-scale=1">
<link rel="stylesheet" href="jquery.mobile/jquery.mobile-1.4.5.min.css">
  <script src="jquery.min.js"></script>
```

```
    <script src="jquery.mobile/jquery.mobile-1.4.5.min.js"></script>
 </head>
<body>
<div data-role="first">
  <div data-role="header">
  <h1>输入会员信息</h1>
  </div>
  <div data-role="main" class="ui-content">
    <form>
      <div class="ui-field-contain">
        <label for="fullname">姓名：</label>
        <input type="text" name="fullname" id="fullname">
        <label for="bday">出生年月：</label>
        <input type="date" name="bday" id="bday">
        <label for="email">E-mail:</label>
        <input type="email" name="email" id="email" placeholder="输入您的电子
邮箱">
      </div>
      <input type="submit" data-inline="true" value="注册">
    </form>
  </div>
</div>
</body>
</html>
```

　　模拟器中的预览效果如图14-1所示。单击"出生年月"文本框时会自动打开日期选择器，用户直接选择相应的日期即可，如图14-2所示。

图14-1　程序预览效果　　　　　　　　　　　　　图14-2　日期选择器

2. 文本域

使用<textarea>可以实现多行文本输入效果。

【例14.2】（实例文件：ch14\14.2.html）

```
<!DOCTYPE html>
<html>
<head>
<meta name="viewport" content="width=device-width, initial-scale=1">
<link rel="stylesheet" href="jquery.mobile/jquery.mobile-1.4.5.min.css">
  <script src="jquery.min.js"></script>
  <script src="jquery.mobile/jquery.mobile-1.4.5.min.js"></script>
 </head>
<body>
<div data-role="first">
  <div data-role="header">
  <h1>文本框</h1>
  </div>
  <div data-role="main" class="ui-content">
    <form>
      <div class="ui-field-contain">
       <label for="info">输入最喜欢的一首古诗:</label>
       <textarea name="addinfo" id="info"></textarea>
      </div>
      <input type="submit" data-inline="true" value="提交">
    </form>
     </div>
</div>
</body>
</html>
```

模拟器中的预览效果如图14-3所示。输入多行内容时，文本框会根据输入的内容自动调整文本框的高度，如图14-4所示。

3. 搜索输入框

HTML 5中新增的type="search"类型为搜索输入框，它是为输入搜索定义文本字段。
搜索输入框的语法规则如下：

```
<input type="search" name="search" id="search" placeholder="搜索内容">
```

搜索输入框的效果如图14-5所示。

图14-3　程序预览效果

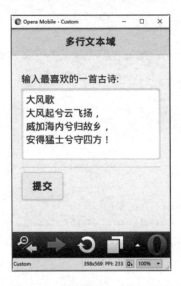

图14-4　自动调整文本框的高度

图14-5　搜索输入框的效果

4. 范围滑动条

使用<input type="range">控件即可创建范围滑动条，语法格式如下：

```
<input type="range" name="points" id="points" value="50" min="0" max="100"
data-show-value="true">
```

其中，max属性规定允许的最大值；min属性规定允许的最小值；step 属性规定合法的数字间隔；value属性规定默认值；data-show-value属性规定是否在按钮上显示进度的值，如果设置为true，就表示显示进度的值，如果设置为false，就表示不显示进度的值。

【例14.3】（实例文件：ch14\14.3.html）

```
<!DOCTYPE html>
<html>
<head>
<meta name="viewport" content="width=device-width, initial-scale=1">
<link rel="stylesheet" href="jquery.mobile/jquery.mobile-1.4.5.min.css">
  <script src="jquery.min.js"></script>
  <script src="jquery.mobile/jquery.mobile-1.4.5.min.js"></script>
 </head>
<body>
<div data-role="first">
  <div data-role="header">
    <h1>工作进度申报</h1>
```

```
    </div>
    <div data-role="main" class="ui-content">
      <form>
        <label for="points">工作完成的进度:</label>
        <input type="range" name="points" id="points" value="50" min="0"
max="100" data-show-value="true">
        <input type="submit" data-inline="true" value="提交">
      </form>
    </div>
  </div>
  </body>
  </html>
```

模拟器中的预览效果如图14-6所示。用户可以拖曳滑块，选择需要的值，也可以通过加减按钮精确选择进度的值。

使用data-popup-enabled属性可以设置小弹窗效果，代码如下：

```
<input type="range" name="points" id="points"
value="50" min="0" max="100"
data-popup-enabled="true">
```

添加后的效果如图14-7所示。

使用data-highlight属性可以高亮度显示滑动条的值，代码如下：

图14-6　程序预览效果

```
<input type="range" name="points" id="points" value="50" min="0" max="100"
data-highlight="true">
```

添加后的效果如图14-8所示。

图14-7　进度值显示效果

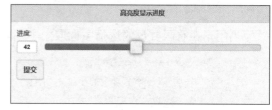

图14-8　高亮度显示进度值效果

5. 表单按钮

表单按钮分为3种，即普通按钮、提交按钮和取消按钮。只需要在type属性中设置表单的类型即可，代码如下：

```
<input type="submit" value="提交按钮">
<input type="reset" value="取消按钮">
<input type="button" value="普通按钮">
```

模拟器中的预览效果如图14-9所示。

当用户在有限数量的选择中仅选取一个选项时，经常用到表单中的单选按钮。通过type="radio"来创建一系列的单选按钮，代码如下：

```
<fieldset data-role="controlgroup">
<legend>请选择您的年级：</legend>
    <label for="one">一年级</label>
    <input type="radio" name="grade" id="one" value="one">
    <label for="two">二年级</label>
    <input type="radio" name="grade" id="two" value="two">
    <label for="three">三年级</label>
    <input type="radio" name="grade" id=" three" value=" three">
</fieldset>
```

模拟器中的预览效果如图14-10所示。

图14-9　表单按钮预览效果

图14-10　单选按钮

 <fieldset>标记用来创建按钮组，组内各个组件保持自己的功能。在<fieldset>标记内添加data-role="controlgroup"，这样这些单选按钮样式统一，看起来像一个组合。其中<legend>标签用来定义按钮组的标题。

6. 复选框

当用户在有限数量的选择中选取一个或多个选项时，需要使用复选框，代码如下：

```
<fieldset data-role="controlgroup">
    <legend>请选择您喜爱的季节：</legend>
    <label for="spring">春天</label>
    <input type="checkbox" name="season" id="spring" value="spring">
    <label for="summer">夏天</label>
    <input type="checkbox" name="season" id="summer" value="summer">
    <label for="fall">秋天</label>
    <input type="checkbox" name="season" id="fall" value="fall">
    <label for="winter">冬天</label>
    <input type="checkbox" name="season" id="winter" value="winter">
 </fieldset>
```

模拟器中的预览效果如图14-11所示。

7. 选择菜单

使用<select>标签可以创建带有若干选项的下拉列表。<select>标签内的<option>属性定义了列表中的可用选项，代码如下：

```
<fieldset data-role="fieldcontain">
    <label for="day">选择值日时间：</label>
    <select name="day" id="day">
        <option value="mon">星期一</option>
        <option value="tue">星期二</option>
        <option value="wed">星期三</option>
        <option value="thu">星期四</option>
        <option value="fri">星期五</option>
        <option value="sat">星期六</option>
        <option value="sun">星期日</option>
    </select>
</fieldset>
```

模拟器中的预览效果如图14-12所示。

图14-11　复选框

图14-12　选择菜单

如果菜单中的选项还需要再次分组，可以在<select>内使用<optgroup>标签，添加后的代码如下：

```
<fieldset data-role="fieldcontain">
    <label for="day">选择值日时间：</label>
    <select name="day" id="day">
        <optgroup label="工作日">
        <option value="mon">星期一</option>
        <option value="tue">星期二</option>
        <option value="wed">星期三</option>
        <option value="thu">星期四</option>
        <option value="fri">星期五</option>
    </optgroup>
    <optgroup label="休息日">
```

```
        <option value="sat">星期六</option>
        <option value="sun">星期日</option>
    </optgroup>
    </select>
</fieldset>
```

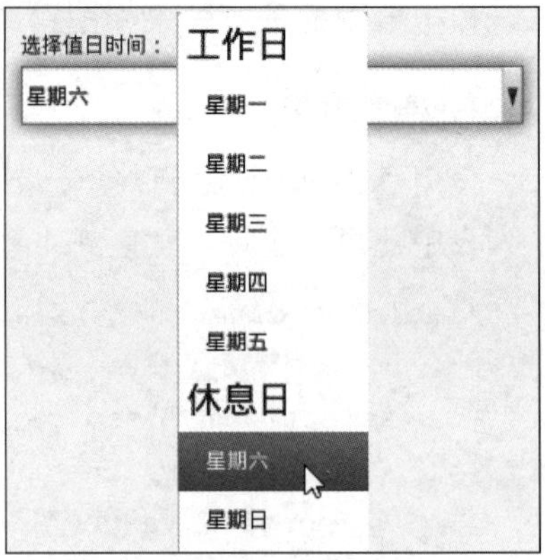

模拟器中的预览效果如图14-13所示。

如果想选择菜单中的多个选项，需要设置<select>标签的multiple属性，设置代码如下：

```
<select name="day" id="day" multiple
data-native-menu="false">
```

例如，把上面的代码修改如下：

图14-13　菜单选项分组后的效果

```
<fieldset data-role="fieldcontain">
    <label for="day">选择值日时间：</label>
    <select name="day" id="day" multiple data-native-menu="false">
        <optgroup label="工作日">
        <option value="mon">星期一</option>
        <option value="tue">星期二</option>
        <option value="wed">星期三</option>
        <option value="thu">星期四</option>
        <option value="fri">星期五</option>
    </optgroup>
    <optgroup label="休息日">
        <option value="sat">星期六</option>
        <option value="sun">星期日</option>
    </optgroup>
    </select>
</fieldset>
```

在模拟器中预览，选择菜单时的效果如图14-14所示。选择完成后，即可看到多个菜单选项被选择，如图14-15所示。

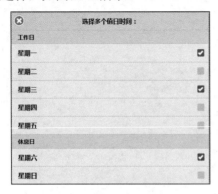

图14-14　选择多个菜单选项

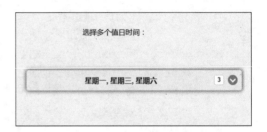

图14-15　多个菜单选项被选择后的效果

8. 翻转波动开关

设置<input type="checkbox">标签的data-role为flipswitch时，可以创建翻转波动开关，代码如下：

```
<form>
    <label for="switch">切换开关：</label>
    <input type="checkbox" data-role="flipswitch" name="switch" id="switch">
</form>
```

模拟器中的预览效果如图14-16所示。

同时，用户还可以使用checked属性来设置默认的选项，代码如下：

```
<input type="checkbox" data-role="flipswitch" name="switch" id="switch"
checked>
```

修改后预览效果如图14-17所示。

默认情况下，开关切换的文本为On和Off。可以使用data-on-text和 data-off-text属性来修改，代码如下：

```
<input type="checkbox" data-role="flipswitch" name="switch" id="switch"
data-on-text="打开" data-off-text="关闭">
```

修改后的预览效果如图14-18所示。

图14-16　开关默认效果　　图14-17　修改默认选项后的效果　　图14-18　修改切换开关文本后的效果

14.1.2　按钮和组按钮

前面简单介绍过表单按钮，由于按钮和按钮组功能变化比较大，本小节将详细讲解它们的使用方法和技巧。

在jQuery Mobile中，创建按钮的方法包括以下3种：

（1）使用<button>标签创建普通按钮，代码如下：

```
<button>按钮</button>
```

（2）使用<input>标签创建表单按钮，代码如下：

```
<input type="button" value="按钮">
```

（3）使用data-role="button"属性创建链接按钮，代码如下：

```
<a href="#" data-role="button">按钮</a>
```

在jQuery Mobile中，按钮的样式会被自动添加上，为了让按钮在移动设备上更具吸引力和可用性，推荐在页面间进行链接时使用第三种方法；在表单提交时使用第一种或第二种方法。

默认情况下，按钮占满整个屏幕宽度。如果想要一个仅是与内容一样宽的按钮，或者需要并排显示两个或多个按钮，可以通过设置data-inline="true"来完成，代码如下：

```
<a href="#pagetwo" data-role="button" data-inline="true">下一页</a>
```

下面通过一个实例来区别默认按钮和设置后的按钮的区别，代码如下：

【例14.4】（实例文件：ch14\14.4.html）

```
<!DOCTYPE html>
<html>
<head>
<meta name="viewport" content="width=device-width, initial-scale=1">
<link rel="stylesheet" href="jquery.mobile/jquery.mobile-1.4.5.min.css">
  <script src="jquery.min.js"></script>
  <script src="jquery.mobile/jquery.mobile-1.4.5.min.js"></script>
 </head>
<body>
<div data-role="page" id="first">
  <div data-role="header">
    <h1>按钮的区别</h1>
  </div>
  <div data-role="content" class="content">
    <p>普通 / 默认按钮:</p>
    <a href="#second" data-role="button">下一页</a>
    <p>设置后的按钮:</p>
    <a href="#second" data-inline="true">下一页</a>
    <a href="#first" data-inline="true">上一页</a>
  </div>
  <div data-role="footer">
    <h1>2种按钮</h1>
  </div>
</div>
</body>
</html>
```

模拟器中的预览效果如图14-19所示。

jQuery Mobile 提供了一个简单的方法来将按钮组合在一起。使用data-role="controlgroup"属性，即可通过按钮组来组合按钮。同时，使用data-type="horizontal|vertical"属性来设置按钮的排列方式是水平还是垂直。

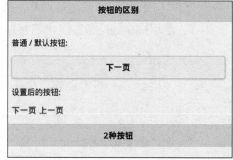

图14-19　不同按钮的效果

【例14.5】 （实例文件：ch14\14.5.html）

```
<!DOCTYPE html>
<html>
<head>
<meta name="viewport" content="width=device-width, initial-scale=1">
<link rel="stylesheet" href="jquery.mobile/jquery.mobile-1.4.5.min.css">
  <script src="jquery.min.js"></script>
  <script src="jquery.mobile/jquery.mobile-1.4.5.min.js"></script>
 </head>
<body>
<div data-role="page" id="first">
  <div data-role="header">
    <h1>组按钮的排列</h1>
  </div>
  <div data-role="content" class="content">
<div data-role="controlgroup" data-type="horizontal">
    <p>水平排列的按钮：</p>
    <a href="#" data-role="button">按钮a</a>
    <a href="#" data-role="button">按钮b</a>
    <a href="#" data-role="button">按钮c</a>
</div><br>
    <div data-role="controlgroup" data-type="vertical"
    <p>垂直排列的按钮:</p>
     <a href="#" data-role="button">按钮a</a>
    <a href="#" data-role="button">按钮b </a>
    <a href="#" data-role="button">按钮c</a>
</div>
  </div>
  <div data-role="footer">
    <h1>2种排列方式</h1>
  </div>
</div>
</body>
</html>
```

模拟器中预览效果如图14-20所示。

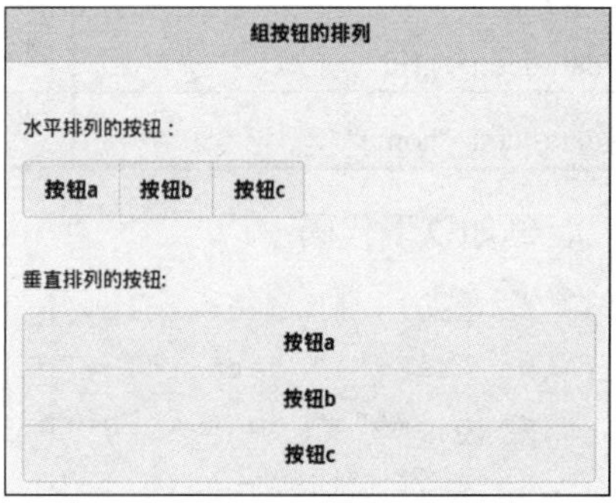

图14-20 不同排列方式的按钮组

14.1.3 按钮图标

jQuery Mobile 提供了一套丰富多彩的按钮图标，用户只需要使用data-icon属性即可添加按钮图标，常用的图标样式如表14-1所示。

表14-1　常用的按钮图标样式

图标参数	外观样式	说　明
data-icon="arrow-l"	左箭头	左箭头
data-icon="arrow-r"	右箭头	右箭头
data-icon="arrow-u"	上箭头	上箭头
data-icon="arrow-d"	下箭头	下箭头
data-icon="info"	信息	信息
data-icon="plus"	加号	加号
data-icon="minus"	减号	减号
data-icon="check"	复选	复选
data-icon="refresh"	重新整理	重新整理
data-icon="delete"	删除	删除
data-icon="forward"	前进	前进
data-icon="back"	后退	后退
data-icon="star"	星形	星号
data-icon="audio"	扬声器	扬声器
data-icon="lock"	挂锁	挂锁
data-icon="search"	搜索	搜索
data-icon="alert"	警告	警告
data-icon="grid"	网格	网格
data-icon="home"	首页	首页

例如以下代码：

```
<a href="#" data-role="button" data-icon="lock">挂锁</a>
<a href="#" data-role="button" data-icon="check">复选</a>
<a href="#" data-role="button" data-icon="refresh">重新整理</a>
<a href="#" data-role="button" data-icon="delete">删除</a>
```

在模拟器中的预览效果如图14-21所示。

图14-21　按钮图标效果

细心的读者会发现，按钮上的图标默认情况下会出现在按钮的左边。如果需要设置图标的位置，可以设置data-iconpos属性来指定位置，包括top（顶部）、right（右侧）、bottom（底部）。例如以下代码：

```
<a href="#" data-role="button" data-icon="refresh">重新整理</a>
<a href="#" data-role="button" data-icon="refresh" data-iconpos="top">重新整理</a>
<a href="#" data-role="button" data-icon="refresh" data-iconpos="right">重新整理</a>
<a href="#" data-role="button" data-icon="refresh" data-iconpos="bottom">重新整理</a>
```

模拟器中的预览效果如图14-22所示。

图14-22　设置图标的位置

如果不想让按钮上出现文字，可以将data-iconpos属性设置为notext，这样只会显示按钮，而没有文字。

14.1.4　弹窗

弹窗是一个非常流行的对话框，弹窗可以覆盖在页面上展示。弹窗可用于显示一段文本、图片、地图或其他内容。创建一个弹窗需要使用<a>和<div>标签，在<a>标签上添加data-rel="popup"属性，在<div>标签上添加data-role="popup"属性，然后为<div>设置id，设置<a>的href值为<div>指定的id，其中<div>中的内容为弹窗显示的内容，代码如下：

```
<a href="#firstpp" data-rel="popup">显示弹窗</a>
<div data-role="popup" id="firstpp">
  <p>这是弹出窗口显示的内容</p>
</div>
```

模拟器中的预览效果如图14-23所示。单击"显示弹窗"按钮即可显示弹出窗口的内容。

<div>弹窗与单击的<a>链接必须在同一个页面上。

默认情况下，单击弹窗之外的区域或按Esc键即可关闭弹窗。用户也可以在弹窗上添加关闭按钮，只需要设置属性data-rel="back"即可，结果如图14-24所示。

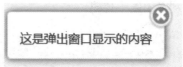

图14-23　弹窗效果　　　　　　　　　　　　　图14-24　带关闭按钮的弹窗效果

用户还可以在弹窗中显示图片，代码如下：

```
<div id="pageone" data-role="content" class="content" >
    <p>单击下面的小图片</p>
    <a href="#firstpp" data-rel="popup" >
    <img src="123.jpeg" style="width:200px;"></a>
    <div data-role="popup" id="firstpp">
    <p>这是我的图片！</p>
    </a><img src="123.jpeg" style="width:500px;height:500px;" >
    </div>
</div>
```

模拟器中的预览效果如图14-25所示。单击图片即可弹出如图14-26所示的图片弹窗。

图14-25　在模拟器中预览效果

图14-26　图片弹窗效果

14.2　列　　表

和计算机屏幕相比，移动设备屏幕比较小，所以常常以列表的形式显示数据。本节将学习列表的使用方法和技巧。

14.2.1　列表视图

　　jQuery Mobile中的列表视图是标准的HTML列表，包括有序列表<ol>和无序列表<ul>。列表视图是jQuery Mobile中功能强大的一个特性，它会使标准的无序或有序列表应用得更广泛。

　　列表的使用方法非常简单，只需要在<ul>或<ol>标签中添加属性data-role="listview"即可。每个项目（<li>）中可以添加链接。下面通过一个实例来学习。

　　【例14.6】（实例文件：ch14\14.6.html）

```
<!DOCTYPE html>
<html>
<head>
<meta name="viewport" content="width=device-width, initial-scale=1">
<link rel="stylesheet" href="jquery.mobile/jquery.mobile-1.4.5.min.css">
  <script src="jquery.min.js"></script>
  <script src="jquery.mobile/jquery.mobile-1.4.5.min.js"></script>
 </head>
<body>
<div data-role="page" id="first">
  <div data-role="header">
    <h1>列表视图</h1>
  </div>
  <div data-role="content" class="content">
  <h2>有序列表：</h2>
    <ol data-role="listview">
     <li><a href="#">香蕉</a></li>
     <li><a href="#">橘子</a></li>
     <li><a href="#">苹果</a></li>
    </ol>
    <h2>无序列表：</h2>
    <ul data-role="listview">
     <li><a href="#">芹菜</a></li>
     <li><a href="#">韭菜</a></li>
     <li><a href="#">菠菜</a></li>
    </ul>
</div>
  </div>
  <div data-role="footer">
    <h1>有序列表和无序列表</h1>
  </div>
</div>
</body>
</html>
```

模拟器中的预览效果如图14-27所示。

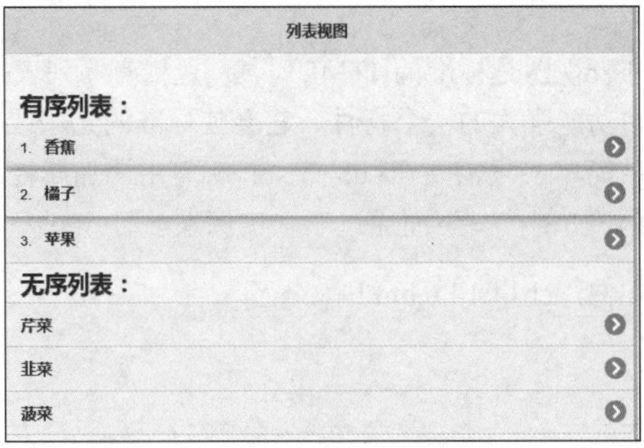

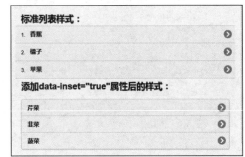

图14-27　有序列表和无序列表

 默认情况下，列表项的链接会自动变成一个按钮，此时不再需要使用 data-role="button"属性。

从结果可以看出，列表样式中没有边缘和圆角效果，这里可以通过设置属性data-inset="true"来完成，代码如下：

```
<ul data-role="listview" data-inset="true">
```

上面实例的部分代码修改如下：

```
<div data-role="content" class="content">
  <h2>标准列表样式：</h2>
    <ol data-role="listview">
      <li><a href="#">香蕉</a></li>
      <li><a href="#">橘子</a></li>
      <li><a href="#">苹果</a></li>
    </ol>
    <h2>添加data-inset="true"属性后的样式：</h2>
    <ul data-role="listview" data-inset="true">
      <li><a href="#">芹菜</a></li>
      <li><a href="#">韭菜</a></li>
      <li><a href="#">菠菜</a></li>
    </ul>
</div>
```

模拟器中的预览效果如图14-28所示。

如果列表项比较多，用户可以使用列表分隔项对列表进行分组操作，这样使列表看起来更整齐。通过在列表项<li>标签中添加data-role="list-divider"属性，即可指定列表分隔，例如以下代码：

图14-28　有边缘和圆角的列表效果

```
<ul data-role="listview">
<li data-role="list-divider">蔬菜</li>
  <li><a href="#">芹菜</a></li>
  <li><a href="#">韭菜</a></li>
<li data-role="list-divider">水果</li>
  <li><a href="#">苹果</a></li>
  <li><a href="#">橘子</a></li>
<li data-role="list-divider">乳制品</li>
  <li><a href="#">酸奶</a></li>
  <li><a href="#">奶酪</a></li>
</ul>
```

模拟器中的预览效果如图14-29所示。

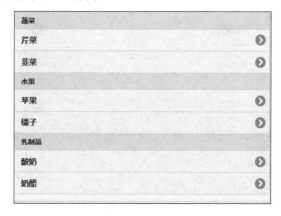

图14-29 对项目进行分隔后的效果

如果项目列表是一个按字母顺序排列的列表,通过添加data-autodividers="true"属性可以自动生成项目的分隔,代码如下:

```
<ul data-role="listview" data-autodividers="true">
  <li><a href="#">Avocado</a></li>
  <li><a href="#">Apricot</a></li>
  <li><a href="#">Banana</a></li>
  <li><a href="#">Bramley</a></li>
  <li><a href="#">Cherry </a></li>
</ul>
```

模拟器中的预览效果如图14-30所示。从结果可以看出,创建的分隔文本是列表项文本的第一个大写字母。

图14-30 自动生成分隔后的效果

14.2.2 列表内容

在列表内容中,既可以添加图片和说明,又可以添加计数泡泡,同时还能拆分按钮和列表的链接。

1. 加入图片和说明

前面的实例中，列表项目前没有图片或说明，下面将讲解如何添加图片和说明，代码如下：

```
<li>
<a href="#">
<img src="124.jpg">
<h3>香蕉</h3>
<p>香蕉的原产地是东南亚</p>
</a>
</li>
```

模拟器中的预览效果如图14-31所示。

图14-31　加入图片和说明

2. 计入计数泡泡

计数泡泡主要是在列表中显示数字时使用，只需要在<li>标签中加入以下标签即可：

```
<span class="ui-li-count">数字</span>
```

例如下面的例子：

```
<li>
<a href="#">
<img src="124.jpg">
<h3>香蕉</h3>
<p>香蕉的原产地是东南亚</p>
<span class="ui-li-count">111</span>
</a>
</li>
```

模拟器中的预览效果如图14-32所示。

图14-32　加入计数泡泡

3. 拆分按钮和列表的链接

默认情况下，单击列表项或按钮都是转向同一个链接。用户也可以拆分按钮和列表项的链接，这样单击按钮和列表项时会转向不同的链接。设置方法比较简单，只需要在<li>标签中加入两组<a>标签即可。

例如：

```
<li>
<a href="122.html">
<img src="124.jpg">
<h3>香蕉</h3>
<p>香蕉的原产地是东南亚</p>
</a>
<a href="123.html data-icon="star"></a>
</li>
```

模拟器中的预览效果如图14-33所示。

图14-33 拆分按钮和列表的链接

14.2.3 列表过滤

在jQuery Mobile中，用户可以对列表项目进行搜索过滤。添加过滤效果的思路如下：

（1）创建一个表单，并添加类ui-filterable，该类的作用是自动调整搜索字段与过滤元素的外边距，代码如下：

```
<form class="ui-filterable">
</form>
```

（2）在<form>标签内创建一个<input>标签，添加data-type="search"属性，并指定id，从而创建基本的搜索字段，代码如下：

```
<form class="ui-filterable">
  <input id="myFilter" data-type="search">
</form>
```

（3）为过滤的列表添加data-input 属性，该值为<input>标签的id，代码如下：

```
<ul data-role="listview" data-filter="true" data-input="#myFilter">
```

下面通过一个实例来理解列表是如何过滤的。

【例14.7】（实例文件：ch14\14.7.html）

```
<!DOCTYPE html>
<html>
<head>
<meta name="viewport" content="width=device-width, initial-scale=1">
<link rel="stylesheet" href="jquery.mobile/jquery.mobile-1.4.5.min.css">
```

```
  <script src="jquery.min.js"></script>
  <script src="jquery.mobile/jquery.mobile-1.4.5.min.js"></script>
 </head>
<body>
<div data-role="page" id="first">
  <div data-role="content" class="content">
   <h2>进货商联系表</h2>
   <form>
    <input id="myFilter" data-type="search">
   </form>
   <ul data-role="listview" data-filter="true" data-input="#myFilter">
    <li><a href="#">张小名</a></li>
    <li><a href="#">刘名园</a></li>
    <li><a href="#">刘鲲鹏</a></li>
    <li><a href="#">张鹏举</a></li>
    <li><a href="#">张鹏远</a></li>
   </ul>
  </div>
</div>
</body>
</html>
```

　　模拟器中的预览效果如图14-34所示。输入需要过滤的关键字，例如这里搜索姓张的进货商，结果如图14-35所示。

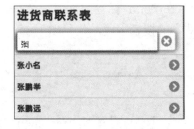

　　　　图14-34　程序预览效果　　　　　　　　　　　图14-35　列表过滤后的效果

　如果需要在搜索框内添加提示信息，可以通过设置placeholder属性来完成，代码如下：

`<input id="myFilter" data-type="search" placeholder="请输入联系人的姓">`

14.3 面板和可折叠块

在jQuery Mobile中，可以通过面板或可折叠块来隐藏或显示指定的内容。本节将重点讲解面板和可折叠块的使用方法和技巧。

14.3.1 面板

jQuery Mobile中可以添加面板，面板会在屏幕上从左到右滑出。通过为\<div\>标签添加data-role="panel"属性来创建面板。具体思路如下：

（1）通过\<div\>标签来定义面板的内容，并定义id属性，例如以下代码：

```
<div data-role="panel" id="myPanel">
    <h2>长恨歌</h2>
    <p>天生丽质难自弃，一朝选在君王侧。回眸一笑百媚生，六宫粉黛无颜色。</p>
</div>
```

 注意 定义的面板内容必须置于头部、内容和底部组成的页面之前或之后。

（2）要访问面板，需要创建一个指向面板\<div\>的链接，单击该链接即可打开面板。例如以下代码：

```
<a href="#myPanel" class="ui-btn ui-btn-inline">最喜欢的诗句</a>
```

【例14.8】（实例文件：ch14\14.8.html）

```
<!DOCTYPE html>
<html>
<head>
<meta name="viewport" content="width=device-width, initial-scale=1">
<link rel="stylesheet" href="jquery.mobile/jquery.mobile-1.4.5.min.css">
  <script src="jquery.min.js"></script>
  <script src="jquery.mobile/jquery.mobile-1.4.5.min.js"></script>
</head>
<body>
<div data-role="first">
  <div data-role="panel" id="myPanel">
    <h2>长恨歌</h2>
    <p>天生丽质难自弃，一朝选在君王侧。回眸一笑百媚生，六宫粉黛无颜色。</p>
  </div>
  <div data-role="header">
  <h1>使用面板</h1>
  </div>
```

```
    <div data-role="content" class="content">
       <a href="#myPanel" class="ui-btn ui-btn-inline">最喜欢的诗句</a>
     </div>
  </div>
  </body>
  </html>
```

模拟器中的预览效果如图14-36所示。单击"最喜欢的诗句"链接即可打开面板，结果如图14-37所示。

图14-36　程序预览效果

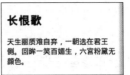

图14-37　打开面板

面板的展示方式由属性data-display来控制，分为以下3种：

（1）data-display="reveal"：面板的展示方式为从左到右滑出，这是面板展示方式的默认值。

（2）data-display="overlay"：在内容上显示面板。

（3）data-display="push"：同时推动面板和页面。

这3种面板展示方式的代码如下：

```
<div data-role="panel" id="overlayPanel" data-display="overlay">
<div data-role="panel" id="revealPanel" data-display="reveal">
<div data-role="panel" id="pushPanel" data-display="push">
```

默认情况下，面板会显示在屏幕的左侧。如果想让面板出现在屏幕的右侧，可以指定data-position="right"属性。

```
<div data-role="panel" id="myPanel" data-position="right">
```

默认情况下，面板是随着页面一起滚动的。如果你需要实现面板内容固定，不随页面的滚动而滚动，可以在面板中添加the data-position-fixed="true"属性，代码如下：

```
<div data-role="panel" id="myPanel" data-position-fixed="true">
```

14.3.2　可折叠块

通过可折叠块，用户可以隐藏或显示指定的内容，这对于存储部分信息很有用。

创建可折叠块的方法比较简单，只需要在<div>标签中添加data-role="collapsible"属性即可，添加标题标签为H1-H6，后面即可添加隐藏的信息。

```
<div data-role="collapsible">
 <h1>折叠块的标题</h1>
 <p>可折叠的具体内容。</p>
 </div>
```

【例14.9】（实例文件：ch14\14.9.html）

```html
<!DOCTYPE html>
<html>
<head>
<meta name="viewport" content="width=device-width, initial-scale=1">
<link rel="stylesheet" href="jquery.mobile/jquery.mobile-1.4.5.min.css">
  <script src="jquery.min.js"></script>
  <script src="jquery.mobile/jquery.mobile-1.4.5.min.js"></script>
</head>
<body>
<div data-role="first">
  <div data-role="header">
  <h1>可折叠块</h1>
  </div>
    <div data-role="content" class="content">
    <div data-role="collapsible">
 <h1>最喜欢的水果</h1>
 <p>香蕉、橘子、苹果</p>
 </div>
    </div>
</div>
</body>
</html>
```

模拟器中的预览效果如图14-38所示。单击"最喜欢的水果"按钮即可打开可折叠块，结果如图14-39所示。

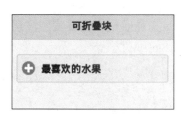

图14-38 程序预览效果

图14-39 打开可折叠块

 默认情况下，内容是被折叠起来的。如果需在页面加载时展开内容，则添加 data-collapsed="false"属性即可，代码如下：

```html
<div data-role="collapsible" data-collapsed="false">
 <h1>折叠块的标题</h1>
 <p>这里显示的内容是展开的</p>
 </div>
```

可折叠块是可以嵌套的，例如以下代码：

```
<div data-role="collapsible">
 <h1>全部智能商品</h1>
<div data-role="collapsible">
 <h1>智能家居</h1>
 <p>智能办公、智能厨电和智能网络</p>
 </div>
</div>
```

模拟器中的预览效果如图14-40所示。

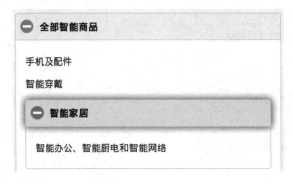

图14-40　程序预览效果

14.4　导　航　条

导航条通常位于页面的头部或尾部，主要作用是便于用户快速访问需要的页面。本节将重点讲解导航条的使用方法和技巧。

在jQuery Mobile中，使用data-role="navbar" 属性来定义导航栏。需要特别注意的是，导航栏中的链接将自动变成按钮，不需要使用data-role="button"属性。

例如以下代码：

```
<div data-role="header">
  <h1>鸿鹄网购平台</h1>
  <div data-role="navbar">
    <ul>
      <li><a href="#">主页</a></li>
      <li><a href="#">团购</a></li>
      <li><a href="#">搜索商品</a></li>
    </ul>
  </div>
</div>
```

模拟器中的预览效果如图14-41所示。

图14-41　程序预览效果

通过前面章节的学习，用户还可以为导航添加按钮图标，例如以上代码修改如下：

```
<div data-role="header">
  <h1>鸿鹄网购平台</h1>
  <div data-role="navbar">
    <ul>
      <li><a href="#" data-icon="home">主页</a></li>
      <li><a href="#" data-icon="arrow-d">团购</a></li>
      <li><a href="#" data-icon="search">搜索商品</a></li>
    </ul>
  </div>
</div>
```

模拟器中的预览效果如图14-42所示。

图14-42　程序预览效果

细心的读者会发现，导航按钮的图标默认位于文字的上方，这个普通的按钮图片是不一样的。如果需要修改导航按钮图标的位置，可以通过设置data-iconpos属性来指定位置，包括left（左侧）、right（右侧）和bottom（底部）。

例如修改导航按钮图标的位置为文本的左侧，代码如下：

```
<div data-role="header">
  <h1>鸿鹄网购平台</h1>
  <div data-role="navbar" data-iconpos="left">
    <ul>
      <li><a href="#" data-icon="home" >主页</a></li>
      <li><a href="#" data-icon="arrow-d" >团购</a></li>
      <li><a href="#" data-icon="search">搜索商品</a></li>
    </ul>
  </div>
</div>
```

模拟器中的预览效果如图14-43所示。

 和设置普通按钮图标位置不同的是，这里data-iconpos="left"属性只能添加到<div>标签中，而不能添加到<li>标签中，否则是无效的，读者可以自行检测。

图14-43　程序预览效果

默认情况下，当单击导航按钮时，按钮的样式会发生变换，例如这里单击"搜索商品"导航按钮，发现按钮的底纹颜色变成了蓝色，如图14-44所示。

图14-44　导航按钮的样式变化

如果用户想取消上面的样式变化，可以添加class="ui-btn-active"属性，例如以下代码：

```
<li><a href="#anylink" class="ui-btn-active">首页</a></li>
```

修改完成后，再次单击"首页"导航按钮时，样式不会发生变化。

对于多个页面的情况，往往用户希望显示哪个页面，对应导航按钮处于被选中状态。下面通过一个实例来讲解。

【例14.10】（实例文件：ch14\14.10.html）

```
<!DOCTYPE html>
<html>
<head>
<meta name="viewport" content="width=device-width, initial-scale=1">
<link rel="stylesheet" href="jquery.mobile/jquery.mobile-1.4.5.min.css">
  <script src="jquery.min.js"></script>
  <script src="jquery.mobile/jquery.mobile-1.4.5.min.js"></script>
 </head>
<body>
<div data-role="page" id="first">
  <div data-role="header">
  <h1>鸿鹄购物平台</h1>
    <div data-role="navbar">
     <ul>
       <li><a href="#" class="ui-btn-active ui-state-persist">主页</a></li>
       <li><a href="#second">团购</a></li>
       <li><a href="#">搜索商品</a></li>
     </ul>
    </div>
  </div>
  <div data-role="content" class="content">
```

```
<p>这里是首页显示的内容</p>
 </div>
 <div data-role="footer">
    <h1>首页</h1>
  </div>
</div>

<div data-role="page" id="second">
  <div data-role="header">
  <h1>鸿鹄购物平台</h1>
    <div data-role="navbar">
     <ul>
        <li><a href="#first">主页</a></li>
        <li><a href="#" class="ui-btn-active ui-state-persist">团购</a></li>
        <li><a href="#">搜索商品</a></li>
      </ul>
  </div>
  </div>
  <div data-role="content" class="content">
<p>这里是团购显示的内容</p>
 </div>
 <div data-role="footer">
    <h1>团购页面</h1>
  </div>
</div>
</body>
</html>
```

模拟器中的预览效果如图14-45所示。此时默认显示首页的内容，"主页"导航按钮处于选中状态。切换到团购页面后，"团购"导航按钮处于选中状态，如图14-46所示。

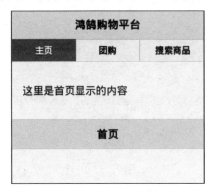

图14-45　程序预览效果

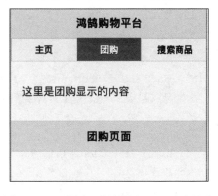

图14-46　"团购"导航按钮处于选中状态

14.5　jQuery Mobile主题

用户在设计移动网站时，往往需要配置背景颜色、导航颜色、布局颜色等，这些工作非常耗费时间。为此，jQuery Mobile提供了2种不同的主题样式，每种主题样式的按钮、导航、内容等颜色都是配置好的，效果也不相同。

这两种主题分别为a和b，可以通过设置data-theme属性来引用主题a或b，代码如下：

```
<div data-role="page" id="first" data-theme="a">
<div data-role="page" id="first" data-theme="b">
```

1. 主题a

页面为灰色背景、黑色文字；头部与底部均为灰色背景、黑色文字；按钮为灰色背景、黑色文字；激活的按钮和链接为白色文本、蓝色背景；input输入框中的placeholder属性值为浅灰色，value值为黑色。

下面通过一个实例来讲解主题a的样式效果。

【例14.11】（实例文件：ch14\14.11.html）

```
<!DOCTYPE html>
<html>
<head>
<meta name="viewport" content="width=device-width, initial-scale=1">
<link rel="stylesheet" href="jquery.mobile/jquery.mobile-1.4.5.min.css">
  <script src="jquery.min.js"></script>
  <script src="jquery.mobile/jquery.mobile-1.4.5.min.js"></script>
 </head>
<body>
<div data-role="page" id="first" data-theme="a">
  <div data-role="header">
    <h1>古诗鉴赏</h1>
  </div>

  <div data-role="content " class="content">
    <p>秋风起兮白云飞，草木黄落兮雁南归。兰有秀兮菊有芳，怀佳人兮不能忘。泛楼船兮济汾河，
横中流兮扬素波。</p>
    <a href="#">秋风辞</a>
    <a href="#" class="ui-btn">更多古诗</a>
    <p>唐诗:</p>
    <ul data-role="listview" data-autodividers="true" data-inset="true">
      <li><a href="#">将进酒</a></li>
      <li><a href="#">春望</a></li>
    </ul>
```

```
    <label for="fullname">请输入喜欢诗的名字:</label>
      <input type="text" name="fullname" id="fullname" placeholder="诗词名
称..">
    <label for="switch">切换开关:</label>
      <select name="switch" id="switch" data-role="slider">
        <option value="on">On</option>
        <option value="off" selected>Off</option>
      </select>
  </div>

  <div data-role="footer">
    <h1>经典诗歌</h1>
  </div>
</div>
</body>
</html>
```

主题a的样式效果如图14-47所示。

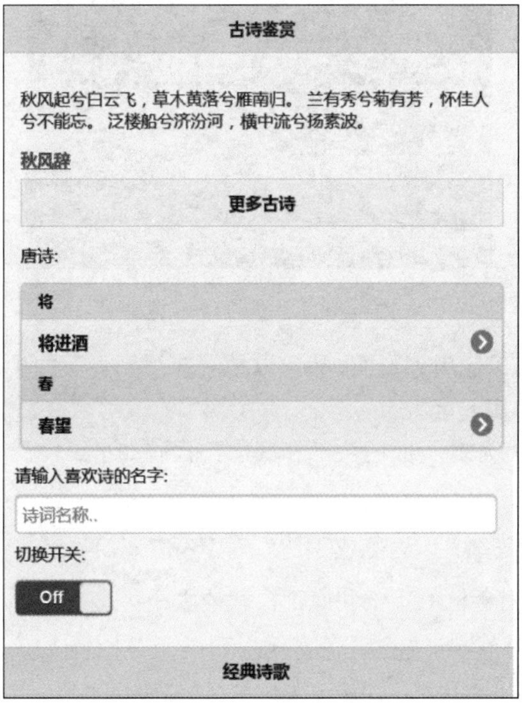

图14-47 主题a的样式效果

2. 主题b

页面为黑色背景、白色文字；头部与底部均为黑色背景、白色文字；按钮为白色文字、木炭黑背景；激活的按钮和链接为白色文本、蓝色背景；input输入框中的placeholder属性值为浅灰色，value值为白色。

301

为了对比主题a的样式效果，请将上面实例中的代码：

```
<div data-role="page" id="first" data-theme="a">
```

修改如下：

```
<div data-role="page" id="first" data-theme="a">
```

主题b的样式效果如图14-48所示。

图14-48　主题b的样式效果

主题样式a和b不仅可以应用到页面，还可以单独应用到页面的头部、内容、底部、导航条、按钮、面板、列表、表单等元素上。

例如，将主题样式b添加到页面的头部和底部，代码如下：

```
<div data-role="header" data-theme="b"></div>
<div data-role="footer" data-theme="b"></div>
```

将主题样式b添加到对话框的头部和底部，代码如下：

```
<div data-role="page" data-dialog="true" id="second">
  <div data-role="header" data-theme="b"></div>
  <div data-role="footer" data-theme="b"></div>
</div>
```

将主题样式b添加到按钮上时，需要使用class="ui-btn- a|b "来设置按钮颜色为灰色或黑色。例如，将样式b的样式应用到按钮上，代码如下：

```
<a href="#" class="ui-btn">灰色按钮(默认)</a>
<a href="#" class="ui-btn ui-btn-b">黑色按钮</a>
```

预览效果如图14-49所示。

图14-49　按钮添加主题后的效果

在弹窗上应用主题样式的代码如下：

```
<div data-role="popup" id="myPopup" data-theme="b">
```

在头部和底部的按钮上也可以添加主题样式，例如以下代码：

```
<div data-role="header">
  <a href="#" class="ui-btn ui-btn-b">主页</a>
  <h1>古诗欣赏</h1>
  <a href="#" class="ui-btn">搜索</a>
</div>

<div data-role="footer">
  <a href="#" class="ui-btn ui-btn-b">上传古诗图文</a>
  <a href="#" class="ui-btn">名句欣赏鉴别</a>
  <a href="#" class="ui-btn ui-btn-b">联系我们</a>
</div>
```

预览效果如图14-50所示。

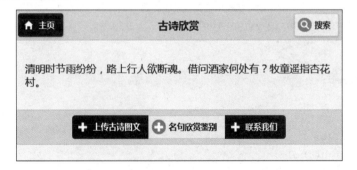

图14-50　头部和底部的按钮添加主题后的效果

14.6　综合案例——设计一个商品列表页面

本案例将使用列表的过滤功能设计一个商品列表页面。

【例14.12】（实例文件：ch14\14.12.html）

```
<!DOCTYPE html>
<html>
<head>
  <meta charset="UTF-8">
  <meta name="viewport" content="width=device-width, initial-scale=1">
  <link rel="stylesheet" href="jquery.mobile/jquery.mobile-1.4.5.min.css">
  <script src="jquery.min.js"></script>
  <script src="jquery.mobile/jquery.mobile-1.4.5.min.js"></script>
  <script>
    $(function(){
      $("ul").listview("refresh");

    })
  </script>
  <style type="text/css">
    .img{
      position:absolute;
      left:-10px;
      top:2px;
      max-height:150px;
      max-width:100px;
    }
    .del {
      text-decoration:line-through;
    }
    .red {
      color:red;
    }
    b{
      color:blue;
      font-weight:bold;
    }

  </style>
</head>
<body>
<div data-role="page" id="page">
  <div data-role="header">
    <h1>商品列表</h1>
  </div>
  <div data-role="content">
```

```
    <form>
      <input id="myFilter" data-type="search" placeholder="请输入需要的商品">
<br />
    </form>
    <ul data-role="listview" data-filter="true" data-input="#myFilter">
      <li data-role="list-divider">精品商品销售榜
        <span class="ui-li-count">3</span>
      </li>
      <li><a href="#"><img class="img" src="1.jpg" alt=""/>
        <h3>原价:<span class="del">12元</span></h3>
        <h3>折扣价:<span class="red">6元</span></h3>
        <p>满一百送20元...</p>
        <p>已经抢购:<b>268公斤</b></p>
        <p class="ui-li-aside">剩余重量: <b>200公斤</b></p>
      </a></li>
      <li><a href="#"><img class="img" src="3.jpg" alt=""/>
        <h3>原价:<span class="del">18元</span></h3>
        <h3>折扣价:<span class="red">9元</span></h3>
        <p>满一百送20元...</p>
        <p>已经抢购:<b>168公斤</b></p>
        <p class="ui-li-aside">剩余重量: <b>100公斤</b></p>
      </a></li>
      <li><a href="#"><img class="img" src="4.jpg" alt=""/>
        <h3>原价:<span class="del">15元</span></h3>
        <h3>折扣价:<span class="red">6元</span></h3>
        <p>满五百送50元...</p>
        <p>已经抢购:<b>968公斤</b></p>
        <p class="ui-li-aside">剩余重量: <b>600公斤</b></p>
      </a></li>
    </ul>
  </div>
  <div data-role="footer">
    <h4>精品水果</h4>
  </div>
  </div>
  </body>
  </html>
```

在Opera Mobile Emulator模拟器中预览效果,如图14-51所示。在搜索栏中输入"满一百",即可快速过滤出需要的商品,如图14-52所示。

图14-51　商品列表页面

图14-52　商品过滤后的效果

14.7　新手疑惑解答

问题1： 如何制作一个后退按钮？

如需创建后退按钮，请使用data-rel="back"属性（这会忽略锚的href值）：

```
<a href="#" data-role="button" data-rel="back">返回</a>
```

问题2： 如何在面板上添加主题样式b？

在面板上添加主题样式的方法比较简单，代码如下：

```
<div data-role="panel" id="myPanel" data-theme="b">
```

在面板上添加主题样式b后的效果如图14-53所示。

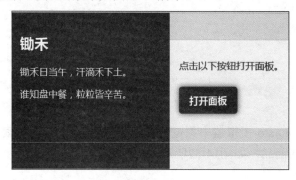

图14-53　添加主题样式b后的效果

第 15 章

jQuery Mobile事件

页面有了事件就有了"灵魂"，可见事件对于页面是多么重要，这是因为事件使页面具有了动态性和响应性。如果没有事件，我们将很难完成页面与用户之间的交互。jQuery Mobile针对移动端提供了各种浏览器事件，包括页面事件、触摸事件、滑动事件、定位事件等。本章将介绍如何使用jQuery Mobile的事件。

15.1 页 面 事 件

jQuery Mobile针对各个页面生命周期的事件可以分为以下几种：

（1）初始化事件：分别在页面初始化之前、页面创建时和页面初始化之后触发的事件。

（2）外部页面加载事件：外部页面加载时触发的事件。

（3）页面过渡事件：页面过渡时触发的事件。

使用jQuery Mobile事件的方法比较简单，只需要使用on()方法指定要触发的时间并设定事件处理函数即可，语法格式如下：

```
$(document).on(事件名称,选择器,事件处理函数)
```

其中选择器是可选参数，如果省略该参数，就表示事件应用于整个页面，而不限定哪一个组件。

15.1.1 初始化事件

初始化事件发生的时间包括页面初始化之前、页面创建时和页面创建后。下面将详细介绍初始化事件。

1. mobileinit

当jQuery Mobile开始执行时，首先会触发mobileinit事件。如果想更改jQuery Mobile的默认值，就可以将函数绑定到mobileinit事件。语法格式如下：

```
$(document).on("mobileinit",function(){
   // jQuery 事件
});
```

例如，jQuery Mobile开始执行任何操作时都会使用Ajax的方式，如果不想使用Ajax，可以在mobileinit事件中将$.mobile.ajaxEnabled更改为false，代码如下：

```
$(document).on("mobileinit",function(){
  $.mobile.ajaxEnabled=false;
});
```

这里需要注意，上面的代码要放在引用jquery.mobile.js之前。

2. jQuery Mobile Initialization事件

jQuery Mobile Initialization事件主要包括pagebeforecreate事件、pagecreate事件和pageinit事件，它们的区别如下：

（1）pagebeforecreate事件：发生在页面DOM加载后、正在初始化时，语法格式如下：

```
$(document).on("pagebeforecreate",function(){
   // 程序语句
});
```

（2）pagecreate事件：发生在页面DOM加载完成、初始化也完成时，语法格式如下：

```
$(document).on("pagecreate",function(){
   // 程序语句
});
```

（3）pageinit事件：发生在页面初始化完成以后，语法格式如下：

```
$(document).on("pageinit",function(){
   // 程序语句
});
```

下面通过一个综合实例来学习上面3个事件触发的时机。

【例15.1】（实例文件：ch15\15.1.html）

```
<!DOCTYPE html>
<html>
<head>
<meta name="viewport" content="width=device-width, initial-scale=1">
  <link rel="stylesheet" href="jquery.mobile/jquery.mobile-1.4.5.min.css">
  <script src="jquery.min.js"></script>
  <script src="jquery.mobile/jquery.mobile-1.4.5.min.js"></script>
<script>
```

```
$(document).on("pagebeforecreate",function(){
  alert("注意：pagebeforecreate事件开始触发");
});
$(document).on("pagecreate",function(){
  alert("注意：pagecreate事件触发开始触发");
});
$(document).on("pageinit",function(){
  alert("注意：pageinit事件开始触发");
});
</script>
</head>
<body>
<div data-role="page" id="first">
  <div data-role="header">
    <h1>古诗欣赏</h1>
  </div>
  <div data-role="main" class="ui-content">
    <p>几回花下坐吹箫，银汉红墙入望遥。</p>
    <a href="#second">下一页</a>
  </div>
  <div data-role="footer">
    <h1>清代诗人</h1>
  </div>
</div>
<div data-role="page" id="second">
  <div data-role="header">
    <h1>古诗欣赏</h1>
  </div>
  <div data-role="main" class="ui-content">
    <p>似此星辰非昨夜，为谁风露立中宵。</p>
    <a href="#first">上一页</a>
  </div>
  <div data-role="footer">
    <h1>经典诗词</h1>
  </div>
</div>
</body>
</html>
```

在Opera Mobile Emulator模拟器中预览程序的效果，各个事件的执行顺序如图15-1所示。3次单击"确定"按钮后，结果如图15-2所示。

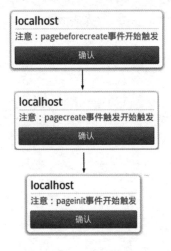

图15-1　初始化事件　　　　　　　　　　图15-2　页面最终效果

15.1.2　外部页面加载事件

外面页面加载时，常见的加载事件如下：

1. pagebeforeload事件

pagebeforeload事件在外部页面加载前触发，语法格式如下：

```
<script>
$(document).on("pagebeforeload",function(){
  alert("有外部文件将要被加载);
});
</script>
```

2. pageload事件

当页面加载成功时，触发pageload事件。语法格式如下：

```
<script>
$(document).on("pageload",function(event,data){
  alert("pageload事件触发!\nURL: " + data.url);
});
</script>
```

pageload事件的函数的参数含义如下：

- event：任何jQuery的事件属性，例如event.type、event.pageX和target等。
- data：包含以下属性。
- url：页面的URL地址，是字符串类型。
- absUrl：绝对地址，是字符串类型。
- dataUrl：地址栏URL，是字符串类型。
- options: $.mobile.loadPage()指定的选项，是对象类型。

- xhr：XMLHttpRequest对象，是对象类型。
- textStatus：对象状态或空值，返回状态。

3. pageloadfailed事件

如果页面载入失败，就会触发pageloadfailed事件。默认情况下，将显示Error Loading Page消息。语法格式如下：

```
$(document).on("pageloadfailed",function(event,data){
  alert("抱歉，被请求页面不存在。");
});
</script>
```

下面通过一个例子来理解上述事件触发时机。

【例15.2】（实例文件：ch15\15.2.html）

```
<!DOCTYPE html>
<html>
<head>
<meta name="viewport" content="width=device-width, initial-scale=1">
  <link rel="stylesheet" href="jquery.mobile/jquery.mobile-1.4.5.min.css">
  <script src="jquery.min.js"></script>
  <script src="jquery.mobile/jquery.mobile-1.4.5.min.js"></script>
<script>
$(document).on("pageload",function(event,data){
  alert("pageload事件触发!\nURL: " + data.url);
});
$(document).on("pageloadfailed",function(){
  alert("抱歉，被请求页面不存在。");
});
</script>
</head>
<body>
<div data-role="page" id="first">
  <div data-role="header">
    <h1>古诗欣赏</h1>
  </div>
  <div data-role="content" class="content">
    <p>众鸟高飞尽，孤云独去闲。相看两不厌，只有敬亭山。</p>
    <a href="123.html">下一页</a>
  </div>
  <div data-role="footer">
    <h1>经典诗词</h1>
  </div>
</div>
```

```
</body>
</html>
```

在Opera Mobile Emulator模拟器中预览，如图15-3所示。单击"下一页"按钮，结果如图15-4所示。

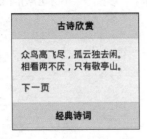

图15-3　程序预览效果　　　　　　　　图15-4　触发pageloadfailed事件

15.1.3　页面过渡事件

在jQuery Mobile中，在当前页面过渡到下一页时，会触发以下几个事件：

（1）pagebeforeshow事件：在当前页面触发，在过渡动画开始前。

（2）pageshow事件：在当前页面触发，在过渡动画完成后。

（3）pagebeforehide事件：在下一页触发，在过渡动画开始前。

（4）pagehide事件：在下一页触发，在过渡动画完成后。

下面通过一个实例来学习页面过渡事件的触发时机。

【例15.3】（实例文件：ch15\15.3.html）

```
<!DOCTYPE html>
<html>
<head>
<meta name="viewport" content="width=device-width, initial-scale=1">
  <link rel="stylesheet" href="jquery.mobile/jquery.mobile-1.4.5.min.css">
  <script src="jquery.min.js"></script>
  <script src="jquery.mobile/jquery.mobile-1.4.5.min.js"></script>
<script>
$(document).on("pagebeforeshow","#second",function(){
  alert("触发 pagebeforeshow 事件，下一页即将显示");
});
$(document).on("pageshow","#second",function(){
  alert("触发 pageshow 事件，现在显示下一页");
});
$(document).on("pagebeforehide","#second",function(){
  alert("触发 pagebeforehide 事件，下一页即将隐藏");
});
$(document).on("pagehide","#second",function(){
```

```
      alert("触发 pagehide 事件，现在隐藏下一页");
});</script>
</head>
<body>
<div data-role="page" id="first">
  <div data-role="header">
    <h1>古诗欣赏</h1>
  </div>
  <div data-role="content" class="content">
    <p>青青园中葵，朝露待日晞。阳春布德泽，万物生光辉。</p>
    <a href="#second">下一页</a>
  </div>
  <div data-role="footer">
    <h1>经典诗词</h1>
  </div>
  </div>

<div data-role="page" id="second">
  <div data-role="header">
    <h1>古诗欣赏</h1>
  </div>
  <div data-role="content" class="content">
    <p>众鸟高飞尽，孤云独去闲。相看两不厌，只有敬亭山。</p>
    <a href="#first">上一页</a>
  </div>
  <div data-role="footer">
    <h1>经典诗词</h1>
  </div>
</div>
</body>
</html>
```

在Opera Mobile Emulator模拟器中预览，如图15-5所示。单击"下一页"按钮，事件触发顺序如图15-6所示。

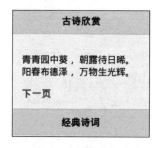

图15-5　程序预览效果

图15-6　当前页面触发事件顺序

单击"确认"按钮，进入下一页中，如图15-7所示。单击"上一页"按钮，事件触发顺序如图15-8所示。

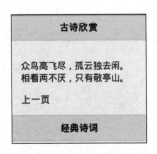

图15-7　程序预览效果

图15-8　触发事件顺序

15.2　触摸事件

针对移动端浏览器提供了触摸事件，表示当用户触摸屏幕时触发的事件，包括点击事件和滑动事件。

15.2.1　点击事件

点击事件包括tap事件和taphold事件，下面将详细介绍它们的用法和区别。

1. tap事件

当用户点击页面上的元素时，会触发点击事件，语法如下：

```
$("p").on("tap",function(){
  $(this).hide();
});
```

上面的代码的作用是点击p组件后，将隐藏该组件。

下面通过一个实例来讲解点击事件的使用方法。

【例15.4】（实例文件：ch15\15.4.html）

```
<!DOCTYPE html>
<html>
<head>
<meta name="viewport" content="width=device-width, initial-scale=1">
<link rel="stylesheet" href="jquery.mobile/jquery.mobile-1.4.5.min.css">
  <script src="jquery.min.js"></script>
  <script src="jquery.mobile/jquery.mobile-1.4.5.min.js"></script><script>
$("div").on("tap",function(){
```

```
        $(this).css("color","green");
    });
</script>
</head>
<body>
<div data-role="page" id="first">
  <div data-role="header">
    <h1>古诗欣赏</h1>
  </div>
  <div data-role="content" class="content">
        <p>黄师塔前江水东，春光懒困倚微风。桃花一簇开无主，可爱深红爱浅红。</p>
  </div>
  <div data-role="footer">
    <h1>经典诗词</h1>
  </div>
</div>
</body>
</html>
```

在Opera Mobile Emulator模拟器中预览，如图15-9所示。在页面中的诗词上点击，即可发现div块内文字的颜色变成了绿色，如图15-10所示。

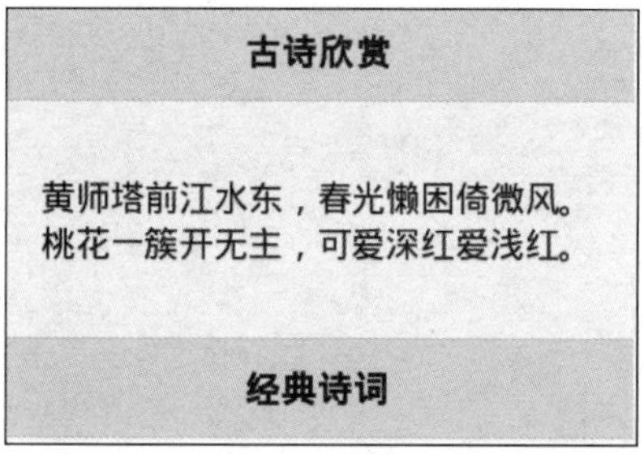

图15-9 程序预览效果	图15-10 触发tap事件

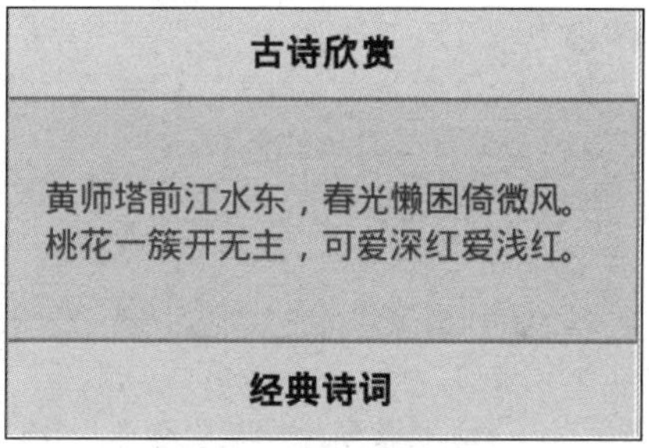

2. taphold

如果点击页面并按住不放，就会触发taphold事件，语法如下：

```
$("p").on("taphold",function(){
  $(this).hide();
});
```

默认情况下，按住不放750ms之后触发taphold事件。用户也可以修改这个时间的长短，语法如下：

```
$(document).on("mobileinit",function(){
  $.event.special.tap.tapholdThreshold=5000;
});
```

修改后，需要按住5s以后才会触发taphold事件。

【例15.5】（实例文件：ch15\15.5.html）

```html
<!DOCTYPE html>
<html>
<head>
<meta name="viewport" content="width=device-width, initial-scale=1">
<link rel="stylesheet" href="jquery.mobile/jquery.mobile-1.4.5.min.css">
  <script src="jquery.min.js"></script>
  <script src="jquery.mobile/jquery.mobile-1.4.5.min.js"></script>
<script>
$(document).on("mobileinit",function(){
  $.event.special.tap.tapholdThreshold=1000
});
$(function(){
  $("img").on("taphold",function(){
   $(this).hide();
});
});
</script>
</head>
<body>
<div data-role="page" id="first">
  <div data-role="header">
    <h1>可爱宠物</h1>
  </div>
  <div data-role="content" class="content">
<img src=1.jpg > <br>
        <p>按住图片1s后隐藏图片哦！</p>
  </div>
  <div data-role="footer">
    <h1>动物天地</h1>
  </div>
</div>
</body>
</html>
```

在Opera Mobile Emulator模拟器中预览，如图15-11所示。点击图片1s后，即可发现图片被隐藏了，如图15-12所示。

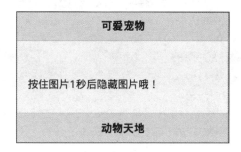

图15-11 程序预览效果   图15-12 触发taphold事件

15.2.2 滑动事件

滑动事件是在用户一秒内水平拖曳大于30px,或者纵向拖曳小于20px的事件发生时触发的事件。滑动事件使用swipe语法来捕捉,语法如下:

```
$("p").on("swipe",function(){
  $("span").text("滑动检测!");
});
```

上述语法是捕捉p组件的滑动事件,并将消息显示在span组件中。

向左滑动事件在用户向左拖动元素大于30px时触发,使用swipeleft语法来捕捉,语法如下:

```
$("p").on("swipeleft",function(){
  $("span").text("向左滑动检测!");
});
```

向右滑动事件在用户向右拖动元素大于30px时触发,使用swiperight语法来捕捉,语法如下:

```
$("p").on("swiperight,function(){
  $("span").text("向右滑动检测!");
});
```

下面以向右滑动事件为例进行讲解。

【例15.6】(实例文件:ch15\15.6.html)

```
<!DOCTYPE html>
<html>
<head>
<meta name="viewport" content="width=device-width, initial-scale=1">
<link rel="stylesheet" href="jquery.mobile/jquery.mobile-1.4.5.min.css">
  <script src="jquery.min.js"></script>
  <script src="jquery.mobile/jquery.mobile-1.4.5.min.js"></script>
<script>
```

```
$(document).on("pagecreate","#first",function(){
   $("img").on("swiperight",function(){
    alert("干嘛向右滑动我!!");
   });
});
</script>
</head>
<body>
<div data-role="page" id="first">
  <div data-role="header">
     <h1>可爱宠物</h1>
  </div>
  <div data-role="content" class="content">
<img src=2.jpg > <br>
     <p>向右滑动图片查看效果</p>
  </div>
  <div data-role="footer">
     <h1>动物天地</h1>
  </div>
</div>
</body>
</html>
```

在Opera Mobile Emulator模拟器中预览，如图15-13所示。向右滑动图片，效果如图15-14所示。

图15-13　程序预览效果

图15-14　触发向右滑动事件

15.3 滚屏事件

jQuery Mobile 提供了两种滚屏事件，分别是滚屏开始时触发scrollstart事件和滚动结束时触发scrollstop事件。

1. scrollstart事件

scrollstart事件在用户开始滚动页面时触发，语法如下：

```
$(document).on("scrollstart",function(){
  alert("屏幕开始滚动了!");
});
```

下面通过一个实例来理解scrollstart事件。

【例15.7】（实例文件：ch15\15.7.html）

```
<!DOCTYPE html>
<html>
<head>
<meta name="viewport" content="width=device-width, initial-scale=1">
<link rel="stylesheet" href="jquery.mobile/jquery.mobile-1.4.5.min.css">
  <script src="jquery.min.js"></script>
  <script src="jquery.mobile/jquery.mobile-1.4.5.min.js"></script>
<script>
$(document).on("pagecreate","#first",function(){
  $(document).on("scrollstart",function(){
    alert("屏幕开始滚动了!");
  });
});
</script>
</head>
<body>
<div data-role="page" id="first">
  <div data-role="header">
    <h1>古诗欣赏</h1>
  </div>
  <div data-role="content" class="content">
<p>西施越溪女，出自苎萝山。</p>
<p>秀色掩今古，荷花羞玉颜。</p>
<p>浣纱弄碧水，自与清波闲。</p>
<p>皓齿信难开，沉吟碧云间。</p>
<p>勾践徵绝艳，扬蛾入吴关。</p>
```

```
<p>提携馆娃宫，杳渺讵可攀。</p>
<p>一破夫差国，千秋竟不还。</p>
<p>西施越溪女，出自苎萝山。</p>
<p>秀色掩今古，荷花羞玉颜。</p>
<p>浣纱弄碧水，自与清波闲。</p>
<p>皓齿信难开，沉吟碧云间。</p>
<p>勾践徵绝艳，扬蛾入吴关。</p>
<p>提携馆娃宫，杳渺讵可攀。</p>
<p>一破夫差国，千秋竟不还。</p>
  </div>
  <div data-role="footer">
    <h1>经典诗词</h1>
  </div>
</div>
</body>
</html>
```

在Opera Mobile Emulator模拟器中预览，如图15-15所示。向上滚动屏幕，效果如图15-16所示。

图15-15　程序预览效果

图15-16　触发滚屏事件

2. scrollstop事件

scrollstop事件是在用户停止滚动页面时触发，语法如下：

```
$(document).on("scrollstop",function(){
  alert("停止滚动!");
});
```

下面通过一个实例来理解scrollstop事件。

【例15.8】（实例文件：ch15\15.8.html）

```html
<!DOCTYPE html>
<html>
<head>
<meta name="viewport" content="width=device-width, initial-scale=1">
<link rel="stylesheet" href="jquery.mobile/jquery.mobile-1.4.5.min.css">
  <script src="jquery.min.js"></script>
  <script src="jquery.mobile/jquery.mobile-1.4.5.min.js"></script>
<script>
$(document).on("pagecreate","#first",function(){
  $(document).on("scrollstop",function(){
    alert("屏幕已经停止滚动了!");
  });
});
</script>
</head>
<body>
<div data-role="page" id="first">
  <div data-role="header">
    <h1>古诗欣赏</h1>
  </div>
  <div data-role="content" class="content">
    <p>噫吁嚱，危乎高哉！</p>
    <p>蜀道之难，难于上青天！</p>
    <p>蚕丛及鱼凫，开国何茫然！</p>
    <p>尔来四万八千岁，不与秦塞通人烟。</p>
    <p>西当太白有鸟道，可以横绝峨嵋巅。</p>
    <p>地崩山摧壮士死，然后天梯石栈方钩连。</p>
    <p>上有六龙回日之高标，下有冲波逆折之回川。</p>
    <p>黄鹤之飞尚不得过，猿猱欲度愁攀援。</p>
    <p>青泥何盘盘，百步九折萦岩峦。</p>
    <p>扪参历井仰胁息，以手抚膺坐长叹。</p>
    <p>问君西游何时还？畏途巉岩不可攀。</p>
    <p>但见悲鸟号古木，雄飞从雌绕林间。</p>
    <p>又闻子规啼夜月，愁空山。</p>
    <p>蜀道之难，难于上青天，使人听此凋朱颜。</p>
    <p>连峰去天不盈尺，枯松倒挂倚绝壁。</p>
    <p>飞湍瀑流争喧豗，砯崖转石万壑雷。</p>
    <p>其险也若此，嗟尔远道之人，胡为乎来哉。</p>
    <p>剑阁峥嵘而崔嵬，一夫当关，万夫莫开。</p>
    <p>所守或匪亲，化为狼与豺。</p>
```

```
    <p>朝避猛虎，夕避长蛇，磨牙吮血，杀人如麻。</p>
    <p>锦城虽云乐，不如早还家。</p>
    <p>蜀道之难，难于上青天，侧身西望长咨嗟。</p>
  </div>
  <div data-role="footer">
    <h1>经典诗词</h1>
  </div>
</div>
</body>
</html>
```

在Opera Mobile Emulator模拟器中预览，如图15-17所示。向上滚动屏幕，停止后效果如图15-18所示。

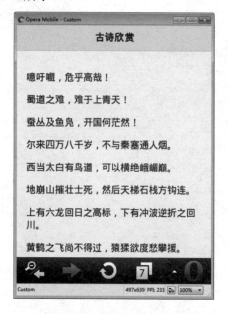

图15-17　程序预览效果

图15-18　触发滚屏事件

15.4　定位事件

当移动设备水平或垂直翻转时触发定位事件，也就是常说的方向改变（orientationchange）事件。

在使用定位事件时，请将orientationchange事件绑定到window对象上，语法如下：

```
$(window).on("orientationchange",function(event){
  alert("设备的方向改变为"+ event.orientation);
});
```

这里的event对象用来接收orientation属性值，event.orientation返回设备是水平还是垂直的信息，类型为字符串，如果是横向水平的，返回值就为landscape；如果是纵向垂直的，返回值就为portrait。

下面通过一个实例来理解orientationchange事件。

【例15.9】（实例文件：ch15\15.9.html）

```
<!DOCTYPE html>
<html>
<head>
<meta name="viewport" content="width=device-width, initial-scale=1">
<link rel="stylesheet" href="jquery.mobile/jquery.mobile-1.4.5.min.css">
  <script src="jquery.min.js"></script>
  <script src="jquery.mobile/jquery.mobile-1.4.5.min.js"></script>
<script type="text/javascript">
$(document).on("pageinit",function(event){
  $( window ).on( "orientationchange", function( event ) {
    if(event.orientation == "landscape")
      $( "#orientation" ).text( "现在是水平模式!" ).css({"background-color":
"yellow","font-size":"300%"});
      if(event.orientation == "portrait")
        $( "#orientation" ).text( "现在是垂直模式!" ).css({"background-color":
"green","font-size":"200%"});
    });
})
</script>
</head>
<body>
<div data-role="page" id="first">
  <div data-role="header">
    <h1>古诗欣赏</h1>
  </div>
  <div data-role="content" class="content">
<span id="orientation"></span><br>
<p>燕草如碧丝，秦桑低绿枝。当君怀归日，是妾断肠时。春风不相识，何事入罗帏</p>
  </div>
  <div data-role="footer">
    <h1>经典诗词</h1>
  </div>
</div>
</body>
</html>
```

在Opera Mobile Emulator模拟器中预览，如图15-19所示。单击模拟器上的方向改变按钮 ，此时方向改变为水平方向，效果如图15-20所示。

图15-19　程序预览效果

图15-20　设备水平方向

再次单击模拟器上的方向改变按钮，此时方向改变为垂直方向，效果如图15-21所示。

图15-21　设备垂直方向

15.5　综合案例——设计一个商品秒杀的滚屏页面

本案例设计一个商品秒杀的滚屏页面。

【例15.10】（实例文件：ch15\15.10.html）

```html
<!DOCTYPE html>
<html>
<head>
    <meta charset="UTF-8">
    <meta name="viewport" content="width=device-width, initial-scale=1">
    <link rel="stylesheet"
href="jquery.mobile/jquery.mobile-1.4.5.min.css">
    <script src="jquery.min.js"></script>
    <script src="jquery.mobile/jquery.mobile-1.4.5.min.js"></script>
    <style>
        span{color:#ff0000}
    </style>
    <script type="text/javascript">
        $(function() {
            $("img").on("scrollstart",function(){
                alert("您触发了滚动事件!");
            });
            $("img").on("scrollstop",function(){
                $("span").text("滚动已经结束了!");
            });
        });
    </script>
</head>
<body>
<div data-role="page" data-theme="a">
    <div data-role="header">
        <h1>商品秒杀</h1>
    </div>
    <div data-role="content">
        <span></span><br>
        <img src="4.jpg" width="231" height="200" border="0"><br>
        <div id="m1">
            <h3>马奶葡萄：6.88元每公斤</h3>
            <p>马奶葡萄，一种绿色长粒葡萄。因其状如马奶子头而得名。味甜，果穗圆柱形，歧
肩大，有分枝，果粒圆柱状；白绿色，甘甜多汁，质较脆，味爽口。</p>
        </div>
    </div>
    <div data-role="footer">
        <h1>精选商品</h1>
    </div>
</div>
```

```
</body>
</html>
```

在Opera Mobile Emulator模拟器中预览，如图15-22所示。向上滚动屏幕，停止滚动后效果如图15-23所示。

图15-22　程序预览效果

图15-23　触发滚屏事件

15.6　新手疑惑解答

问题1： 绑定事件的方法on()和one()有什么区别？

绑定事件的方法on()和one()的作用相似，它们唯一的区别在于one()只能执行一次。

例如，当在按钮上绑定单击鼠标事件时，on()方法的程序如下：

```
<script>
$(document).on('click', function(){
  alert("这是使用on()方法绑定的事件")
});
</script>
```

问题2： 如何在设备方向改变时获取移动设备的高度和宽度？

如果需要在移动设备方向改变时获取设备的长度和宽度，可以绑定resize事件。该事件在页面大小改变时触发，语法如下：

```
$(window).on("resize",function(){
  var win= $(this);    //this指的是window
  alert("宽度为"+win.width()+"高度为"+ win.height());
});
```

第 16 章

数据存储和读取技术

在HTML 5 Web Storage中介绍了本地存储技术localStorage和sessionStorage，它们通过键值来实现存储数据，对于存储少量数据结构很有用，但是对于大量结构化数据就无能为力了。本章将会学习另一个本地数据存储和读取技术，这就是Web SQL Database，通过该技术可以在数据库中处理大量结构化数据。

16.1　Web SQL Database概述

Web SQL Database是关系型数据库系统，使用SQLite语法访问数据库，支持大部分浏览器，该数据库多集中在嵌入式设备上。

Web SQL Database 数据库中定义的3个核心方法如下：

（1）openDatabase：这个方法使用现有数据库或新建数据库来创建数据库对象。

（2）executeSql：这个方法用于执行SQL查询。

（3）transaction：这个方法允许用户根据情况控制事务提交或回滚。

在Web SQL Database中，用户可以打开数据库并进行数据的新增、读取、更新与删除等操作。操作数据的基本流程如下：

（1）创建数据库。

（2）创建交易（Transaction）。

（3）执行SQL语句。

（4）获取SQL语句执行的结果。

16.2　使用Web SQL Database操作数据

了解Web SQL Database操作数据的流程后，下面将学习Web SQL Database的具体操作方法。

16.2.1 数据库的基本操作

数据库的基本操作如下：

1. 创建数据库

使用openDatabase方法打开一个已经存在的数据库，如果数据库不存在，使用此方法将会创建一个新数据库。打开或创建一个数据库的代码如下：

```
var db = openDatabase('mydb', '1.1', ' 第一个数据库', 200000);
```

上述代码的括号中设置了4个参数，其意义分别为：数据库名称、版本号、文字说明、数据库的大小。

以上代码的意义：创建了一个数据库对象，名称是mydb，版本编号为1.1。数据库对象还带有描述信息和大概的大小值。用户代理可使用这个描述与用户进行交流，说明数据库是用来做什么的。利用代码中提供的大小值，用户代理可以为内容留出足够的存储。如果需要，这个值的大小是可以改变的，所以没有必要预先假设允许用户使用多少空间。

2. 创建交易

创建交易时使用database.transaction()函数，语法格式如下：

```
db.transaction(function(tx)){
  //执行访问数据库的语句
});
```

该函数使用function(tx)作为参数，执行访问数据库的具体操作。

3. 执行SQL语句

通过executeSql方法执行SQL语句，从而对数据库进行操作，代码如下：

```
tx.executeSql(sqlQuery,[value1,value2..],dataHandler,errorHandler)
```

executeSql方法有4个参数，作用分别如下：

（1）sqlQuery：需要具体执行的SQL语句，可以是create语句、select语句、update语句或delete语句。

（2）[value1,value2...]：SQL语句中所有使用到的参数的数组，在executeSql方法中，将SQL语句中所要使用的参数先用"？"代替，然后依次将这些参数组成数组放在第二个参数中。

（3）dataHandler：执行成功时调用的回调函数，通过该函数可以获得查询结果集。

（4）errorHandler：执行失败时调用的回调函数。

4. 获取SQL语句执行的结果

当SQL语句执行成功后，就可以使用循环语句来获取执行的结果，代码如下：

```
for (var a=0; a<result.rows.length; a++){
  item = result.rows.item(a);
```

```
    $("div").html(item["name"] +"<br>");
}
```

result.rows表示结果数据，result.rows.length表示数据共有几条，然后通过result.rows.item(a)获取每条数据。

16.2.2 数据表的基本操作

创建数据表的语句为CREATE TABLE，语法规则如下：

```
CREATE  TABLE <表名>
(
  字段名1 数据类型 [约束条件],
  字段名2 数据类型 [约束条件],
  ...
);
```

使用CREATE TABLE创建表时必须指定以下信息：

（1）要创建的表的名称，不区分大小写，不能使用SQL语言中的关键字，如DROP、ALTER、INSERT等。

（2）数据表中每一个列（字段）的名称和数据类型，如果创建多个列，就要用逗号隔开。

例如，创建学生表student，结构如表16-1所示。

表16-1 student表结构

字段名称	数据类型	备　注
id	int	学号
name	char(10)	姓名
city	char(50)	院系

创建student表，SQL语句为：

```
CREATE TABLE student
(
  id        int PRIMARY KEY,
  name      char(10),
  colleges  varchar(50)
);
```

其中PRIMARY KEY约束条件定义id字段为主键。如果数据表已经存在，那么上述创建命令将会报错，此时可以加入if not exists命令先进行条件判断。下面开始创建和打开数据表student。

【例16.1】（实例文件：ch16\16.1.html）

```
<!DOCTYPE html>
<html>
```

```html
<head>
    <meta http-equiv="Content-Type" content="text/html; charset=utf-8"/>
    <title></title>
    <script src="jquery.min.js"></script>
    <script type="text/javascript">
        $(function () {
            //打开数据库
            var dbSize=2*1024*1024;
            db = openDatabase('myDB', '', '', dbSize);
            //创建数据表
            db.transaction(function(tx){
                tx.executeSql("CREATE TABLE IF NOT EXISTS student (id integer
PRIMARY KEY,name char(10),colleges varchar(50))",[],onSuccess,onError);
            });
            function onSuccess(tx, results)
            {
                $("div").html("打开数据表成功了!")
            }
            function onError(e)
            {
                $("div").html("打开数据库错误:"+e.message)
            }

        })
    </script>
</head>
<body>
<div id="message"></div>
</body>
</html>
```

使用Google Chrome运行上述文件，然后按Crtl+Shift+I组合键调出开发者工具，即可看到创建的数据库和数据表，结果如图16-1所示。

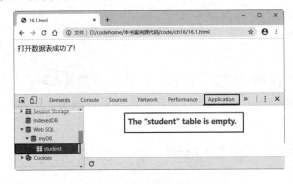

图16-1 创建和打开数据表student

16.2.3 数据的基本操作

数据表创建完成后，即可对数据进行添加、更新、查询和删除等操作。

1. 添加数据

添加数据的语法规则如下：

使用基本的INSERT语句插入数据，要求指定表的名称和插入新记录中的值。基本语法格式为：

```
INSERT INTO table_name (column_list) VALUES (value_list);
```

table_name指定要插入数据的表名，column_list指定要插入数据的那些列，value_list指定每个列对应插入的数据。注意，使用该语句时字段列和数据值的数量必须相同。

例如，向数据表student中添加一条数据，语句如下：

```
INSERT INTO student (id ,name, colleges) VALUES (1001,'王丽', '信息学院');
```

在添加字符串时必须使用单引号。

2. 更新数据

表中有数据之后，接下来可以对数据进行更新操作。我们使用UPDATE语句更新表中的记录，可以更新特定的行或者同时更新所有的行。基本语法结构如下：

```
UPDATE table_name
SET column_name1 = value1,column_name2=value2,...,column_namen=valuen
WHERE (condition);
```

column_name1,column_name2,…,column_namen 为 指 定 更 新 的 字 段 的 名 称 ； value1, value2,…,valuen为相对应的指定字段的更新值；condition指定更新的记录需要满足的条件。更新多个列时，每个"列-值"对之间用逗号隔开，最后一列之后不需要逗号。

例如，在student数据表中，更新id值为1001的记录，将name字段值改为张丽，语句如下：

```
UPDATE student SET name= '张丽' WHERE id = 1001;
```

3. 查询数据

查询数据使用SELECT语句，语法格式如下：

```
SELECT value1, value2 FROM table_name WHERE (condition);
```

例如，在student数据表中，查询name字段值为香蕉的记录，语句如下：

```
SELECT id ,name, colleges FROM student WHERE name= '张丽';
```

4. 删除数据

从数据表中删除数据使用DELETE语句，DELETE语句允许WHERE子句指定删除条件。DELETE语句的基本语法格式如下：

```
DELETE FROM table_name [WHERE <condition>];
```

table_name指定要执行删除操作的表；[WHERE <condition>]为可选参数，指定删除条件。如果没有WHERE子句，DELETE语句将删除表中的所有记录。

例如，在student数据表中，删除name字段值为张丽的记录，语句如下：

```
DELETE FROM student WHERE name= '张丽';
```

16.3　综合案例——企业员工管理系统

本案例将创建一个企业员工管理系统，该系统将实现数据库和数据表的创建、数据的新增、查看和删除等操作。

【例16.2】（实例文件：ch16\16.2.html）

```
<!DOCTYPE html>
<html>
<head>
    <meta charset="UTF-8">
    <style>
        table{border-collapse:collapse;}
        td{border:1px solid #0000cc;padding:5px}
        #message{color:#ff0000}
    </style>
    <script src="jquery.min.js"></script>
    <script type="text/javascript">
        $(function () {
            //打开数据库
            var dbSize=2*1024*1024;
            db = openDatabase('myDB', '', '', dbSize);

            db.transaction(function(tx){
                //创建数据表
                tx.executeSql("CREATE TABLE IF NOT EXISTS persons (id integer
PRIMARY KEY,name char(10),department varchar(50),wages varchar(50))");
                showAll();
            });

            $( "button" ).click(function () {
                var name=$("#name").val();
                var department=$("#department").val();
                var wages=$("#wages").val();
                if(name=="" || department=="" ){
```

```
                    $("#message").html("**请输入姓名、部门和工资**");
                    return false;
                }
            db.transaction(function(tx){
                //新增数据
                tx.executeSql("INSERT INTO persons(name,department,wages)
values(?,?,?)",[name,department,wages],function(tx, result){
                        $("#message").html("新增数据完成!")
                        showAll();
                    },function(e){
                        $("#message").html("新增数据错误:"+e.message)
                    });
                });
            })


            $("#showData").on('click', ".delItem", function() {
                var delid=$(this).prop("id");
                db.transaction(function(tx){
                    //删除数据
                    var delstr="DELETE FROM persons WHERE id=?";
                    tx.executeSql(delstr,[delid],function(tx, result){
                        $("#message").html("删除数据完成!")
                        showAll();
                    },function(e){
                        $("#message").html("删除数据错误:"+e.errorCode);
                    });
                });
            })
            function showAll(){
                $("#showData").html("");
                db.transaction(function(tx){
                    //显示persons数据表全部数据
                    tx.executeSql("SELECT id,name,department,wages FROM
persons",[], function(tx, result){
                            if(result.rows.length>0){
                                var str="现有数据: <br><table><tr><td>id</td><td>姓名
</id><td>部门</id><td>工资</id><td> </id></tr>";
                                for(var i = 0; i < result.rows.length; i++){
                                    item = result.rows.item(i);
                                    str+="<tr><td>"+item["id"] + "</td><td>" +
item["name"] + "</td><td>" + item["department"]+"</td><td>" + item["wages"] +
"</td><td><input type='button' id='"+item["id"]+"' class='delItem' value='删除
'></td></tr>";
```

```
                                }
                                str+="</table>";
                                $("#showData").html(str);
                            }
                        },function(e){
                            $("#message").html("SELECT语法出错了!"+e.message)
                        });
                    });
                }

            })
        </script>
    </head>
    <body>
    <h2 align="center">企业员工管理系统</h2>
    <h3>添加员工信息</h3>
    请输入姓名、部门和工资：
    <table>
        <tr>
            <td>姓名：</td>
            <td><input type="text" id="name"></td>
        </tr>
        <tr>
            <td>部门：</td>
            <td><input type="text" id="department"></td>
        </tr>
        <tr>
            <td>工资：</td>
            <td><input type="text" id="wages"></td>
        </tr>
    </table>
    <button id='new'>新增员工信息</button>
    <p>
    <div id="message"></div>
    <div id="showData"></div>
    </body>
    </html>
```

运行程序，输入姓名、部门和工资后，单击"新增员工信息"按钮，即可看到新增加的数据，如图16-2所示。单击"删除"按钮，即可删除选中的数据。

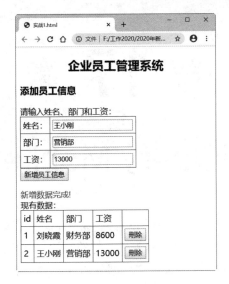

图16-2 企业员工管理系统

16.4 新手疑惑解答

问题1：如何判断浏览器是否支持Web SQL Database？

并不是每个浏览器都支持Web SQL Database，可以通过如下代码判断浏览器是否支持Web SQL Database：

```
<script>
var db = openDatabase('testDB', '1.0', 'Test DB', 2 * 1024 * 1024);
if (db != null)
  document.getElementById("result").innerHTML = ("当前浏览器支持 Web SQL
Database");
  else
  document.getElementById("result").innerHTML = ("当前浏览器不支持 Web SQL
Database");
</script>
```

问题2：如何检查数据库是否连接成功？

为了检测之前创建的数据库连接是否成功，可以检查那个数据库对象是否为null：

```
if(!db)
  alert("数据库连接失败");
```

绝不可以假设该连接已经成功建立，即使过去对某个用户来说它是成功的。因为一个数据库连接失败存在多个原因，也许用户代理出于安全原因拒绝你的访问，也许设备存储有限。面对活跃而快速进化的潜在用户代理，对用户的机器、软件及其能力做出假设是非常不明智的行为。

第 17 章

❀

使用jQuery Mobile插件

jQuery Mobile中有许多优秀而又实用的jQuery Mobile插件，类型甚多，有日期/时间选择、抽屉式导航菜单、手风琴导航、隐藏/显示密码、灯箱特效、交互式地图、页面震动、相册/画廊展示等。本章将主要介绍jQuery Mobile中一部分插件。jQuery Mobile具有很强的可扩展性，在jQuery Mobile开发过程中可以融入很多优秀的jQuery Mobile插件，使移动开发更加轻松。

17.1 Camera插件

Camera插件是一个基于jQuery插件的开源项目，主要用来实现轮播图特效。在轮播中，用户可以查看每一幅图片的主题信息，手动终止播放过程。

Camera插件的官方下载地址为：https://github.com/pixedelic/Camera。

下面通过案例来学习如何使用Camera插件实现轮播图效果。

【例17.1】（实例文件：ch17\17.1.html）

```
<!DOCTYPE html>
<html>
<head>
    <meta charset="UTF-8">
    <title>camera 插件应用程序</title>
    <meta name="viewport" content="width=device-width, initial-scale=1">
    <link rel="stylesheet" href="jquery.mobile-1.4.5.css">
    <script src="jquery-1.8.3.min.js"></script>
    <script src="jquery.mobile-1.4.5.js"></script>
    <link rel="stylesheet" href="camera/css/camera.css">
    <script src="camera/js/jquery.easing.1.3.js"></script>
    <script src="camera/js/camera.js"></script>
</head>
<body>
<div data-role="page">
    <div data-role="header">
```

```
        <h1>camera 插件</h1>
    </div>
    <div data-role="main" class="camera_wrap camera_azure_skin"
id="camera1">
        <div data-src="camera/image/slides/01.jpg">
            <div class="camera_caption fadeFromBottom">
                第一幅
            </div>
        </div>
        <div data-src="camera/image/slides/02.jpg">
            <div class="camera_caption fadeFromBottom">
                第二幅
            </div>
        </div>
        <div data-src="camera/image/slides/03.jpg">
            <div class="camera_caption fadeFromBottom">
                第三幅
            </div>
        </div>
        <div data-src="camera/image/slides/04.jpg">
            <div class="camera_caption fadeFromBottom">
                第四幅
            </div>
        </div>
    </div>
    <div data-role="footer" data-position="fixed">
        <h4>尾部</h4>
    </div>
</div>
</body>
<script>
    $(function() {
        $('#camera1').camera({
            time: 1000,
            thumbnails:false
        })
    });
</script>
</html>
```

在Opera Mobile模拟器中预览效果，如图17-1所示。

在\<head>与\</head>标签中添加\<meta>标签，设置和加载jQuery Mobile函数库代码，与前面的实例相同。然后需要引入Camera插件相应的CSS文件和JavaScript脚本文件，代码如下：

图17-1　Camera实现轮播图

```
<link rel="stylesheet"
href="camera/css/camera.css">
    <script
src="camera/js/jquery.easing.1.3.js"></script>
    <script src="camera/js/camera.js"></script>
```

在\<body>与\</body>标签中编写了jQuery Mobile页面代码。在内容区域中添加一个\<div>标签作为放置轮播图片的容器，并在该\<div>标签中设置id名称为camera1，类样式名称为camera_wrap。在该容器中，同时使用\<div>标签添加被轮播的图片，每一个轮播图片的代码结构都是相同的。

在页面中，所有的图片元素都添加完成后，还需要在页面初始化事件中调用Camera插件的camera()方法，才能实现执行该页面时图片容器中的图片以幻灯片形式轮播的效果。例如下面的代码：

```
<script>
    $(function() {
        $('#camera1').camera({
            time: 1000,
            thumbnails:false
        })
    });
</script>
```

17.2　Swipebox插件

Swipebox是一款支持计算机、移动触摸手机和平板电脑的jQuery灯箱插件。Swipebox插件支持手机的触摸手势，支持计算机的键盘导航，并且支持视频的播放。不支持CSS 3过渡特性的浏览器可使用jQuery降级处理，支持视网膜显示，能够通过CSS轻松定制。

当用户点击缩略图片时，照片将会以大图尺寸的方式展示。另外，用户还可以对同组的图片进行左右切换来进行查看，非常适合用于做照片画廊以及查看大尺寸图片。

Swipebox插件的下载地址为：http://brutaldesign.github.io/swipebox/。

下面通过实例来学习如何使用Swipebox插件实现灯箱效果。

【例17.2】（实例文件：ch17\17.2.html）

```html
<!DOCTYPE html>
<html>
<head>
    <meta charset="UTF-8">
    <title>Swipebox插件应用程序</title>
    <meta name="viewport" content="width=device-width,initial-scale=1">
    <link rel="stylesheet" href="jquery.mobile-1.4.5.css">
    <script src="jquery.js"></script>
    <script src="jquery.mobile-1.4.5.js"></script>
    <link rel="stylesheet" href="Swipebox/css/swipebox.css">
    <script src="Swipebox/js/jquery.swipebox.js"></script>
</head>
<body>
<div data-role="page" id="page1">
    <div data-role="header" data-theme="b">
        <h1>Swipebox插件</h1>
    </div>
    <div data-role="main">
        <a href="Swipebox/img/01.jpg" class="box1">
            <img src="Swipebox/img/01.jpg" alt="" width="150px">
        </a>
        <a href="Swipebox/img/02.jpg" class="box2">
            <img src="Swipebox/img/02.jpg" alt="" width="150px">
        </a>
        <a href="Swipebox/img/03.jpg" class="box3">
            <img src="Swipebox/img/03.jpg" alt="" width="150px">
        </a>
        <a href="Swipebox/img/04.jpg" class="box4">
            <img src="Swipebox/img/04.jpg" alt="" width="150px">
        </a>
    </div>
</div>
</body>
<script>
    (function($) {
        $('.box1').swipebox();
        $('.box2').swipebox();
        $('.box3').swipebox();
        $('.box4').swipebox();
    })(jQuery);
</script>
</html>
```

在Opera Mobile模拟器中预览效果，如图17-2所示，单击其中最后一幅图片，将显示对应的大图，如图17-3所示。

图17-2　灯箱效果

图17-3　显示大图效果

17.3　mmenu插件

mmenu是一款用于创建平滑的导航菜单的jQuery Mobile插件，只需很少的JavaScript代码即可在移动网站中实现非常酷炫的滑动菜单。

mmenu插件官方下载地址为：http://mmenu.frebsite.nl/download.html。

下面通过实例来学习如何使用mmenu插件实现侧边栏的效果。

【例17.3】（实例文件：ch17\17.3.html）

```html
<!DOCTYPE html>
<html>
<head>
    <meta charset="UTF-8">
    <title>mmenu插件应用程序</title>
    <meta name="viewport" content="width=device-width,initial-scale=1">
    <link rel="stylesheet" href="jquery.mobile-1.4.5.css">
    <script src="jquery-1.9.0.min.js"></script>
    <script src="jquery.mobile-1.4.5.js"></script>
    <link rel="stylesheet" href="mmenu/css/style.css">
    <link rel="stylesheet" href="mmenu/css/jquery.mmenu.css">
    <script src="mmenu/js/jquery.mmenu.js"></script>
</head>
```

```
<body>
<div data-role="page" id="page1">
    <div data-role="header" >
        <div class="l_tbn">
            <a href="#menu"><img src="mmenu/image/04.jpg" alt="" width="30px">
</a>
        </div>
        <h1>侧边栏效果</h1>
        <nav id="menu">
            <ul>
                <li class="Selected"><a href="#">首页</a></li>
                <li><a href="#">公司简介</a></li>
                <li><a href="#">公司作品</a></li>
                <li><a href="#">完成作品</a></li>
                <li><a href="#">招聘信息</a></li>
            </ul>
        </nav>
    </div>
    <div data-role="main"></div>
</div>
</body>
<script>
    $(function() {
        $('nav#menu').mmenu()
    });
</script>
</html>
```

在Opera Mobile模拟器中预览效果，如图17-4所示，当点击左上角的图标时，可以在左侧
显示侧边菜单栏，如图17-5所示。

图17-4 页面加载效果   图17-5 左侧显示侧边菜单栏效果

341

17.4 DateBox插件

DateBox是选择日期和时间的jQuery Mobile插件，使用该插件可以在弹出的窗口中显示选择日期或者时间的对话框，用户只需要单击选择某个选项，便可以完成日期或者时间的选择。

DateBox插件官方下载地址为：https://github.com/jtsage/jquery-mobile-datebox。

下面通过实例来学习如何使用DateBox插件实现日期和时间的选择。

【例17.4】（实例文件：ch17\17.4.html）

```
<!DOCTYPE html>
<html>
<head>
    <meta charset="UTF-8">
    <title>DateBox插件应用程序</title>
    <meta name="viewport" content="width=device-width,initial-scale=1">
    <link rel="stylesheet" href="jquery.mobile-1.4.5.css">
    <script src="jquery.js"></script>
    <script src="jquery.mobile-1.4.5.js"></script>
    <link rel="stylesheet" href="datebox/css/jqm-datebox.css">
    <script src="datebox/js/jqm-datebox.core.js"></script>
    <script src="datebox/js/jqm-datebox.comp.calbox.js"></script>
    <script src="datebox/js/jqm-datebox.comp.datebox.js"></script>
</head>
<body>
<div data-role="page" id="page1">
    <div data-role="header" data-theme="b">
        <h1>datebox插件</h1>
    </div>
    <div data-role="main">
        <p>选择日期</p>
        <input type="text" id="date1" readonly data-role="datebox"
data-options='{"mode":"datebox"}'>
        <p>选择时间</p>
        <input type="text" id="date2" readonly data-role="datebox"
data-options='{"mode":"timebox"}'>
    </div>
</div>
</body>
</html>
```

在Opera Mobile模拟器中预览，单击"选择日期"文本输入域时，可以旋转滚动来选择日期，效果如图17-6所示。单击"选择时间"文本输入域时，可以弹出旋转滚动来选择日期和时间的对话框，效果如图17-7所示。

图17-6 选择日期

图17-7 选择时间

17.5 Mobiscroll插件

Mobiscroll和DateBox插件一样，是一款很不错的日期和时间选择的jQuery Mobile插件，用户可以通过旋转滚动来选择日期和时间。

Mobiscroll插件支持任意自定义值，并且可以自定义主题。另外，也可以自定义选择日期和时间的风格，如Android、iOS等。

Mobiscroll插件使用起来非常简单，只需要在页面中为相应的文本域元素设置id名称，编写相应的JavaScript脚本代码，将文本域与Mobiscroll插件绑定，就可以实现单击绑定的文本域来选择日期或时间。

Mobiscroll插件官方下载地址为：http://www.mobiscroll.com/。

下面通过实例来学习如何使用Mobiscroll插件实现日期和时间的选择。

【例17.5】（实例文件：ch17\17.5.html）

```
<!DOCTYPE html>
<html>
<head>
    <meta charset="UTF-8">
    <title>mobiscroll插件应用程序</title>
    <meta name="viewport" content="width=device-width,initial-scale=1">
    <link rel="stylesheet" href="jquery.mobile-1.4.5.css">
    <script src="jquery-1.9.0.min.js"></script>
    <script src="jquery.mobile-1.4.5.js"></script>
```

```html
    <link rel="stylesheet" href="mobiscroll/css/mobiscroll.custom-
2.4.4.min.css">
    <script src="mobiscroll/js/mobiscroll.custom-2.4.4.min.js"></script>
</head>
<body>
<div data-role="page" id="page1">
    <div data-role="header">
        <h1>Mobiscroll插件</h1>
    </div>
    <div data-role="main">
        <h3>请选择采购日期和时间</h3>
        <p>选择日期</p>
        <input type="text" id="date1" placeholder="请选择日期">
        <p>选择时间</p>
        <input type="text" id="time1" placeholder="请选择日期">
    </div>
</div>
</body>
<script>
    $(function(){
        $("#date1").mobiscroll().date({
            display : 'bottom',          //设置显示位置
            theme:"ios",                 //设置主题风格
            yearText : '年',
            monthText : '月',
            dayText : '日',
            dateOrder : 'yyyymmdd',      //面板中日期排列格式
            setText : '确认',            //确认按钮名称
            cancelText : '取消',         //取消按钮名称
        });
        $("#time1").mobiscroll().time({
            display : 'bottom',
            theme:"ios",
            setText : '确认',
            cancelText : '取消'
        });
    })
</script>
</html>
```

在Opera Mobile模拟器中预览，单击"选择日期"文本输入域时，可以旋转滚动来选择日期，效果如图17-8所示。单击"选择时间"文本输入域时，可以弹出旋转滚动来选择日期和时间的对话框，效果如图17-9所示。

图17-8 选择日期

图17-9 选择时间

17.6 新手疑惑解答

问题1：在jQuery Mobile移动应用开发中有哪些常用的插件？

jQuery Mobile中优秀的插件很多，有日期/时间选择、抽屉式导航菜单、手风琴导航、隐藏/显示密码、灯箱特效、交互式地图、页面震动、相册/画廊展示等。比如，Camera插件，用于实现图片的焦点轮播效果；Swipebox插件，用于实现灯箱效果；mmenu插件，用于实现侧边栏效果；DateBox插件和Mobiscroll插件，这两个插件都用于实现日期和时间的选择。

问题2：使用Camera插件时图片不显示怎么办？

在使用Camera插件实现焦点轮播效果时，没有任何效果，而且图片也不显示。主要原因是，使用Camera插件时，jQuery文件版本不能超过jQuery-1.9.0，可以下载一个jQuery-1.8.3的版本，把该文件载入页面后运行，即可实现焦点轮播的效果。

第 18 章

项目实训1——开发求职招聘App

本章将开发一款求职招聘的手机网站，使用jQuery Mobile框架来制作。本项目设计主要以"绿色"为色调，简约时尚。

18.1 项 目 概 述

该手机网站项目主要包含登录、注册、个人中心、简历预览、简历编辑、投递记录、职位收藏、职位列表、职位详情等页面。

18.1.1 项目结构目录

本项目的目录结构如图18-1所示。具体内容如下：

（1）css文件夹：包含jQuery Mobile提供的图标（images）和CSS文件，以及自定义主题样式表style.css。特别要注意，jQuery Mobile提供的图标和CSS文件必须在同一个目录，否则项目中使用的图标将不显示。

（2）image文件夹：项目使用的图片。

（3）js文件夹：包含jQuery.js和jQuery Mobile.js文件。

（4）index.html：登录页面。

（5）jlbj.html：简历编辑页面。

（6）login.html：注册页面。

（7）personal.html：个人中心页面。

（8）tdjl.html：投递简历页面。

（9）yulan.html：简历预览页面。

（10）zwlb.html：职位列表页面。

（11）zwsc.html：职位收藏页面。

（12）zwxq.html：职位详情页面。

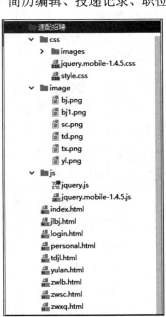

图18-1 目录结构

18.1.2 项目效果展示

使用Opera Mobile Emulator模拟器来展示本项目的效果。打开模拟器，选择LG Optimus 3D启动，把index.html文件拖入模拟器，页面效果如图18-2所示。

该页面是登录页面，用户进来可以选择登录或者注册，当单击"免费注册"按钮时，将进入注册页面，页面效果如图18-3所示，在该页面编辑注册信息，选择"同意《我们的协议》"复选框，单击"免费注册"按钮，返回登录页面，用户进行登录。

图18-2 登录页面效果　　　　　　　　　图18-3 注册页面效果

用户填好信息后，单击"登录"按钮，将进入"个人中心"页面，页面效果如图18-4所示。单击"切换账号"按钮，将进入用户登录页面，可以选择注册或者登录。

在"个人中心"页面中，单击"简历预览"，进入"简历预览"页面，页面效果如图18-5所示。在"简历预览"页面中单击"投递简历"按钮，进入"职位列表"页面，页面效果如图18-6所示。在职位列表中可以搜索要查找的职位，例如在搜索框中输入"java"，列表会筛选出与java相关的内容，如图18-7所示。

图18-4 个人中心页面效果　　　图18-5 简历预览页面效果　　　图18-6 职位列表页面效果

在"个人中心"页面中，单击简历编辑，进入"简历编辑"页面，把婚姻状况改成"已婚"，页面效果如图18-8和图18-9所示。单击"保存"按钮，页面将返回"个人中心"页面。

图18-7　简历编辑效果

图18-8　简历编辑效果

图18-9　简历编辑完成效果

在"个人中心"页面中，单击"投递记录"，进入"投递记录"页面，页面效果如图18-10所示。单击"投递记录"中的列表项目时，页面将进入"职位详情"页面，页面效果如图18-11所示。

在"个人中心"页面中，单击"职位收藏"，进入"职位收藏"页面，页面效果如图18-12所示。单击"职位收藏"中的列表项目时，页面将进入"职位详情"页面。

在"职位列表"页面中，单击"职位列表"中的列表项目时，页面进入"职位详情"页面。

在"职位详情"页面中，单击"投递简历"按钮，页面将进入"职位列表"页面。

图18-10　投递记录页面效果

图18-11　职位详情页面效果

图18-12　职位收藏页面效果

18.2 项 目 设 计

本项目是基于jQuery Mobile框架来制作的，首先需要引入jQuery Mobile框架的文件，还需引入jQuery框架的文件以及style.css文件，具体代码如下：

```
<meta name="viewport" content="width=device-width, initial-scale=1">
<link rel="stylesheet" href="css/jquery.mobile-1.4.5.css">
<!--自定义的主题-->
<link rel="stylesheet" href="css/style.css">
<script src="js/jquery.js"></script>
<script src="js/jquery.mobile-1.4.5.js"></script>
```

本项目中，每个页面都必须引入上面的文件，在后面的介绍中将不再赘述。

其中引入的style.css文件是自定义的主题，在本项目中主要用于头部工具栏（header）中，具体代码如下：

```
.ui-bar-x{
  background:#00B38A;
  color: #fff;
}
```

18.2.1 设计登录和注册页面

登录和注册页面是一个网站必不可少的页面，本小节我们将使用jQuery Mobile框架的内容来制作。

1. 登录页面

index.html是登录页面，如图18-2所示。

在头部栏中添加主题"x"。在内容区域中，首先是一个<form>表单，用于用户输入登录信息，接下来使用两列网格布局，左边是对于忘记密码的用户提供帮助，右边可以选择是否勾选，勾选下次将自动登录。再往下是"登录"按钮和"免费注册"按钮。注意，在jQuery Mobile框架中，超链接<a>的href属性指向其他文件时，需要添加"data-ajax=false"属性类别。

具体的制作代码如下：

```
<body>
<div data-role="page">
    <!--data-position="fixed"属性类别用于固定头部和尾部的位置，data-theme设置自定义的主题-->
    <div data-role="header" data-position="fixed" data-theme="x">
        <h1>登录</h1>
    </div>
    <div data-role="content">
```

```
<!--添加姓名和密码输入框-->
<form>
    <label for="name">姓名：</label>
    <input type="text" name="name" id="name" placeholder="请输入用户名
称"/>
    <label for="password">密码：</label>
    <input type="password" name="password" id="password" placeholder="
请输入密码"/>
</form><br>
<!--使用jquery mobile网格系统中的2列布局-->
<div class="ui-grid-a" style="text-align: center;">
    <div class="ui-block-a">
        <a href="#" style="font-size: 14px;">忘记密码?</a>
    </div>
    <div class="ui-block-b">
        <input type="checkbox" name="checkbox" id="checkbox"/>
        <label for="checkbox" style="border: 0px;font-size: 14px;
margin:-15px;">下次自动登录</label>
    </div>
</div><br>
<a href="personal.html" data-ajax="false" data-role="button"
style="background:#00B38A;color:white;">登录</a>
<p style="text-align: center">------------------还没有账号
------------------</p>
<a href="login.html" data-ajax="false" data-role="button"
style="color:#71BC44;">免费注册</a>
    </div>
</div>
</body>
```

2. 注册页面

login.html是注册页面，如图18-3所示。

在头部栏中，首先添加自定义主题"x"，然后添加一个返回的按钮，添加onClick="javascript:history.back(-1);"属性类别，用于返回上一个页面。在内容区域中，先是一个<form>表单用于填写注册信息，比登录页面多了一个邮箱信息；紧接着是一个复选框，只有当用户勾选了以后才可以注册，最后是"免费注册"按钮，并添加了相应的CSS样式，来使整个页面更协调。

具体请参考下面的代码。

```
<body>
<div data-role="page">
    <div data-role="header" data-position="fixed" data-theme="x">
        <a href="javascript :;" onClick="javascript :history.back(-1);"
```

```
            <a href="javascript :;" onClick="javascript :history.back(-1);"
data-icon="carat-l" style="background:#00B38A;color:white;border: 0;">返回</a>
            <h1>注册</h1>
        </div>
        <div data-role="content">
            <form>
                <label for="name">姓名：</label>
                <input type="text" name="name" id="name" placeholder="请输入用户名
称"/>
                <label for="password">密码：</label>
                <input type="password" name="password" id="password" placeholder="
请输入密码"/>
                <label for="email">邮箱：</label>
                <input type="email" name="email" id="email" placeholder="请输入邮
箱"/>
            </form>
            <input type="checkbox" name="checkbox" id="checkbox"/>
            <label for="checkbox" style="border: 0px;font-size: 14px;">同意<a>《我
们的协议》</a></label>
            <a href="index.html" data-ajax="false" data-role="button"
style="background:#00B38A;color:white;">免费注册</a>
        </div>
    </div>
    </body>
```

18.2.2　设计个人中心页面

personal.html是个人中心页面，如图18-4所示。

在头部栏中，首先添加自定义主题"x"，然后添加一个返回的按钮，用于返回上一个页面，紧接着添加一个"切换账号"按钮，用于用户退出登录或者重新注册登录。

在内容区域中，设置用户信息展示的区域，首先设置用户照片的区域，用户可以选择上传，照片下面是登录用户的姓名，再往下是该用户最后登录的信息。在用户信息展示区域下面紧接着是一个列表，登录用户可以进行一系列操作。

在底部栏中添加了一个导航条，这里主要用来进行页面间的跳转和展示该网站App的一些信息。

具体参考下面的代码。

```
<style>
.col li a{
    background:#00B38A!important;
    color: white!important;
}
</style>
```

```html
<body>
<div data-role="page">
    <div data-role="header" data-position="fixed" data-theme="x">
        <a href="javascript :;" onClick="javascript :history.back(-1);"
data-icon="carat-l" style="background:#00B38A;color:white;border: 0;">返回</a>
        <h1>个人中心</h1>
        <a href="index.html" data-ajax="false" style="background:#00B38A;
color:white;">切换账号</a>
    </div>
    <div data-role="content">
        <div style="background-image: url('images/bj.png');text-align:
center;">
            <br><div><img src="images/tx.png" width="80px"/></div>
            <div style="margin: 5px ">林欢欢</div>
            <div style="font-size: 0.7em;color: #999;">
                最后登录时间：2018.10.30 最后更新时间：2018.10.29
            </div>
        </div>
    </div>

    <ul data-role="listview">
        <li>
            <a href="yulan.html" data-ajax="false">
                <img src="images/yl.png" class="ui-li-icon">
                简历预览
            </a>
        </li>
        <li>
            <a href="jlbj.html" data-ajax="false">
                <img src="images/bj1.png" class="ui-li-icon">
                简历编辑
            </a>
        </li>
        <li>
            <a href="tdjl.html" data-ajax="false">
                <img src="images/td.png" class="ui-li-icon">
                投递记录
                <!--设置气泡数字-->
                <span class="ui-li-count">4</span>
            </a>
        </li>
        <li>
            <a href="zwsc.html" data-ajax="false">
                <img src="images/sc.png" class="ui-li-icon">
```

```
                职位收藏
                    <span class="ui-li-count">2</span>
                </a>
            </li>
        </ul>
    </div>
    <div data-role="footer" data-position="fixed">
        <!--data-role="navbar"用于添加导航-->
        <div data-role="navbar" data-theme="b">
            <ul  class="col">
                <li><a href="zwlb.html" data-ajax="false">主页</a></li>
                <li><a href="#">关于</a></li>
                <li><a href="#">联系</a></li>
                <li><a href="personal.html" data-ajax="false">我</a></li>
            </ul>
        </div>
    </div>
</div>
</body>
```

18.2.3　设计简历预览页面

yulan.html是简历预览页面，如图18-5所示。

在头部栏中，首先添加自定义主题"x"，然后添加一个返回的按钮，用于返回上一个页面。

在内容区域中，我们使用一个表格来设计布局，左边是问题，右边是答案。

在底部栏中，首先添加自定义主题"x"，然后添加一个"投递简历"按钮，并设置相关的样式。

具体参考下面的代码。

```
<body>
<div data-role="page">
    <div data-role="header" data-position="fixed" data-theme="x">
        <a href="javascript :;" onClick="javascript :history.back(-1);"
data-icon="carat-l" style="background:#00B38A;color:white;border: 0;">返回</a>
        <h1>简历预览</h1>
    </div>
    <div data-role="content">
        <h3  style="border-bottom: 2px solid #999; padding: 8px;">
            <span style="border-left: 8px solid lawngreen;padding-left: 10px;">
基本信息</span>
        </h3>
        <!--这里我们使用表格来进行页面布局-->
        <table>
            <tr><td>姓<i style="width: 2em;display: inline-block;"></i>名:
```

353

```
</td><td>林欢欢</td></tr>
            <tr><td>性<i style="width: 2em;display: inline-block;"></i>别：
</td><td>女</td></tr>
            <tr><td>出生日期：</td><td>1995年11月8日</td></tr>
            <tr><td>婚姻状况：</td><td>未婚</td></tr>
            <tr><td>民<i style="width: 2em;display: inline-block;"></i>族：
</td><td>汉</td></tr>
            <tr><td>身<i style="width: 2em;display: inline-block;"></i>高：
</td><td>172cm</td></tr>
            <tr><td>毕业院校</td><td>北京清华大学</td></tr>
            <tr><td>专<i style="width: 2em;display: inline-block;"></i>业：
</td><td>土木工程</td></tr>
            <tr><td>最高学历：</td><td>本科</td></tr>
            <tr><td>手<i style="width: 2em;display: inline-block;"></i>机：
</td><td>12344445555</td></tr>
            <tr><td>现<i style="width: 2em;display: inline-block;"></i>住：
</td><td>北京海淀区xxxx</td></tr>
            <tr><td>籍<i style="width: 2em;display: inline-block;"></i>贯：
</td><td>北京朝阳区xxxx</td></tr>
        </table>
    </div>
    <div data-role="footer" data-position="fixed" data-theme="x">
        <a href="zwlb.html" data-ajax="false" type="button" style="width:
100%;height: 100%;background:#00B38A;color: white;border: 0;">投递简历</a>
    </div>
    </div>
    </body>
```

18.2.4 设计简历编辑页面

jlbj.html是简历编辑页面，如图18-8所示。

在头部栏中，首先添加自定义主题"x"，然后添加一个返回的按钮，用于返回上一个页面。

在内容区域中，使用一个表格来设计布局，左边是问题，右边是<input>文本框，用户可以修改相应的信息。

在底部栏中，首先添加自定义主题"x"，然后添加一个"保存"按钮，并设置相关的样式。

具体参考下面的代码。

```
<body>
<div data-role="page">
    <div data-role="header" data-position="fixed" data-theme="x">
        <a href="javascript :;" onClick="javascript :history.back(-1);"
data-icon="carat-l" style="background:#00B38A;color:white;border: 0;">返回</a>
        <h1>简历编辑</h1>
    </div>
```

```
<div data-role="content">
    <h3 style="border-bottom: 2px solid #999; padding: 8px;">
        <span style="border-left: 8px solid lawngreen;padding-left: 10px;">
基本信息（必填）</span>
    </h3>
    <!--这里我们使用表格来进行页面布局-->
    <table>
        <!--为了使页面更美观，添加了<i>标签，设置它的宽度为两个字符-->
        <tr><td>姓<i style="width: 2em;display: inline-block;"></i>名：
</td><td><input type="text" placeholder="林欢欢"></td></tr>
        <tr><td>性<i style="width: 2em;display: inline-block;"></i>别：
</td><td><input type="text" placeholder="女"></td></tr>
        <tr><td>出生日期：</td><td><input type="text" placeholder="1995年
11月8日"></td></tr>
        <tr><td>婚姻状况：</td><td><input type="text" placeholder="未婚
"></td></tr>
        <tr><td>民<i style="width: 2em;display: inline-block;"></i>族：
</td><td><input type="text" placeholder="汉"></td></tr>
        <tr><td>身<i style="width: 2em;display: inline-block;"></i>高：
</td><td><input type="text" placeholder="172cm"></td></tr>
        <tr><td>毕业院校</td><td><input type="text" placeholder="北京清华大
学"></td></tr>
        <tr><td>专<i style="width: 2em;display: inline-block;"></i>业：
</td><td><input type="text" placeholder="土木工程"></td></tr>
        <tr><td>最高学历：</td><td><input type="text" placeholder="本科
"></td></tr>
        <tr><td>手<i style="width: 2em;display: inline-block;"></i>机：
</td><td><input type="text" placeholder="12344445555"></td></tr>
        <tr><td>现<i style="width: 2em;display: inline-block;"></i>住：
</td><td><input type="text" placeholder="北京海淀区xxxx"></td></tr>
        <tr><td>籍<i style="width: 2em;display: inline-block;"></i>贯：
</td><td><input type="text" placeholder="北京朝阳区xxxx"></td></tr>
    </table>
</div>
<div data-role="footer" data-position="fixed" data-theme="x">
    <a href="personal.html" data-ajax="false" type="button" style="width:
100%;height: 100%;background:#00B38A;color: white;border: 0;">保存</a>
</div>
</div>
</body>
```

18.2.5 设计投递记录和职位收藏页面

投递记录和职位收藏页面的设计布局是一样的。

1. 投递记录页面

tdjl.html是投递记录页面，如图18-10所示。

在头部栏中，首先添加自定义主题"x"，然后添加一个返回的按钮，用于返回上一个页面。

在内容区域中，我们使用一个列表来设计，在每一个列表项中添加两个<div>，并设置浮动样式，分别在两个<div>中填写相应的信息。

具体参考下面的代码。

```
<style>
    .left{float: left;}
    .right{float: right;}
</style>
<body>
<div data-role="page">
    <div data-role="header" data-position="fixed" data-theme="x">
        <a href="javascript :;" onClick="javascript :history.back(-1);"
data-icon="carat-l" style="background:#00B38A;color:white;border: 0;">返回</a>
        <h1>投递记录</h1>
    </div>
    <div data-role="content">
        <ul data-role="listview">
            <li>
                <a href="zwxq.html" data-ajax="false">
                    <div class="left">
                        <h3>web前端开发工程师</h3>
                        <p>联合开发有限公司</p>
                        <p>北京-朝阳区</p>
                    </div>
                    <div class="right">
                        <h3>6000元/月</h3>
                        <p>本科/专科</p>
                        <p>今天</p>
                    </div>
                </a>
            </li>
            <li>
                <a href="zwxq.html" data-ajax="false">
                    <div class="left">
                        <h3>web前端开发工程师</h3>
                        <p>千谷网络有限公司</p>
                        <p>北京-朝阳区</p>
                    </div>
```

```
                    <div class="right">
                        <h3>8000元/月</h3>
                        <p>本科</p>
                        <p>今天</p>
                    </div>
                </a>
            </li>
            <li>
                <a href="zwxq.html" data-ajax="false">
                    <div class="left">
                        <h3>web前端开发工程师</h3>
                        <p>宏伟网络有限公司</p>
                        <p>北京-海淀区</p>
                    </div>
                    <div class="right">
                        <h3>8000元/月</h3>
                        <p>本科</p>
                        <p>8-25</p>
                    </div>
                </a>
            </li>
            <li>
                <a href="zwxq.html" data-ajax="false">
                    <div class="left">
                        <h3>web前端开发工程师</h3>
                        <p>飞驰网络有限公司</p>
                        <p>北京-昌平区</p>
                    </div>
                    <div class="right">
                        <h3>8000元/月</h3>
                        <p>本科</p>
                        <p>8-20</p>
                    </div>
                </a>
            </li>
        </ul>
    </div>
</div>
</body>
```

2. 职位收藏页面

zwsc.html是职位收藏页面，如图18-12所示。

职位收藏页面与投递记录页面基本一致，这里就不赘述了。

357

具体参考下面的代码。

```html
<style>
    .left{float: left;}
    .right{float: right;}
</style>
<body>
<div data-role="page">
    <div data-role="header" data-position="fixed" data-theme="x">
        <a href="javascript :;" onClick="javascript :history.back(-1);"
data-icon="carat-l" style="background:#00B38A;color:white;border: 0;">返回</a>
        <h1>职位收藏</h1>
    </div>
    <div data-role="content">
        <ul data-role="listview">
            <li>
                <a href="zwxq.html" data-ajax="false">
                    <div class="left">
                        <h3>web前端开发工程师</h3>
                        <p>联合开发有限公司</p>
                        <p>北京-朝阳区</p>
                    </div>
                    <div class="right">
                        <h3>6000元/月</h3>
                        <p>本科/专科</p>
                        <p>今天</p>
                    </div>
                </a>
            </li>
            <li>
                <a href="zwxq.html" data-ajax="false">
                    <div class="left">
                        <h3>web前端开发工程师</h3>
                        <p>千谷网络有限公司</p>
                        <p>北京-朝阳区</p>
                    </div>
                    <div class="right">
                        <h3>8000元/月</h3>
                        <p>本科</p>
                        <p>今天</p>
                    </div>
                </a>
            </li>
        </ul>
```

```
        </div>
    </div>
</body>
```

18.2.6 设计职位列表页面

zwlb.html是职位列表页面，如图18-6所示。

在头部栏中，首先添加自定义主题"x"，然后添加一个返回的按钮，用于返回上一个页面。

在内容区域中，使用一个表格来布局，左边是<input>搜索框，右边是搜索按钮。

接下来是一个列表，展示职位信息。

在底部栏中添加一个导航条，这里主要用来进行页面间的跳转和展示该网站App的一些信息。

具体参考下面的代码。

```html
<style>
    .col li a{
        background:#00B38A!important;
        color: white!important;
    }
</style>
<body>
<div data-role="page">
    <div data-role="header" data-position="fixed" data-theme="x">
        <a href="javascript :;" onClick="javascript :history.back(-1);"
data-icon="carat-l" style="background:#00B38A;color:white;border: 0;">返回</a>
        <h1>职位列表</h1>
    </div>
    <div data-role="content">
        <!--这里我们使用了搜索字段，在输入框中输入想要搜索的职位，可以筛选出对应的职位，
要想实现效果需要以下几个步骤-->
        <!--1.给要过滤的元素添加data-filter="true"属性-->
        <!--2.创建<input>元素并指定id，在该元素上加上data-type="search"属性，这样
就能创建基本的搜索字段。将<input>元素放置于一个表单中，表单 <form> 元素使用
"ui-filterable"类，该类会调整搜索字段与过滤元素的外边距-->
        <!--3.接着为过滤的元素添加data-input属性，属性值是<input>元素的id-->
        <form class="ui-filterable">
            <input id="myFilter" data-type="search" placeholder="搜索">
        </form>
        <ul data-role="listview" data-filter="true" data-input="#myFilter"
data-autodividers="true" data-inset="true">
            <li>
                <a href="zwxq.html" data-ajax="false">
                    <h3>web前端开发工程师</h3>
```

```html
                <p>xxxx开发有限公司</p>
                <p>薪资：6000-8000元/月</p>
                <p>北京-朝阳区|工作1~2年</p>
            </a>
        </li>
        <li>
            <a href="zwxq.html" data-ajax="false">
                <h3>java软件工程师</h3>
                <p>xxxx开发有限公司</p>
                <p>薪资：8000-10000元/月</p>
                <p>北京-昌平区|工作2年以上</p>
            </a>
        </li>
        <li>
            <a href="zwxq.html" data-ajax="false">
                <h3>软件测试工程师</h3>
                <p>xxxx开发有限公司</p>
                <p>薪资：4000-6000元/月</p>
                <p>北京-朝阳区|工作1~2年</p>
            </a>
        </li>
        <li>
            <a href="zwxq.html" data-ajax="false">
                <h3>web前端开发工程师</h3>
                <p>xxxx开发有限公司</p>
                <p>薪资：10000-15000元/月</p>
                <p>北京-朝阳区|工作3年以上</p>
            </a>
        </li>
    </ul>
</div>
<div data-role="footer" data-position="fixed" >
    <div data-role="navbar" data-theme="b">
        <ul  class="col">
            <li><a href="zwlb.html" data-ajax="false">主页</a></li>
            <li><a href="#">关于</a></li>
            <li><a href="#">联系</a></li>
            <li><a href="personal.html" data-ajax="false">我</a></li>
        </ul>
    </div>
</div>
</div>
</body>
```

18.2.7 设计职位详情页面

zwxq.html是职位详情页面，如图18-11所示。

在头部栏中，首先添加自定义主题"x"，然后添加一个返回的按钮，用于返回上一个页面。具体参考下面的代码。

```
<body>
<div data-role="page">
    <div data-role="header" data-position="fixed" data-theme="x">
        <a href="javascript :;" onClick="javascript :history.back(-1);"
data-icon="carat-l" style="background:#00B38A;color:white;border: 0;">返回</a>
        <h1>职位详情</h1>
    </div>
    <div data-role="content">
        <div>
            <h2 style="border-bottom: 2px solid #999; padding: 8px;">
                <a style="border-left: 8px solid lawngreen;padding-left: 10px;">
职位名称</a>
            </h2>
            <p>地区：<span>北京-朝阳区</span></p>
            <p>时间：2018-7-20</p>
            <p>薪资：6000-8000元/月</p>
        </div>
        <h3 style="border-bottom: 2px solid #999; padding: 8px;">
            <a style="border-left: 8px solid lawngreen;padding-left:
10px;">xxxx网络开发有限公司</a>
        </h3>
        <div>
            <p>公司简介：xxxx</p>
            <p>公司规模：xxxx</p>
            <p>发展方向：xxxx</p>
        </div>
    </div>
    <div data-role="footer" data-position="fixed" data-theme="x">
        <a href="zwlb.html" data-ajax="false" type="button" style="width:
100%;height: 100%;background:#00B38A;color: white;border: 0;">投递简历</a>
    </div>
</div>
</body>
```

18.3　项目打包成App

项目打包使用HBuilder工具。HBuilder默认是在云端打包的，也就是将代码提交上去进行打包，然后下载打好的包。优点是无论机器配置高低，只要网速快都可以很快地打好包，当然也可以进行本地打包，那样就需要Android环境和iOS环境，这里不做推荐。

首先打开HBuilder工具，依次单击"文件"→"新建"→"移动App"，弹出创建移动App界面，输入应用名称，位置可以根据需要选择，"选择模板"建议选择空模板，如图18-13所示。

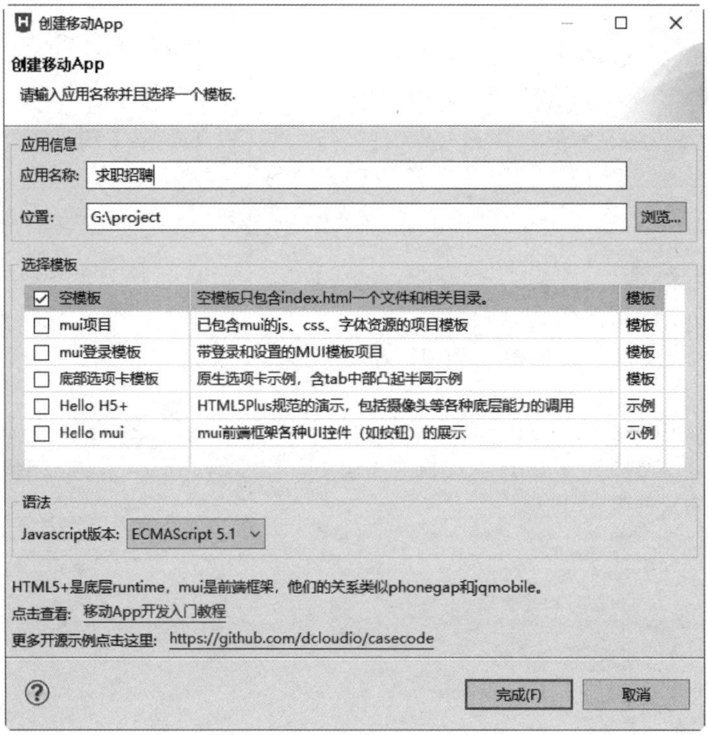

图18-13　新建项目

新建完成后，在项目管理器中会显示新建的项目目录，如图18-14所示。其中css文件夹、img文件夹、js文件夹和index.html文件可以删除、替换或者更改。unpackage文件夹用于放置app图标和启动界面的图片。manifest.json文件是移动App的配置文件，用于指定应用的显示名称、图标、应用入口文件地址以及需要使用的设备权限等信息，用户可以通过HBuilder的可视化界面视图或者源码视图来配置移动App的信息。

如果删除了css文件夹、img文件夹、js文件夹和index.html文件，就需要把自己的项目文件复制到新建的项目中，注意html文件中的引用路径需要保持正确，如图18-15所示。

图18-14　新建项目的目录

图18-15　复制后的项目目录

文件复制完成后，双击打开manifest.json文件来配置App，如图18-16所示。这里全部保持默认设置就可以了。

图18-16　配置App界面

接下来，在HBuilder中选择"发行"→"云打包"→"打原生安装包"，如图18-17所示。

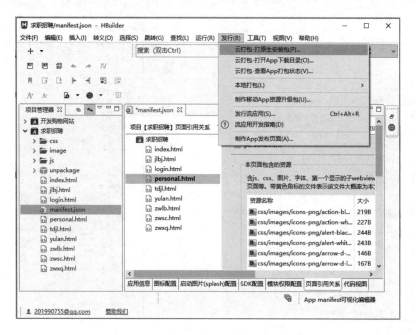

图18-17 云打包

单击"云打包-打原生安装包"后，弹出如图18-18所示的页面，选择Android，然后单击"打包"按钮，进入打包界面。

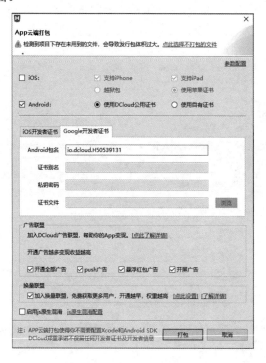

图18-18 打包页面

打包成功后，如图18-19所示。单击"手动下载"按钮下载到本地，下载完成后就可以安装到手机运行了。

图18-19　打包成功

在手机上安装成功后，打开App，页面效果与前面项目实现的效果基本一致，这里只展示部分效果，如图18-20～图18-22所示。

图18-20　登录页面效果

图18-21　个人中心页面效果

图18-22　投递记录页面效果

第 19 章

项目实训2——开发游戏App

本章将开发一款经典的小游戏《打地鼠》，使用HTML 5、CSS和JavaScript等语言来完成。在小游戏开发中，主要使用HTML 5中的canvas元素。canvas元素可以使浏览器直接创建并处理图像，减轻开发人员的负担，还可以使界面更加优美，提高用户体验。使用HTML 5开发网站和游戏已经不容忽视，不论是动画细节还是运行效率都很优秀，会有很好的前景。

19.1 游戏概述

《打地鼠》是一个趣味性的小游戏，游戏开始后，地鼠会从一个个地洞中随意地出现，出现的时间有限，要在限定的时间内把它消除，每消除一个加一分。若没在限制的时间内消除地鼠，地鼠逃生，将会失去一条命，每一次游戏共有3条命。当有3只地鼠逃生时，游戏结束。

19.1.1 游戏结构目录

本项目的目录结构如图19-1所示。

具体内容如下：

（1）css文件夹：包含项目的样式文件style.css。

（2）image文件夹：项目使用的图片。

（3）js文件夹：包含项目的JS文件，index.js文件包含游戏规则的具体设计内容。

（4）index.html：游戏主页面。

图19-1 目录结构

19.1.2 项目效果演示

本项目使用Opera Mobile Emulator模拟器来展示效果。打开模拟器，选择Amazon Kindle Fire启动，把index.html文件拖入模拟器，游戏直接开始，页面效果如图19-2所示。这时只需要用鼠标点击出现的地鼠，来消除它们，每消除一只地鼠得分加一分，如图19-3所示。随着消除地鼠的增加，地鼠出现的间隔时间越来越短，游戏难度增加，游戏得分就各凭本事了。当3次机会都使用完后，会弹出消除的地鼠数量，如图19-4所示。

图19-2 游戏主页面

图19-3 开始游戏

图19-4 游戏结束

19.2 游 戏 设 计

《打地鼠》游戏是在Opera Mobile模拟器上调试开发的。实现《打地鼠》游戏用到了HTML 5、JavaScript、CSS 3、canvas等技术。下面来看一下实现的代码。

19.2.1 index.html文件

index.html是项目的主页面，代码比较简洁，具体的代码如下：

```
<!DOCTYPE html>
<html>
<head>
    <meta name="viewport" content="initial-scale=1, maximum-scale=1,
user-scalable=no">
    <meta charset="UTF-8">
    <title>HTML5打地鼠</title>
    <link rel="stylesheet" href="css/style.css">
</head>
<body>
<h2>打地鼠游戏</h2>
<h3>得分:0</h3>
<h3>生命:3</h3>
<div></div>
<canvas id="myCanvas"></canvas>
</body>
```

```
<script src="js/index.js"></script>
</html>
```

19.2.2   style.css文件

style.css是项目的样式文件，具体的代码如下：

```
*{
    padding: 0;
    margin: 0;
}
body{
    text-align: center;
    background-color: cornsilk;
    overflow: hidden;
}
h2{
    font-size: 40px;
    margin-top: 50px;
}
h3{
    margin-top:20px;
    color: #4f5bff;
}
img{
    position: absolute;                    /*绝对定位*/
    width: 33.33%;
    max-width: 300px;                      /*最大宽度*/
    max-height: 300px;                     /*最大高度*/
    transform: scale(0);
    -webkit-transform: scale(0);
    transition: all .5s ease-out;
    -webkit-transition: all .5s ease-out;  /*地鼠出现的动画*/
}
.active{
    transform: scale(1);
    -webkit-transform: scale(1);
}
canvas,div{
    position: absolute;
    left: 50%;
    width: 72%;
    height: auto;
    max-width: 400px;
```

```
        max-height: 400px;
        transform: translate(-50%,0%);
        -webkit-transform: translate(-50%,0%);/*居中*/
        margin-top: 50px;
    }
    div{z-index: 1;}
    #temp{
        position: fixed;
        top: 200%;
        left: 200%;
        transform: scale(0.1);
        -webkit-transform: scale(0.1);
    }
```

19.2.3　index.js文件

index.js文件是游戏规则的设计内容，具体请看下面的代码以及注释。

```
var canvas = document.getElementById("myCanvas");        //获取canvas
canvas.width = 800;                          //设置canvas的宽度
canvas.height = 800;                         //设置canvas的高度
var cubes = 3;
var ctx = canvas.getContext("2d");           //设置canvas的绘制环境
ctx.fillStyle = "#6fcd44";                   //填充canvas的颜色

var areaSize = 800/cubes;
var cubeSize = areaSize*0.96;
ctx.translate(areaSize*0.02,areaSize*0.02);
var rats = [];                               //放地鼠的数组
var scores;                                  //得分
var life;                                    //生命
var interval;                                //产生地鼠的间隔时间
var t,t2;
window.onload = function(){
    drawPannel();                            //游戏中的方格是用canvas画的
    initGame();                              //初始化游戏
};
function initGame(){
    scores = 0;                              //得分
    life = 3;                                //3次机会
    interval = 100;                          //地鼠出现的间隔时间
    document.getElementsByTagName("h3")[0].innerHTML="得分:"+scores;
    document.getElementsByTagName("h3")[1].innerHTML="生命:"+life;
    t = setInterval(function(){
```

369

```
        generateRats();                      //产生地鼠的方法
        maintanceRats();                     //维护地鼠的方法
    },interval);
}
function drawPannel(){                        //画出方格，每个方格放一个地鼠并且隐藏
    for(var i=0;i<cubes;i++){
        for(var j=0;j<cubes;j++){
            ctx.fillRect(i*areaSize,j*areaSize,cubeSize,cubeSize);   //画一个
方格
            var img = new Image();
            img.src = "image/ds.png";
            img.style.left = i*33.33 + "%";
            img.style.top = j*0.3333*canvas.clientHeight + "px";
            // console.log(canvas.clientHeight);
            img.addEventListener("mousedown",clicked);
            //两种事件是为了适配不同的移动设备
            img.addEventListener('touchstart', touched);
            //每个方格放地鼠
            document.getElementsByTagName("div")[0].appendChild(img);
            rats.push(img);                         //地鼠放入队列中，用于后面的维护
        }
    }
}
function touched(){                               //触摸中了
    chosen(this);
}
function clicked(){                               //点击中了
    chosen(this);
}
function chosen(rat){
    if(rat.className == "active"){                //如果地鼠显示出来了
        rat.classList.remove("active");          //隐藏
        scores ++;                               //加分
        //更新显示分数
        document.getElementsByTagName("h3")[0].innerHTML = "得分:"+scores;
        //增加游戏难度
        interval -= interval*0.03>2?interval*0.03:interval*0.015;
    }
}
function generateRats(){                          //产生地鼠的方法
    if(parseInt(Math.random()*100)%parseInt(((interval/12)>2?
(interval/12):2))==0){                           //产生的概率越来越大
        var ID = Math.ceil(Math.random()*8);
```

```
        if(rats[ID].className == ""){              //如果没有出现
            t2 = setTimeout(function(){            //调用定时器方法，让它出现
                rats[ID].classList.add("active");
                //用id表示地鼠自动消失的时间，和游戏难度相关
                rats[ID].id= interval/4;
            },500);
        }
    }
}
function maintanceRats(){                          //维护地鼠的方法
    //获取所有出现的地鼠
    var activeRats = document.getElementsByClassName("active");
    for(var i=0;i<activeRats.length;i++){          //用id表示剩余时间
        activeRats[i].id--;
        if(activeRats[i].id<0){                    //如果到时间了
            activeRats[i].classList.remove("active");  //当前地鼠隐藏
            life --;                               //掉血
            interval *= 1.08;                      //回退一点游戏难度
            //更新血量显示
            document.getElementsByTagName("h3")[1].innerHTML = "生命:"+life;
            if(life == 0){
                lose();                            //如果生命为零，就结束游戏
            }
        }
    }
}
function lose(){                  //如果输了
    clearInterval(t);            //停止计时器，等待游戏重新开始
    clearTimeout(t2);
    setTimeout(function(){                         //延时一点
        alert("您输了，共打了"+scores+"只地鼠。");
        for(var i=0;i<rats.length;i++){
            rats[i].classList.remove("active");    //全部地鼠隐藏
        }
        setTimeout(function(){
            initGame();                            //重新开始游戏
        },500);                                    //延时，等待地鼠隐藏的动画效果结束
    },10);
}
```

371

19.3　项目打包成App

本项目具体的打包过程可参考第18章的18.3节，步骤基本一致。

在手机上安装成功后，打开App，页面效果与前面项目实现的效果基本一致，这里只展示部分效果，如图19-5～图19-7所示。

图19-5　游戏主页面

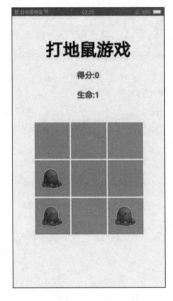

图19-6　开始游戏

图19-7　结束游戏

第 20 章

项目实训3——开发购物网站App

本章将开发一个网上购物的网站，网站以Bootstrap框架技术为主，利用Bootstrap技术特点来实现响应式的布局，可以在不同分辨率的设备上自适应显示。该网站页面设计风格简洁、大气，完美地诠释了Bootstrap框架的基本功能特点。

20.1 项 目 概 述

该网站主要销售蔬菜、水果和干果等产品，具体功能接下来将详细介绍。

20.1.1 项目结构目录

本项目的目录结构如图20-1所示。
具体内容如下：

（1）Bootstrap-4.1.3文件夹：这里包含Bootstrap框架的最新版本。

（2）css文件夹：项目的CSS样式文件。

（3）images文件夹：项目使用的图片。

（4）js文件夹：包含jQuery.js和项目的JS文件。

（5）buy.html：购买页面。

（6）index.html：项目的首页。

（7）show.html：更多展示页面。

图20-1　　目录结构

20.1.2 项目效果展示

下面使用IE 11.0浏览器来展示项目效果。首先打开index.html页面，页面效果如图20-2所示。

在广告栏中，单击"登录"按钮会弹出模态框，如图20-3所示。单击"注册"按钮会弹出模态框，如图20-4所示。用户可以选择注册或者登录。

图20-2　首页页面效果

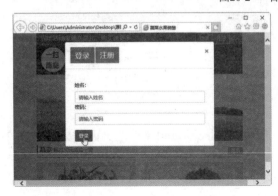

图20-3　登录页面

图20-4　注册页面

在蔬菜栏中单击"购买"按钮将跳转到购买页面，如图20-5所示。

图20-5 购买页面

选择好斤数，单击"购买"按钮，将弹出一个模态框，模态框中显示购买辣椒的总钱数，单击"确认购买"按钮，即可购买辣椒，如图20-6所示。

在首页中，单击蔬菜栏中的"更多"按钮，将跳转到所有蔬菜的展示页面，如图20-7所示。在该页面中也可以完成购买。

图20-6 购买效果

图20-7 蔬菜展示效果

20.2 首页设计

首页的设计很重要，它会直接影响网站的受欢迎程度。本节将具体介绍本网站的设计思路。

在介绍之前，首先需要在头部引入Bootstrap框架的文件和jQuery文件，如下面的代码所示：

```
<head>
<title>蔬菜水果销售</title>
    <meta name="viewport" content="width=device-width, initial-scale=1,
shrink-to-fit=no">
    <link rel="stylesheet" href="bootstrap-4.1.3/css/bootstrap.css">
    <link rel="stylesheet" href="css/style.css">
    <script src="js/jquery.js"></script>
    <script src="bootstrap-4.1.3/js/bootstrap.bundle.js"></script>
    <script src="bootstrap-4.1.3/js/bootstrap.js"></script>
</head>
```

 Bootstrap中的页面内容和栅格系统需要包裹在特定的容器中。Bootstrap提供了两个类，分别为.container和.container-fluid。.container类用于固定宽度并支持响应式布局的容器；.container-fluid类用于占据全部视口（Viewport）的宽度。本项目使用含有.container类的容器。

20.2.1　设计广告栏

广告栏采用了Bootstrap的网格系统，页面效果如图20-8所示。

> 周年活动来就送豪礼，购买送更多　　　　　登录　注册

图20-8　在大于768px宽度的屏幕上的效果

Bootstrap网格系统的布局是响应式的，页面中的列会根据屏幕大小自动重新排列。Bootstrap 4网格系统有以下5个类：

（1）col-：针对所有设备。
（2）col-sm-：针对平板设备（屏幕宽度等于或大于576px）。
（3）col-md-：针对桌面显示器（屏幕宽度等于或大于768px）。
（4）col-lg-：针对大桌面显示器（屏幕宽度等于或大于992px）。
（5）col-xl-：针对超大桌面显示器（屏幕宽度等于或大于1200px）。

Bootstrap网格系统在不同设备上的情况如表20-1所示。

表20-1　网格系统在不同设备上的情况

	超小设备 <576px	平板≥576px	桌面显示器 ≥768px	大桌面显示器 ≥992px	超大桌面显示器 ≥1200px
容器最大宽度	None(auto)	540px	720px	960px	1140px
类前缀	.col-	.col-sm-	.col-md-	.col-lg-	.col-xl-
列数量和	12				
间隙宽度	30px（一个列的每边分别为15px）				

广告栏中有两部分信息，左边是广告的信息，右边是登录注册的信息。两部分根据屏幕的大小会占据不同的空间。左边设置为col-xs-12 col-sm-12 col-md-9 col-lg-9，右边设置为col-xs-12 col-sm-12 col-md-3 col-lg-3。当屏幕宽度大于768px时，左边将占据网格的9份，右边占据3份；当屏幕宽度小于768px时，左边和右边都占据12份，将在两行显示，效果如图20-9所示。

图20-9　在小于768px宽度的屏幕上的效果

在右边部分为登录注册定义了一个模态框，用来让读者进行注册或者登录。在模态框中，又添加了一个胶囊导航选项卡，用来切换登录和注册。

广告栏具体的代码如下：

CSS样式代码：

```
.hot{margin: 0;background:#C1617A;}
.btn-group a{
    background: #C1617A;
    color: white!important;
    border: 1px solid white;
}
```

HTML代码：

```
<div class="row hot">
        <div class="col-xs-12 col-sm-12 col-md-9 col-lg-9">
            <span style="color: white;font-size: 20px;font-family:微软雅黑;">
周年活动来就送豪礼，购买送更多</span>
        </div>
        <div class="col-xs-12 col-sm-12 col-md-3 col-lg-3">
        <div class="btn-group">
            <a type="button" class="btn btn-default" data-toggle="modal"
data-target="#myModal">登录</a>
            <a type="button" class="btn btn-default" data-toggle="modal"
data-target="#myModal">注册</a>
                <!--开始演示模态框-->
            <!-- 模态框（Modal） -->
            <div class="modal fade" id="myModal" tabindex="-1"
role="dialog" aria-labelledby="myModalLabel" aria-hidden="true">
                <!--定义模态对话框层-->
                <div class="modal-dialog">
                    <div class="modal-content">
                        <div class="modal-header">
                            <h4 class="modal-title" id="myModalLabel">
```

```html
<!--胶囊导航选项卡切换-->
<ul class="nav nav-pills" role="tablist">
    <li class="nav-item">
        <a class="nav-link active" data-toggle="pill" href="#home">登录</a>
    </li>
    <li class="nav-item">
        <a class="nav-link" data-toggle="pill" href="#menu1">注册</a>
    </li>
</ul>
</h4>
<button type="button" class="close" data-dismiss="modal">&times;</button>
</div>
<div class="modal-body">
    <!--胶囊选项卡-->
    <div class="tab-content">
        <div id="home" class="container tab-pane active"><br>
            <form role="form">
                <div class="form-group">
                    <label for="name">姓名：</label>
                    <input type="text" class="form-control" id="name" placeholder="请输入姓名">
                    <label for="name1">密码：</label>
                    <input type="password" class="form-control" id="name1" placeholder="请输入密码">
                </div>
                <a type="button" class="btn btn-primary">登录</a>
            </form>
        </div>
        <div id="menu1" class="container tab-pane fade"><br>
            <form role="form">
                <div class="form-group">
                    <label for="name2">姓名：</label>
                    <input type="text" class="form-control" id="name2" placeholder="请输入姓名">
                    <label for="name3">密码：</label>
                    <input type="password" class="form-control" id="name3" placeholder="请输入密码">
```

```
                                    <label for="name4">邮箱：</label>
                                    <input type="email"
class="form-control" id="name4" placeholder="请输入邮箱">
                                </div>
                                <a type="button" class="btn
btn-primary">注册</a>
                            </form>
                        </div>
                    </div>
                </div>
            </div>
        </div>
    </div>
</div>
```

20.2.2 设计导航栏

本项目的导航栏使用了折叠导航栏，效果如图20-10和图20-11所示。通常情况下，小屏幕上都会折叠导航栏，通过点击来显示导航选项。

图20-10 大屏幕下的导航效果

图20-11 小屏幕下的导航效果

要创建折叠导航栏，可以在按钮上添加class="navbar-toggler"、data-toggle="collapse"与data-target="#thetarget"类。然后在设置了class="collapse navbar-collapse"类的div上包裹导航内容（链接），div元素上的id要和按钮data-target的id一致。

Logo样式的代码如下：

```css
.big{
    width: 80px;
    height: 80px;
    font-size: 1.4em;
    border-radius:50% 50%;
    padding: 8px 15px;
    background: white;
    font-family:华文琥珀;
}
```

HTML的代码如下：

```html
<nav class="navbar navbar-expand-md bg-dark navbar-dark nav-css">
    <div class="big"><a href="index.html">一扫而空</a></div>
    <a class="navbar-brand" href="#">
    </a>
    <button class="navbar-toggler" type="button" data-toggle="collapse"
data-target="#collapsibleNavbar">
        <span class="navbar-toggler-icon"></span>
    </button>
    <div class="collapse navbar-collapse" id="collapsibleNavbar">
        <ul class="nav navbar-nav nav-pills">
            <li class="nav-item"><a class="nav-link active" href="#"
data-toggle="pill">首页</a></li>
            <li class="nav-item"><a class="nav-link" href="#"
data-toggle="pill">关于我们</a></li>
            <li class="nav-item"><a class="nav-link" href="#"
data-toggle="pill">加盟指南</a></li>
            <li class="nav-item"><a class="nav-link" href="#"
data-toggle="pill">加盟方案</a></li>
            <li class="nav-item"><a class="nav-link" href="#"
data-toggle="pill">投资开店</a></li>
            <li class="nav-item"><a class="nav-link" href="#"
data-toggle="pill">联系电话</a></li>
        </ul>
    </div>
</nav>
```

20.2.3 设计轮播

本项目中的轮播图效果如图20-12所示。

Bootstrap中轮播是一种灵活的响应式插件。除此之外，内容可以是图像、内嵌框架、视频或者其他想要放置的任何类型的内容。Bootstrap中与轮播相关的类别属性如下：

图20-12 轮播效果

（1）carousel：创建一个轮播图。

（2）carousel-indicators：为轮播图添加一个指示符，就是轮播图底下的一个个小点，轮播的过程可以显示目前是第几幅图。

（3）carousel-inner：添加要切换的图片。

（4）carousel-item：指定每个图片的内容。

（5）carousel-control-prev：添加左侧的按钮，点击会返回上一幅。

（6）carousel-control-next：添加右侧的按钮，点击会切换到下一幅。

（7）carousel-control-prev-icon：与.carousel-control-prev一起使用，设置左侧的按钮。

（8）carousel-control-next-icon：与.carousel-control-next一起使用，设置右侧的按钮。

（9）slide：切换图片的过渡和动画效果，如果不需要这样的效果，就可以删除这个类。

下面是本项目的轮播图的具体代码。

```
<div id="demo" class="carousel slide" data-ride="carousel">
    <!-- 指示符 -->
    <ul class="carousel-indicators">
        <li data-target="#demo" data-slide-to="0" class="active"></li>
        <li data-target="#demo" data-slide-to="1"></li>
        <li data-target="#demo" data-slide-to="2"></li>
        <li data-target="#demo" data-slide-to="3"></li>
    </ul>
    <!--轮播图片-->
    <div class="carousel-inner">
        <div class="carousel-item active">
            <img src="images/a.png">
        </div>
        <div class="carousel-item">
            <img src="images/d.png">
        </div>
        <div class="carousel-item">
            <img src="images/c.png">
        </div>
        <div class="carousel-item">
```

```
        <img src="images/b.png">
    </div>
</div>
<!-- 左右切换按钮 -->
<a class="carousel-control-prev" href="#demo" data-slide="prev">
    <span class="carousel-control-prev-icon"></span>
</a>
<a class="carousel-control-next" href="#demo" data-slide="next">
    <span class="carousel-control-next-icon"></span>
</a>
</div>
```

20.2.4　设计蔬菜栏

蔬菜栏和水果栏的设计基本一样，使用Bootstrap框架的警告框（Alert）来设计布局。下面以蔬菜栏为例来具体介绍一下。

根据不同大小的屏幕设计每一行的列数，总共有4条数据，这里设计为col-xs-12 col-sm-12 col-md-6 col-lg-3。当屏幕宽度大于960px时，列数为4（12/3），显示效果如图20-13所示；当屏幕宽度大于768px且小于960px时，列数为2（12/6），显示效果如图20-14所示；当屏幕宽度小于768px时，列数为1，显示效果如图20-15所示。

图20-13　大于960px屏幕的页面效果

图20-14　大于768且小于960px屏幕的页面效果　　　　图20-15　小于768px屏幕的页面效果

布局完成后，在每列中添加提示框（.alert类），并添加alert-success类，在提示框中设计蔬菜信息，具体参考下面的代码。

CSS样式：

```css
.head-tit{
    font-size: 20px;
    line-height: 50px;
    color: black;
    border-bottom: 1px solid green;
}
.span-tit{
    border-left:3px solid green;
    padding-left: 8px;
}
.a-tit{
    background:#5bc0de;
    float: right;
    display: inline;
    padding: .2em .6em .3em;
    font-size: 80%;
    font-weight: 700;
    line-height: 1;
    color: #fff;
    border-radius: .25em;
    margin-top: 20px;
}
img{
    width: 100%;
    height: 50%;
}
```

HTML代码：

```html
<p class="head-tit">
    <span class="span-tit">蔬菜</span>
    <span class="text-success"><small>超过30元送盐一袋</small></span>
    <a href="buy.html" class="a-tit">更多</a>
</p>
<div class="row">
    <div class="col-xs-12 col-sm-12 col-md-6 col-lg-3">
        <a href="">
            <div class="alert alert-success">
                <img src="images/01.png" alt="辣椒">
                <div>
                    <h3 >辣椒</h3>
```

```
                <p>3.5元/斤</p>
                <p>
                    <a href="buy.html" class="btn btn-primary"
role="button">购买</a>
                    <a href="#" class="btn btn-danger" role="button">加
入购物车</a>
                </p>
            </div>
        </div>
    </a>
</div>
<div class="col-xs-12 col-sm-12 col-md-6 col-lg-3">
    <a href="">
        <div class="alert alert-success">
            <img src="images/02.png" alt="西红柿">
            <div class="caption">
                <h3>西红柿</h3>
                <p>6元/斤</p>
                <p>
                    <a href="#" class="btn btn-primary" role="button">
购买</a>
                    <a href="#" class="btn btn-danger" role="button">加
入购物车</a>
                </p>
            </div>
        </div>
    </a>
</div>
<div class="col-xs-12 col-sm-12 col-md-6 col-lg-3">
    <a href="">
        <div class="alert alert-success">
            <img src="images/03.png" alt="豆角">
            <div class="caption">
                <h3>豆角</h3>
                <p>4元/斤</p>
                <p>
                    <a href="#" class="btn btn-primary" role="button">
购买</a>
                    <a href="#" class="btn btn-danger" role="button">加
入购物车</a>
                </p>
            </div>
        </div>
    </div>
```

```
            </a>
        </div>
        <div class="col-xs-12 col-sm-12 col-md-6 col-lg-3">
            <a href="">
                <div class="alert alert-success">
                    <img src="images/04.png" alt="黄瓜">
                    <div class="caption">
                        <h3>黄瓜</h3>
                        <p>3.5元/斤</p>
                        <p>
                            <a href="#" class="btn btn-primary" role="button">
购买</a>
                            <a href="#" class="btn btn-danger" role="button">加
入购物车</a>
                        </p>
                    </div>
                </div>
            </a>
        </div>
    </div>
```

20.2.5 设计干果栏

干果栏也是采用网格系统来设计的，这里使用网格系统的嵌套，数据有4条。先是外层的.row，根据不同大小的屏幕将每列设计为"col-xs-12 col-sm-12 col-md-6 col-lg-6"，然后又在每列中嵌套一个.row，嵌套的.row中又包含两部分，左边是干果图片展示，根据不同大小的屏幕将该部分设计为"col-xs-12 col-sm-12 col-md-12 col-lg-4"，右边是干果的说明信息，设计为"col-xs-12 col-sm-12 col-md-12 col-lg-8"。

这样在不同大小的屏幕显示时，页面效果会自动响应，当屏幕宽度大于960px时，外层的列数为2，嵌套层左侧占4份，右侧占8份，显示效果如图20-16所示；当屏幕宽度大于768px且小于960px时，外层的列数为2，嵌套层左侧占12份，右侧占12份，将在两行显示，显示效果如图20-17所示；当屏幕宽度小于768px时，外层列数变为1，嵌套层左侧占12份，右侧占12份，显示效果如图20-18所示。

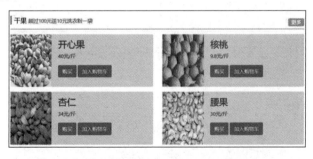

图20-16 大于960px屏幕的页面效果

图20-17　大于768且小于960px屏幕的效果　　　　图20-18　小于768px屏幕的效果

布局完成后，在每列中添加提示框（.alert类），并添加alert-dange类。在提示框中设计干果的信息，具体参考下面的代码。

CSS样式：

```css
img{
    width: 100%;
    height: 50%;
}
.row-imgs img{
    height:91%;
}
.row-list{
    margin-left: -15px;
}
@media (max-width: 767px) {
    .row-imgs img{
        width: 100%;
        height:100%;
    }
    .row-list{
        margin-left: 15px;
        background: white;
    }
}
@media (min-width: 768px)and (max-width: 991px){
    .row-imgs img{
        width: 100%;
        height:100%;
    }
    .row-list{
        margin-left: 15px;
```

```css
        background: white;
        }
    }
        .head-tit{
            font-size: 20px;
            line-height: 50px;
            color: black;
            border-bottom: 1px solid green;
        }
        .span-tit{
            border-left:3px solid green;
            padding-left: 8px;
        }
        .a-tit{
            background:#5bc0de;
            float: right;
            display: inline;
            padding: .2em .6em .3em;
            font-size: 80%;
            font-weight: 700;
            line-height: 1;
            color: #fff;
            border-radius: .25em;
            margin-top: 20px;
        }
```

HTML代码：

```html
<p class="head-tit">
        <span class="span-tit">干果</span>
        <span class="text-danger"><small>超过100元送10元洗衣粉一袋
</small></span>
        <a href="" class="a-tit">更多</a>
    </p>
    <div class="row row-imgs">
        <div class="col-xs-12 col-sm-12 col-md-6 col-lg-6">
            <div class="row">
                <div class="col-xs-12 col-sm-12 col-md-12 col-lg-4">
                    <img src="images/1.png" alt="开心果">
                </div>
                <div class="col-xs-12 col-sm-12 col-md-12 col-lg-8 alert
alert-danger row-list">
                    <div class="caption">
                        <h3>开心果</h3>
```

```
                    <p>40元/斤</p>
                    <p>
                        <a href="#" class="btn btn-primary" role="button">
购买</a>
                        <a href="#" class="btn btn-danger" role="button">加
入购物车</a>
                    </p>
                </div>
            </div>
        </div>
    </div>
    <div class="col-xs-12 col-sm-12 col-md-6 col-lg-6">
        <div class="row ">
            <div class="col-xs-12 col-sm-12 col-md-12 col-lg-4">
                <img src="images/2.png" alt="核桃">
            </div>
            <div class="col-xs-12 col-sm-12 col-md-12 col-lg-8 alert
alert-danger row-list">
                <div class="caption">
                    <h3>核桃</h3>
                    <p>9.8元/斤</p>
                    <p>
                        <a href="#" class="btn btn-primary" role="button">
购买</a>
                        <a href="#" class="btn btn-danger" role="button">加
入购物车</a>
                    </p>
                </div>
            </div>
        </div>
    </div>
    <div class="col-xs-12 col-sm-12 col-md-6 col-lg-6">
        <div class="row">
            <div class="col-xs-12 col-sm-12 col-md-12 col-lg-4">
                <img src="images/3.png" alt="杏仁">
            </div>
            <div class="col-xs-12 col-sm-12 col-md-12 col-lg-8 alert
alert-danger row-list">
                <div class="caption">
                    <h3>杏仁</h3>
                    <p>34元/斤</p>
                    <p>
                        <a href="#" class="btn btn-primary" role="button">
购买</a>
```

```
                    <a href="#" class="btn btn-danger" role="button">加
入购物车</a>
                    </p>
                </div>
            </div>
        </div>
    </div>
    <div class="col-xs-12 col-sm-12 col-md-6 col-lg-6">
        <div class="row">
            <div class="col-xs-12 col-sm-12 col-md-12 col-lg-4">
                <img src="images/4.png" alt="腰果">
            </div>
            <div class="col-xs-12 col-sm-12 col-md-12 col-lg-8 alert
alert-danger row-list">
                <div class="caption">
                    <h3>腰果</h3>
                    <p>30元/斤</p>
                    <p>
                        <a href="#" class="btn btn-primary" role="button">
购买</a>
                        <a href="#" class="btn btn-danger" role="button">加
入购物车</a>
                    </p>
                </div>
            </div>
        </div>
    </div>
</div>
```

20.2.6 设计底部栏

底部栏也是采用网格系统来布局的，总共有3部分，当屏幕宽度大于576px时，左侧Logo部分占3份，中间说明部分占6份，右侧二维码部分占3份，显示效果如图20-19所示。

图20-19 大于576px屏幕的页面

当屏幕宽度小于576px时，每个部分都占12份，分3行显示，显示效果如图20-20所示。

图20-20　小于576px屏幕的页面效果

具体参考下面的代码：

CSS样式代码：

```
.big{
    width: 80px;
    height: 80px;
    font-size: 1.4em;
    border-radius:50% 50%;
    padding: 8px 15px;
    background: white;
    font-family:华文琥珀;
}
.footer{
    padding: 10px 0px 15px;
    background-color: #515151;
    text-align: center;
    color: #fff;
    margin: 0;
}
.imag{
    width:50px;
    height: 50px;
}
.ullist{
    list-style: none;
}
.ullist a{
    color: white;
}
```

HTML代码：

```
<hr class="bg-primary">
    <div class="footer row">
        <div class="col-xs-12 col-sm-3 col-md-3 col-lg-3">
```

```
<div class="big" style="margin:auto;">
    <a href="index.html">一扫而空</a>
</div>
</div>
<div class="col-xs-12 col-sm-6 col-md-6 col-lg-6">
    <ul class="ullist" style="margin:0;padding: 0;">
        <li><a href="">关于我们</a></li>
        <li><a href="">VIP会员</a></li>
        <li><a href="">咨询开店</a></li>
    </ul>
</div>
<div class="col-xs-12 col-sm-3 col-md-3 col-lg-3">
    <img src="images/erweima.png" alt="二维码" class="imag">
    <p>
        <small>手机扫一扫</small><br><small>关注一扫而空</small><br>
        <small>轻松拿豪礼</small>
    </p>
</div>
</div>
```

20.3　购买页面设计

购买页面的头部区域和底部栏与首页中的一样，这里就不再赘述了。这里主要讲一下布局、计算总钱数和顾客评价。

1. 布局购买页面

购买页面的布局仍是采用Bootstrap的网格系统来设计的，这里主要有3部分，分别是蔬菜图片展示、购买的信息以及客户的评价。根据不同大小的屏幕设计每一行的列数，总共有3部分，这里我们设计为"col-xs-12 col-sm-12 col-md-6 col-lg-4"，当屏幕宽度大于960px时，列数为3，显示效果如图20-21所示；当屏幕宽度大于768px且小于960px时，列数为2，显示效果如图20-22所示；当屏幕宽度小于768px时，列数为1，显示效果如图20-23所示。

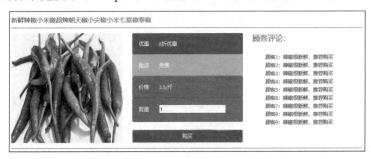

图20-21　大于960px屏幕的页面效果

图20-22　大于768且小于960px屏幕的页面效果　　　图20-23　小于768px屏幕的页面效果

在购买信息列中，使用Bootstrap中的卡片（Card）组件，并设计不同的颜色背景以及文本颜色。

2. 计算总钱数

这里使用JS来动态计算总钱数。当用户点击"购买"按钮时，总钱数将显示在设计好的模态框中，如图20-5所示。具体的JS代码如下：

```
$(function(){
    $("#buy").click(function(){
        var number=0;
        var b=0;
        if($("#ipt1").val()>0){
            number=$("#ipt1").val();
            b=0.8*3.5*number+"元";
            $("#ipt2").text(b)
        }
        else if($("#ipt1").val()<1){
            $("#ipt2").text("购买数量不能为负");
        }
    })
})
```

3. 顾客评价

通过setInterval（定时器）可以将顾客的评论信息设计成自动滚动的效果，具体的JS代码如下：

```
$(function(){
    // 评论内容滚动
```

```
        var timer=setInterval(fn,1000);
        function fn(){
            $("#ul").animate({top:"-25px"},1000,function(){
                $("#ul").css("top",0).find("li:first").appendTo("#ul");
            })
        }
    })
```

购买页面的CSS样式以及静态页面代码如下：

CSS样式代码：

```
.head-tit{
        font-size: 20px;
        line-height: 50px;
        color: black;
        border-bottom: 1px solid green;
}
.size{width: 100%;height: 100%;}
.box1{
        width:100%;
        height: 100%;
        overflow: hidden;
}
#ul{
        list-style: none;
        position: relative;
}
#ul li{height: 25px;line-height: 25px;}
```

HTML代码：

```
    <p class="head-tit">
        <span class="text-success">新鲜辣椒小米椒超辣朝天椒小尖椒小米七星椒泰椒
</span>
    </p>
    <div class="row">
        <div class="col-xs-12 col-sm-12 col-md-6 col-lg-4">
            <img src="images/01.png" alt="" class="size">
        </div>
        <div class="col-xs-12 col-sm-12 col-md-6 col-lg-4">
            <div class="card bg-danger text-white">
                <div class="card-body">
                    优惠<i style="width: 2em;display: inline-block;"></i>8折优惠
                </div>
            </div>
        </div>
```

```html
<div class="card bg-warning text-white">
    <div class="card-body">
        配送<i style="width: 2em;display: inline-block;"></i>免费
    </div>
</div>
<div class="card bg-success text-white">
    <div class="card-body">
        价格<i style="width: 2em;display: inline-block;"></i>3.5/斤
    </div>
</div>
<div class="card bg-info text-white">
    <div class="card-body">
        数量<i style="width: 2em;display: inline-block;"></i>
        <input type="number" value="1" id="ipt1">
    </div>
</div><br>
<div class="card bg-light text-white">
    <a href="#" id="buy" class="btn btn-danger" role="button"
data-toggle="modal" data-target="#myModal">购买</a>
</div>
<!-- 模态框 -->
<div class="modal fade" id="myModal">
    <div class="modal-dialog modal-sm">
        <div class="modal-content">
            <!-- 模态框头部 -->
            <div class="modal-header">
                <h4 class="modal-title">辣椒</h4>
                <button type="button" class="close"
data-dismiss="modal">&times;</button>
            </div>
            <!-- 模态框主体 -->
            <div class="modal-body">
                总共价格<i style="width: 2em;display: inline-block;">
</i><span id="ipt2" class="text-primary"></span>
            </div>
            <!-- 模态框底部 -->
            <div class="modal-footer">
                <button type="button" class="btn btn-primary"
data-dismiss="modal">确认购买</button>
            </div>
        </div>
    </div>
</div>
```

```
        </div>
    <div class="col-xs-12 col-sm-12 col-md-12 col-lg-4 text-primary">
        <h4>顾客评论: </h4><br>
        <div class="box1">
            <ul id="ul">
                <li><p>顾客1: 辣椒很新鲜, 推荐购买</p></li>
                <li><p>顾客2: 辣椒很新鲜, 推荐购买</p></li>
                <li><p>顾客3: 辣椒很新鲜, 推荐购买</p></li>
                <li><p>顾客4: 辣椒很新鲜, 推荐购买</p></li>
                <li><p>顾客5: 辣椒很新鲜, 推荐购买</p></li>
                <li><p>顾客6: 辣椒很新鲜, 推荐购买</p></li>
                <li><p>顾客7: 辣椒很新鲜, 推荐购买</p></li>
                <li><p>顾客8: 辣椒很新鲜, 推荐购买</p></li>
                <li><p>顾客9: 辣椒很新鲜, 推荐购买</p></li>
            </ul>
        </div>
    </div>
</div>
```

20.4 蔬菜展示页面设计

蔬菜展示页面的布局与首页中的蔬菜栏布局是一样的,只是展示了所有的蔬菜。蔬菜展示页面中的广告栏、导航栏和底部栏与首页的设计是一样的。具体的代码如下:

```
<p class="head-tit">
    <span class="span-tit">蔬菜</span>
    <span class="text-success"><small>超过30元送盐一袋</small></span>
    <a href="" class="a-tit">更多</a>
</p>
<div class="row show" id="row1">
    <div class="col-xs-12 col-sm-12 col-md-6 col-lg-3">
        <a href="">
            <div class="alert alert-success">
                <img src="images/01.png" alt="辣椒">
                <div class="caption">
                    <h3>辣椒</h3>
                    <p>3.5元/斤</p>
                    <p><a href="buy.html" class="btn btn-primary"
role="button">购买</a> <a href="#" class="btn btn-danger" role="button">加入购物
车</a></p>
                </div>
            </div>
```

```
                </a>
            </div>
            <div class="col-xs-12 col-sm-12 col-md-6 col-lg-3">
                <a href="">
                    <div class="alert alert-success">
                        <img src="images/02.png" alt="西红柿">
                        <div class="caption">
                            <h3>西红柿</h3>
                            <p>6元/斤</p>
                            <p><a href="#" class="btn btn-primary" role="button">
购买</a> <a href="#" class="btn btn-danger" role="button">加入购物车</a></p>
                        </div>
                    </div>
                </a>
            </div>
            <div class="col-xs-12 col-sm-12 col-md-6 col-lg-3">
                <a href="">
                    <div class="alert alert-success">
                        <img src="images/03.png" alt="豆角">
                        <div class="caption">
                            <h3>豆角</h3>
                            <p>4元/斤</p>
                            <p><a href="#" class="btn btn-primary" role="button">
购买</a> <a href="#" class="btn btn-danger" role="button">加入购物车</a></p>
                        </div>
                    </div>
                </a>
            </div>
            <div class="col-xs-12 col-sm-12 col-md-6 col-lg-3">
                <a href="">
                    <div class="alert alert-success">
                        <img src="images/04.png" alt="黄瓜">
                        <div class="caption">
                            <h3>黄瓜</h3>
                            <p>3.5元/斤</p>
                            <p><a href="#" class="btn btn-primary" role="button">
购买</a> <a href="#" class="btn btn-danger" role="button">加入购物车</a></p>
                        </div>
                    </div>
                </a>
            </div>
        </div>
```

```
<div class="row hidden" id="row2">
    <div class="col-xs-12 col-sm-12 col-md-6 col-lg-3">
        <a href="">
            <div class="alert alert-success">
                <img src="images/05.png" alt="辣椒">
                <div class="caption">
                    <h3>茄子</h3>
                    <p>4元/斤</p>
                    <p><a href="#" class="btn btn-primary" role="button">
购买</a> <a href="#" class="btn btn-danger" role="button">加入购物车</a></p>
                </div>
            </div>
        </a>
    </div>
    <div class="col-xs-12 col-sm-12 col-md-6 col-lg-3">
        <a href="">
            <div class="alert alert-success">
                <img src="images/06.png" alt="西红柿">
                <div class="caption">
                    <h3>花菜</h3>
                    <p>8元/斤</p>
                    <p><a href="#" class="btn btn-primary" role="button">
购买</a> <a href="#" class="btn btn-danger" role="button">加入购物车</a></p>
                </div>
            </div>
        </a>
    </div>
    <div class="col-xs-12 col-sm-12 col-md-6 col-lg-3">
        <a href="">
            <div class="alert alert-success">
                <img src="images/07.png" alt="豆角">
                <div class="caption">
                    <h3>木耳</h3>
                    <p>12元/斤</p>
                    <p><a href="#" class="btn btn-primary" role="button">
购买</a> <a href="#" class="btn btn-danger" role="button">加入购物车</a></p>
                </div>
            </div>
        </a>
    </div>
    <div class="col-xs-12 col-sm-12 col-md-6 col-lg-3">
        <a href="">
            <div class="alert alert-success">
```

```
        <img src="images/08.png" alt="黄瓜">
        <div class="caption">
            <h3>白菜</h3>
            <p>3元/斤</p>
            <p><a href="#" class="btn btn-primary" role="button">
购买</a> <a href="#" class="btn btn-danger" role="button">加入购物车</a></p>
        </div>
    </div>
        </a>
    </div>
</div>
```

20.5　项目打包成App

本项目具体的打包过程可参考第18章的18.3节，基本一致。

在手机上安装成功后，打开App，页面效果与前面项目实现的效果基本一致，这里只展示部分效果，如图20-24～图20-26所示。

图20-24　主页面

图20-25　主页面导航栏

图20-26　登录注册